国家林业和草原局职业教育“十三五”规划教材
工作手册式教材

计算机辅助园林设计
（Photoshop）

马金萍　主编

中国林業出版社

图书在版编目（CIP）数据

计算机辅助园林设计：Photoshop / 马金萍主编. — 北京：中国林业出版社, 2021.1（2024.4重印）
国家林业和草原局职业教育“十三五”规划教材 工作手册式教材
ISBN 978-7-5219-0989-0

Ⅰ.①计… Ⅱ.①马… Ⅲ.①园林设计—计算机辅助设计—应用软件—高等职业教育—教材
Ⅳ.①TU986.2-39

中国版本图书馆CIP数据核字(2021)第017497号

中国林业出版社·教育分社

策划编辑：田苗 **责任编辑**：田苗 田娟
电 话：（010）83143557 83143634 **传 真**：（010）83143516

出版发行 中国林业出版社（100009 北京市西城区德内大街刘海胡同7号）
E-mail：jiaocaipublic@163.com
http://www.forestry.gov.cn/lycb.html
印 刷 北京中科印刷有限公司
版 次 2021年1月第1版
印 次 2024年4月第2次印刷
开 本 787mm × 1092mm 1/16
印 张 15.25
字 数 348千字
定 价 78.00元

数字资源

前　言

Photoshop 作为经典的平面设计软件，广泛应用于建筑设计、室内设计和城市规划等领域，特别是在景观效果图制作中起到了举足轻重的作用。与 Auto CAD 等专业制图软件相比，Photoshop 后期处理的景观效果能够更加真实地刻画出各景观要素的色彩、质感，能够营造出极其真实的环境，因此，Photoshop 在景观工程、园林设计、城乡规划、环境艺术等后期处理中能产生画龙点睛的效果。

本教材是根据职业教育的特点，结合应用型人才的培养要求编写的。教材立足于教育部关于培养与社会主义现代化建设相适应，德智体美等全面发展，具有综合职业能力，在生产、服务、技术和管理第一线工作的应用型专门人才和劳动者的培养目标，符合人才培养规律和教学规律，注重学生知识、能力和素质的全面发展。

教材共分为 6 个项目，由浅入深地介绍了计算机辅助设计软件 Photoshop 的基础知识、基本操作，以及在园林效果图后期图像处理上的实际应用。教材有配套的教学素材、教学 PPT、部分教学视频，更便于学生学习。

本教材由甘肃林业职业技术学院马金萍担任主编，杨凌职业技术学院陈佳、山西林业职业技术学院于蓉、江苏农牧科技职业学院李蕴担任副主编，参加本书编写工作的人员还有河南林业职业学院房黎、安徽林业职业技术学院高倩。全书由马金萍统稿。

本书可以作为园林技术、风景园林设计、园林工程技术、园艺技术、环境艺术设计、城乡规划、村镇建设与管理及其相关专业的教材，也可以用作各类培训班的培训教材和图形图像制作爱好者的自学用书。

由于编者水平所限，书中不足之处在所难免，恳请广大读者和同仁批评指正。

编　者

2020 年 4 月

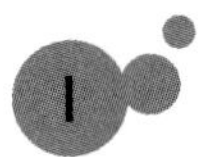

目 录

模块 1

基础理论

单元1 Photoshop基础知识

◇学习目标

（1）了解景观效果图后期处理的色彩知识。

（2）了解图像的类型。

（3）了解图像分辨率。

（4）了解色彩模式。

（5）了解图像文件格式。

1.1 了解色彩

园林景观是绚丽的色彩世界，色彩以它神奇的力量把我们生活的世界装点得多姿多彩。在园林景观效果图处理中，色彩是非常重要且富有艺术魅力的语言。本节主要介绍色彩的基本知识及其在园林图中的应用。

1.1.1 色彩与光

色彩和光有着不可分割的联系，我们在园林中能看到绚丽多彩的美丽景色，都是由于光的作用，正是有了光，我们才能看到一切物体的色彩与形态。色彩来源于光，没有光就没有色彩，光是人们感知色彩存在的必要条件。

太阳光谱是由不同波长的色光组成的，色彩是人们对色光的感觉，即通过发光体的辐射光线或不发光体的反射光线在空气中以不同速度和长度的光波运动，作用在人的视网膜上的结果。日光中包含有不同波长的可见光，混合在一起并同时刺激我们的眼睛时，看到的是白光。英国科学家牛顿发现，太阳光经过三棱镜折射，投射到白色屏幕上，会呈现出一条美丽的光谱，依次为红、橙、黄、绿、青、蓝、紫七色。人眼可见色光的波长在400～700nm（$1nm=10^{-9}m$）。按波长大小顺序排列为红、橙、黄、绿、青、蓝、紫。在可见光谱内，不同波长的辐射引起不同的色彩感知。

任何物体对光线有吸收和反射的本能，物体的色彩是对光线吸收和反射的结果。若物体吸收了其他色光，只将红色反射出来，则物体表现为红色；物体将色光全部反射则表现为白色；将色光全部吸收则表现为黑色。

1.1.2　色彩的基本知识

在自然界中，正是由于各种色彩的不同混合，才呈现出五彩缤纷的色彩世界。

（1）三原色

三原色是指无法用色彩（或色光）混合出来的色。色光的三原色是红、绿、蓝紫，色光的三原色相混合可得白光；色料的三原色是品红、柠檬黄、湖蓝，色料的三原色相混合得灰黑色。

（2）间色、复色与补色

三原色的任何两色等量混合而得的颜色为间色。红与黄混合得橙色；黄与蓝混合得绿色；红与蓝混合得紫色。橙、绿、紫三种颜色叫三间色。

复色是用原色与间色相混或用间色与间色相混而成的。复色包括了除原色和间色以外的所有颜色，是最丰富的色彩家族，千变万化，异常丰富。

三原色中两原色产生的间色与另一原色为互补色，又称为对比色，如红与绿互为补色等。互补色对比关系最强。

（3）色彩的三要素

任何一种颜色都可以用色相、饱和度和亮度三个物理量来确定，它们叫色彩的三要素。

①色相（hue）　又称色调，指颜色的外观，用来区别颜色的名称或颜色的种类。我们认识的基本色相为：红、橙、黄、绿、蓝、紫。如果将这些单色按光谱顺序环形排列，就形成了色相环。12 色相环按光谱顺序为：红、橙红、黄橙、黄、黄绿、绿、绿蓝、蓝绿、蓝、蓝紫、紫、红紫。

②饱和度（saturation）　指颜色的鲜艳度，也称彩度或纯度。黑白灰属无彩色系，任何一种单纯的颜色，若加入无彩色系中的任何一色混合即可降低它的纯度。在色环上，纯度最高的是三原色（红、黄、蓝），其次是三间色（橙、绿、紫），再其次为复色。在同一色相中，纯度最高的是该色的纯色，而随着渐次加入其他色，其纯度则逐渐降低。

③亮度（brightness）　指色彩的明暗程度，也称明度、深浅度等。亮度最亮是白，最暗是黑。如六种标准色相的明度依次降低的顺序为黄、橙、绿、红、蓝、紫。色彩可以通过加减黑、白来调节亮度。任何颜色如果加白，其亮度就增高；如果加黑，其亮度就降低。

1.1.3　色彩的感情与应用

不同的色彩会对人们产生不同的心理和生理影响，这些影响总是在不知不觉中发生作用，影响我们的情绪。色彩对人的影响随着人们的年龄、性别、经历、民族、个人爱好及所处环境等不同而有所差异。但由于人类生理构造和生活环境等方面存在共性，因此在色彩的心理方面，对大多数人还是具有很多共性的感觉特征。在进行景观效果图后期处理时，应根据容易引起人们感情变化的客观反映和一般规律去选择色彩。

（1）色彩的冷暖

红、橙、黄色常常使人联想到阳光、火热等，因此有温暖的感觉；蓝、青色则常常使人联想到碧海蓝天，因此有寒冷的感觉。故而凡是带红、橙、黄色调的都带暖感；凡是带蓝、青色调的都带冷感。

（2）色彩的轻重感

色彩的轻重感一般由明度决定。高明度具有轻感，低明度具有重感。白色最轻，而黑色最重。色调中，低明度的配色具有重感，高明度的配色具有轻感。

（3）色彩的前进与后退感

暖色和明亮色给人前进的感觉，冷色和暗色给人后退的感觉。凡对比度强的色彩具有前进感，对比度弱的色彩具有后退感等。

（4）色彩的膨胀与收缩感

同一面积、同一背景的物体，由于色彩不同，造成大小不同的视觉效果。凡色彩明度高的，看起来面积大些，有膨胀的感觉；凡色彩明度低的，看起来面积小些，有收缩的感觉。

（5）色彩的软硬感

色彩的软硬感与明度、纯度有关。明度较高的含灰色系具有软感，明度较低的含灰色系具有硬感。纯度越高硬感越明显，纯度越低软感越明显。强对比色调具有硬感，弱对比色调具有软感。

（6）色彩的强弱感

高纯度色有强感，低纯度色有弱感；有彩色系比无彩色系更有强感；对比度高的有强感，对比度低的有弱感。

（7）色彩的明快与忧郁感

它往往与纯度有关，明度高而鲜艳的色彩具有明快感，深暗而混浊的色彩具有忧郁感。低明度的色调易产生忧郁感，高明度的色调易产生明快感。强对比色调具有明快感，弱对比色调具有忧郁感。

（8）色彩的兴奋与沉静感

这与色相、明度、纯度都有关系，其中纯度的作用最为明显。在色相方面，暖色如红、橙等色彩皆有兴奋感，而蓝、青的冷色则具有沉静感；在明度方面，明度高的色彩有兴奋感，明度低的色彩有沉静感；在纯度方面，纯度高的色彩有兴奋感，纯度低的色彩有沉静感。因此，暖色系中明度最高且纯度也最高的色彩兴奋感最强，冷色系中明度低纯度也低的色彩具有沉静感。强对比的色调具有兴奋感，弱对比的色调具有沉静感。

（9）色彩的华丽与朴素感

纯度关系中，鲜艳而明亮的色彩具有华丽感，浑浊而深暗的色彩具有朴素感；有彩色系具有华丽感，无彩色系具有朴素感；明度关系中，强对比色调具有华丽感，弱对比色调具有朴素感。

1.1.4 园林效果图的色彩处理

园林效果图的色彩处理中常用的艺术处理手法有单色或类似色处理、对比色处理、多色处理等。在多色处理中既有调和色，又有对比色，调和色的应用是大量的。同时，在色

彩处理中，一定要注重主次，避免杂乱。

天空的色彩往往作背景，以远看为主。若天空以明色调为主，主景宜采用暗色调或与蔚蓝天空有对比的白色、金黄色、橙色、灰白色。用天空作背景的主景，形象要简洁，轮廓要清晰。

天然山石、地面在色彩构图中一般也作背景，以远看为主。常见的天然山石的色彩以灰白、灰、灰黑、灰绿、紫、红、褐红、褐黄等色为主，大部分属暗色调，因此，在以暗色调山石为背景布置园林主景时，主景色彩宜采用明色调。

道路、广场一般多为灰、灰白、灰黑、青灰、黄褐等色，色调比较暗淡、沉静，其色彩处理不要刺目、突出，要简洁、淡雅，主景色彩宜采用暗色调。

假山石色彩宜以灰、灰白、黄褐等为主，给人沉静、古朴、稳重的感觉。

园林建筑、构筑物的色彩设计与环境的色彩既要协调又要取得对比。树丛、树群中宜用红、橙、黄等暖色调。山边宜选用与山体土壤、裸岩表面相似的色彩。水边宜选用米黄、灰白、淡绿等以淡雅为主的色彩。

色彩是一件设计作品获取注意力的首要印象，设计师最容易通过色彩表达自己的设计理念和对作品的理解。但对配色的掌握并非一日之功，需要在掌握色彩基本理论的基础上，留心观察并注重经验的积累。

1.2　了解图像类型

在计算机中，图像是以数字方式来记录、处理和保存的。所以，图像也可以说是数字化图像。数字图像，即由数字信息表述的图像，是以数字方式进行记录和存储的。数字图像分为位图图像和矢量图像。这两种类型的图像各有特点，认识它们的特色和差异，有助于创建、编辑和应用数字图像。在处理时，通常将这两种图像交叉运用，本节内容将分别介绍位图图像和矢量图图像及其特点。

1.2.1　位图图像

位图图像，是由许多点组成的图像，其中每一个点称为像素，每个像素都有一个特定的位置和颜色。一般位图图像的像素都非常多而且小，因而看起来仍然是细腻的图像。当位图放大时，组成它的像素点也同时成比例放大，放大到一定倍数后，图像的显示效果会变得越来越不清晰，从而出现锯齿状，如图 1-1-1 所示。

1.2.2　矢量图像

矢量图像，也称为向量图，是以数字方式来描述线条和曲线的，其基本组成单位是锚点和路径。矢量图像可以随意地放大或缩小，而不会使图像失真或遗漏图像的细节，也不会影响图像的清晰度。但矢量图像不能描绘丰富的色调或表现较多的图像细节，而且绘制出的图形不逼真。

局部放大的显示效果

图 1-1-1　位图图像

矢量图形适合于以线条为主的图案和文字标志设计、工艺美术设计和计算机辅助设计等领域。另外，矢量图图像与分辨率无关，无论放大和缩小多少倍，图形都有一样平滑的边缘和清晰的视觉效果，即不会出现失真现象（图 1-1-2）。将图像放大后，可以看到图片依然很精细，并没有因为显示比例的改变而变得粗糙。

局部放大的显示效果

图 1-1-2　矢量图像

1.3　了解图像分辨率

与任何图像编辑程序一样，Photoshop 以处理位图图像为主，为了更好地对位图图像中的像素的位置进行定量化，我们通常要谈到图像的分辨率。图像的分辨率一般以每英寸 * 含有多少个像素点来表示，其单位为 dpi。为了制作高质量的图像，就要理解图像的像素数据是如何被测量与显示的，本节主要介绍相关的几个概念。

1.3.1　像素

像素是组成位图图像的最小单位。可以把像素看成是一个极小的方形颜色块。每个小

*　1 英寸 =2.54cm。

方块为一个像素，也可以称为栅格。一幅图像由许多像素组成，这些像素排列成行和列。当选择“放大工具”将图像放到足够大时，就可以看到类似马赛克的效果，每个小方块就是一个像素。每个像素都有不同的颜色值，单位面积内的像素越多，所存储的信息就越多，文件就越大，图像的效果就越好。

1.3.2 分辨率

分辨率是图像处理中的一个非常重要的概念，一般用于衡量图像细节的表现能力，其不仅与图像本身有关，还与显示器、打印机、扫描机等设备有关。

（1）图像分辨率

图像分辨率是指图像中单位长度所含的点数或像素数，指图像中存储的信息量，是用来衡量图像清晰度的一个概念。

图像分辨率和图像尺寸同时决定文件的大小及输出质量，该值越大，图像文件所占用的磁盘空间就越多。图像分辨率以比例关系影响着文件的大小，即文件大小与其图像分辨率的平方成正比。如果保持图像尺寸不变，将图像分辨率提高 1 倍，则其文件大小增大为原来的 4 倍。

（2）显示分辨率

显示器分辨率是指显示器每单位长度能够显示的像素点数。显示器的分辨率取决于显示器的大小及其显示区域的像素设置情况，通常为 96dpi 或 72dpi。由于显示器的尺寸大小不一样，我们习惯于以显示器横向和纵向上的像素数量来表示显示器的分辨率。常用的显示器分辨率有 800 × 600、1024 × 768。前者表示显示器在横向上分布 800 个像素，在纵向上分布 600 个像素；后者表示显示器在横向上分布 1024 个像素，纵向上分布 768 个像素。我们在屏幕上看到的各种文本和图像正是由这些像素组成的。

（3）扫描分辨率

扫描分辨率是指在扫描一幅图像之前所设定的分辨率，它影响所生成的图像文件的质量和使用性能，并且决定图像将以何种方式显示或打印。如果扫描图像用于 640 × 480 像素的屏幕显示，则扫描分辨率不必大于一般显示器屏幕的设备分辨率，即不超过 120dpi。在大多数情况下，扫描图像是为了在高分辨率的设备中输出，如果图像扫描分辨率过低，会导致输出效果非常粗糙；反之，如果扫描分辨率过高，则数字图像中会产生超过打印所需要的信息，不但减慢了打印速度，而且在打印输出时会使图像色调的细微过渡丢失。

（4）位分辨率

位分辨率是指用来衡量每个像素存储信息的位数，也称为位深。位分辨率越高，能够表示的颜色种类越多，图像色彩越丰富。

（5）输出分辨率

输出分辨率是指图形或图像输出设备的分辨率，一般以每英寸点的数量来计，它与图像分辨率不同的是，图像分辨率可以更改，而设备分辨率不可以更改。目前，计算机显示器的设备分辨率在 60～120dpi 之间。而打印设备的分辨率则在 360～1440dpi 之间。在实际的设计工作中一定要注意保证图形或图像在输出之前的分辨率，而不要依赖输出设备的高分辨率输出来提高图形或图像的质量。

1.4 了解色彩模式

色彩模式也称为图像模式，是指用来提供将图像中的颜色转换成数据的方法，从而使颜色能够在不同的媒体中得到连续的描述，能够跨平台进行显示。色彩模式决定最终的显示和输出，不同的色彩模式对颜色的表现能力可能会有很大的差异。常见的色彩模式有：RGB、CMYK、灰度和 Lab 颜色。另外，Photoshop 还包括用于特殊色彩输出的颜色模式，如 HSB 和索引颜色。

1.4.1 RGB 颜色模式

RGB 色彩模式是 Photoshop 默认的颜色模式，也是最常用的模式之一，这种模式以三原色红（R）、绿（G）、蓝（B）为基础，通过不同程度的相互叠加，可以调配出 1670 多万种颜色。红、绿、蓝三色称为光的基色。这三种基色中每一种都有一个 0～255 的范围值，通过对红、绿、蓝的各种值进行组合来改变像素的颜色。当 RGB 色彩数值均为 0 时，为黑色；当 RGB 色彩数值均为 255 时，为白色；当 RGB 色彩数值相等时，产生灰色。在 Photoshop 中处理图像时，通常先设置为 RGB 模式，只有在这种模式下，图像没有任何编辑限制，可以进行任何调整编辑，所有的效果都能使用。

1.4.2 CMYK 颜色模式

CMYK 颜色模式是一种印刷模式，该模式是以 C 代表青色（cyan）、M 代表品红（magenta）、Y 代表黄色（yellow）、K 代表黑色（black）四种油墨色为基本色。它表现的是白光照射在物体上，经过物体吸收一部分颜色后，反射而产生的色彩，又称为减色模式。

CMYK 色彩被广泛应用于印刷和制版行业，每一种颜色的取值范围都被分配一个百分比值，百分比值越低，颜色越浅；百分比值越高，颜色越深。在 CMYK 模式中，当 CMYK 百分比值都为 0 时，会产生纯白色，而给任何一种颜色添加黑色，图像的色彩都会变暗。

1.4.3 位图模式

位图模式图像使用黑色和白色表现图像，所以又称为“黑白图像”。位图模式无法用来表现色调复杂的图像，但可以用来制作黑白的线条或特殊的双色调高反差图像。在进行图像模式的转换时，会损失大量的细节，因此，位图模式一般只用于文字描述。因其记录的颜色信息单调，所以占用的磁盘空间最小。

1.4.4　灰度模式

使用灰度模式保存图像，意味着一幅彩色图像中的所有色彩信息都会丢失，该图像将成为一个由介于黑色、白色之间的 256 级灰度颜色所组成的图像。与位图色彩模式相比，灰度色彩模式表现出来的图像层次效果更好。

在该模式中，图像中所有像素的亮度值变化范围都为 0～255。0 表示灰度最弱的颜色，即黑色；255 表示灰度最强的颜色，即白色。其他的值是指黑色渐变至白色的中间过渡的灰色。

1.4.5　Lab 颜色模式

Lab 颜色模式是 Photoshop 在不同颜色模式之间转换时使用的内部颜色模式。它由亮度或光亮分量 L 和两个颜色分量 a、b 组合而成。L 表示色彩的亮度值，它的取值范围为 0～100；a 表示由绿到红的颜色变化范围，b 表示由蓝到黄的颜色变化范围，它们的取值范围为 -120～120，即 a 分量（从绿到红）和 b 分量（从蓝到黄）。

Lab 颜色模式可以表示的颜色最多，是目前所有颜色模式中色彩范围最广的颜色模式，可以产生明亮的颜色，并且其处理与 RGB 模式同样快，比 CMYK 模式快很多。因此，我们可以放心大胆地在图像编辑中使用 Lab 模式。若想在转换成 CMYK 模式时色彩没有丢失或被替换，最佳方法是：应用 Lab 模式编辑图像，再转换为 CMYK 模式打印输出。

Lab 颜色模式的最大优点是与设备无关，无论使用什么设备（如显示器、打印机、扫描仪）创建或输出图像，这种颜色模式所产生的颜色都可以保持一致。

1.4.6　HSB 模式

HSB 模式是利用颜色的三要素来表示颜色的，它与人眼观察颜色的方式最接近，是一种定义颜色的直观方式，其中，H 表示色相、S 表示饱和度、B 表示亮度，其色相沿着 0°～360° 的色环来进行变换，只有在色彩编辑时才可以看到这种色彩模式。其中，色相（H）表示组成可见光谱的单色，在 0°～360° 的标准色轮上，按位置度量色相。例如，红色在 0°，绿色在 120°，蓝色在 240°。一般色相由颜色名称标识，如红色、橙色或绿色。饱和度（S）表示色彩的鲜艳程度。它使用从 0%（灰色）至 100%（完全饱和）的百分比来度量。在最大饱和度时，每一色相具有最纯的色光。亮度（B）即色彩的明暗程度。如果是白色，则明度最高；如果是黑色，则明度最低。

图像的色调通常是指图像的整体明暗度。例如，如果图像中亮部像素较多，则图像整体上看起来较为明快。反之，如果图像中暗部像素较多，则图像整体上看起来较为昏暗。对于颜色图像而言，图像具有多个色调。通过调整不同颜色通道的色调，可对图像进行细微的调整。

1.4.7 索引颜色模式

与 RGB 和 CMYK 颜色模式图像不同，使用索引颜色模式保存的图像只能显示 256 种颜色。索引颜色模式的图像含有一个颜色表，如图 1-1-3 所示。颜色表中包含了图像中使用最多的 256 种颜色，如果原图像中的某种颜色没有出现在该表中，则 Photoshop 将选取现有颜色中最接近的一种，或使用现有颜色模拟该颜色。

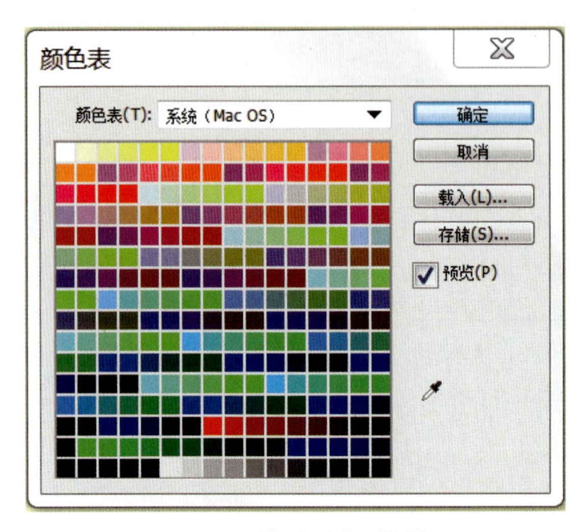

图 1-1-3 “颜色表”对话框

这种模式的图像大小比 RGB 颜色模式的图像小得多，通常仅有 RGB 颜色模式图像大小的 1/3，因此，使用这种模式可以大大减少文件所占的磁盘空间。

1.5 了解图像文件格式

图像文件格式即图像存储的方式，它决定了图像在存储时所能保留的文件信息及文件特征，也直接影响文件的大小与使用范围。各种文件格式通常是为特定的应用程序创建的，不同的文件格式可以用扩展名来区分（如 PSD、TIFF、JPG、BMP 等），这些扩展名在文件以相应格式存储时加到文件名中。本节介绍几种常见的图像文件格式。

1.5.1 PSD 格式和 PDD 格式

PSD 图像文件格式是 Photoshop 中使用的一种标准图像文件格式，可以存储成 RGB 或 CMYK 模式，还可以自定义颜色数并加以存储。PSD 格式文件能够将不同的物件以层的方式来分离保存，便于修改和制作各种特殊效果。以 PSD 格式保存的图像可以包含图层、通道及色彩模式。

以 PSD 格式保存的图像通常含有较多的数据信息，可随时进行编辑和修改，是一种无损失的存储格式。*.psd 或 *.pdd 文件格式保存的图像没有经过压缩，特别是当图层较多时，

会占用很大的硬盘空间。若需要把带有图层的PSD格式的图像转换成其他格式的图像文件，需先将图层合并，然后进行转换；对于尚未编辑完成的图像，选用PSD格式保存是最佳的选择。

1.5.2 TIFF格式

TIFF图像文件格式是在平面设计领域中最常用的图像文件格式，它是一种灵活的位图图像格式，文件扩展名为“.tif”或“.tiff”，几乎所有的图像编辑和排版类程序都支持这种文件格式。TIFF文件最大可以达到4GB或更大。

TIFF格式是一种无损压缩格式，可以支持Alpha通道信息、多种Photoshop的图像颜色模式以及图层和剪贴路径。

1.5.3 GIF格式

GIF图像文件格式（图形交换格式）是各种平台的各种图形图像软件均能处理的一种经过压缩的图像文件格式，扩展名为“.gif”。GIF是一种用LZW压缩的格式，目的在于最小化文件大小和传输时间。此格式文件同时支持线图、灰度和索引图像，只要软件可以读取这种格式，即可在不同类型的计算机上使用，另外，GIF格式保留索引颜色图像中的透明度，但不支持Alpha通道。

1.5.4 JPEG格式

JPEG图像文件格式文件扩展名为“. jpg”或“. jpeg”，是一种有损压缩格式，压缩技术极为先进，因而存储空间小，主要用于图像预览及超文本文档。它支持RGB、CMYK及灰度等色彩模式。使用JPEG格式保存的图像经过高倍率的压缩，可使图像文件变得较小，但会丢失部分不易察觉的数据，因此，在印刷时不宜使用这种格式。而且JPEG是一种很灵活的格式，具有调节图像质量的功能，允许用不同的压缩比例对文件进行压缩，可以支持24bit真彩色，普遍应用于需要连续色调的图像。

若图像文件不用作其他用途，只用来预览、欣赏，或为了方便携带，存储在软盘上，可将其保存为JPEG格式。

1.5.5 BMP格式

BMP图像文件格式是一种标准的点阵式图像文件格式，扩展名为“.bmp”，使用非常广。支持RGB、Indexed Color、灰度和位图色彩模式，但不支持Alpha通道。由于BMP格式是Windows中图形图像数据的一种标准，因此，在Windows环境中运行的图形图像软件都支持BMP格式。以BMP格式存储时，可以节省空间而不会破坏图像的任何细节，唯一的缺点就是存储及打开时的速度较慢。

1.5.6 EPS 格式

EPS 图像文件格式扩展名为“.eps”，它可以同时包含矢量图形和位图图形，并且几乎所有的图形、图表和页面排版程序都支持该格式。在排版软件中能以较低的分辨率预览，在打印时则以较高的分辨率输出，这是其最显著的优点。支持 Photoshop 中所有的色彩模式，并能在 BMP 模式中支持透明，但不支持 Alpha 通道。

1.5.7 PDF 格式

PDF 图像文件格式是一种跨平台、跨应用程序的灵活的文件格式，扩展名为“.pdf ”。PDF 格式可以包含矢量和位图图形，还可以包含导航和电子文档查找功能。它是目前电子出版物最常用的格式。

1.5.8 PNG 文件格式

PNG 格式是专门针对网络使用而开发的一种无损压缩图形图形格式，扩展名为“. png”。它结合了 GIF 与 JPEG 的特性，可以在不失真的情况下压缩保存图形图像，是功能非常强大的网络用文件格式。PNG 格式发展前景非常广阔，是未来 Web 图像的主流格式。

单元 2　Photoshop 基本操作

◇学习目标

（1）初步了解 Photoshop，认识 Photoshop 的工作环境与界面。

（2）学习并熟练掌握 Photoshop 图像文件基本操作。

（3）学习并掌握 Photoshop 基本工具，为进一步学习打下坚实的基础。

2.1　认识Photoshop的工作环境与界面

Photoshop 作为专业的图形图像处理软件，是许多从事平面设计工作人员的必备工具。它广泛应用于广告业、印刷厂、婚纱影楼、网页设计等的公司。因为它强大的图形图像处理功能，目前也广泛应用在园林景观设计图后期处理中。要能熟练运用 Photoshop 软件，首先要了解 Photoshop 的工作界面，本节主要介绍 Photoshop CS6 的工作界面。

Photoshop CS6 的工作界面主要包括菜单栏、工具箱、工具选项栏、浮动控制面板、图像窗口等，如图 1-2-1 所示。

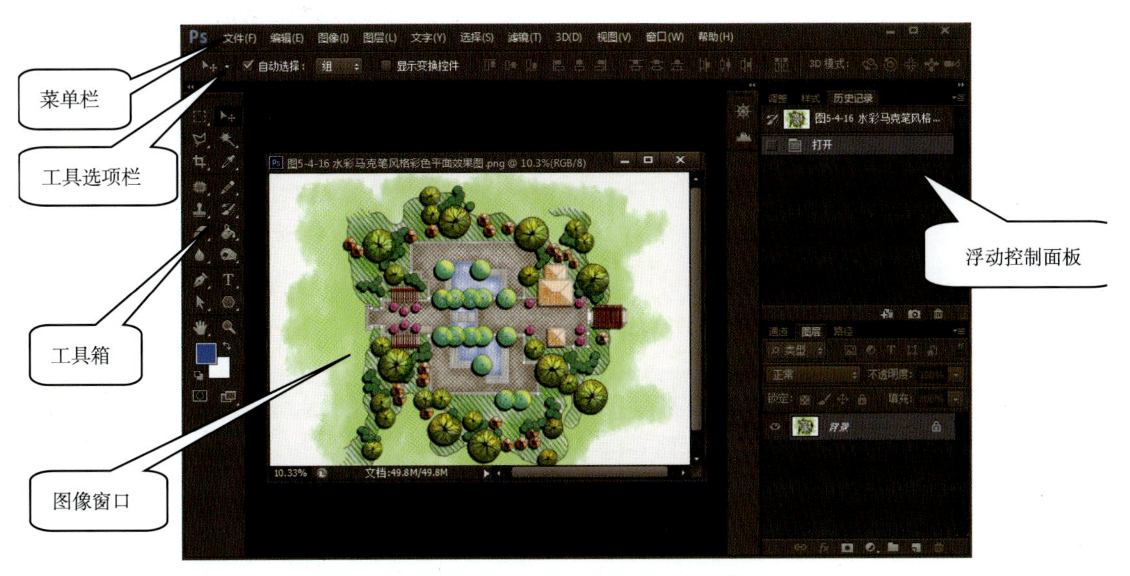

图 1-2-1　Photoshop CS6 的工作界面

2.1.1 菜单栏

Photoshop CS6 共有 11 个主菜单，如图 1-2-2 所示，每个菜单都包含一系列的命令。菜单栏中包含了所有的图像处理命令，用户可打开各菜单项选择所需要的命令对图像文件进行处理，也可以按相应的快捷键快速执行相应的命令。使用快捷键可以更快地执行 Photoshop 常用命令。

图 1-2-2 菜单栏

2.1.2 工具箱

工具箱默认在工作界面的左侧，它是 Photoshop 的重要组成部分，如图 1-2-3 所示，包括 50 多种工具。通过使用工具箱中的工具，用户可以选择区域、移动对象、绘画、输入及编辑注释、文字，还可以更改背景色和前景色。有些工具图标右下角有小三角形，表示这是一个工具组，还隐藏着其他工具，将鼠标放在工具图标上，长按鼠标左键，隐藏工具的名称将会显示出来，用户可以根据需要选择。

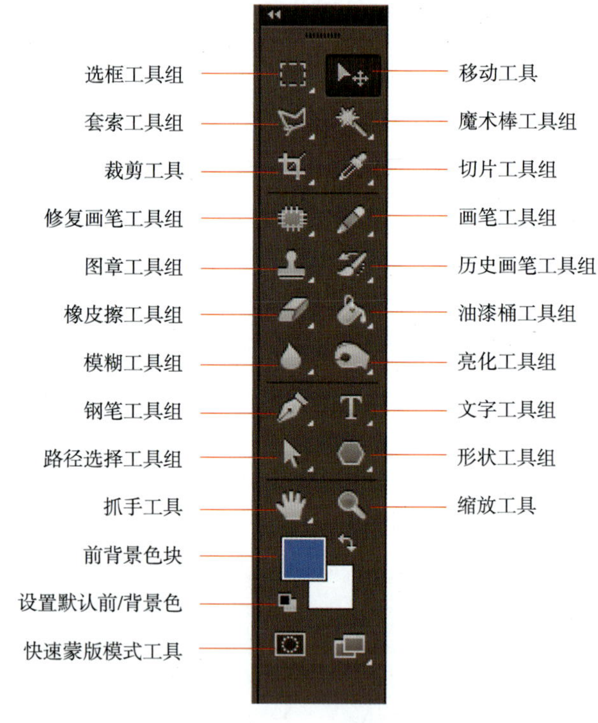

图 1-2-3 工具箱

2.1.3 工具选项栏

工具选项栏在菜单栏的下方，又称为属性栏，显示工具的选项和参数。选择不同的工具，工具选项栏就会显示相应工具的属性，这时可对选项进行选择和设置参数，更方便使用工具。例如，单击工具箱中的移动工具按钮，在工具选项栏中会显示移动工具的各项属性设置，如图 1-2-4 所示。

图 1-2-4 工具选项栏

2.1.4 浮动控制面板

浮动控制面板默认在工作界面的右侧，使用时可以根据需要将它拖动到界面的其他位

置，如图1-2-5所示。浮动面板有20多个，为了使操作窗口简洁明快，可以将不常用的控制面板暂时隐藏，只显示常用的控制面板。单击“窗口”菜单可选择面板的显示与隐藏，如图1-2-6所示。

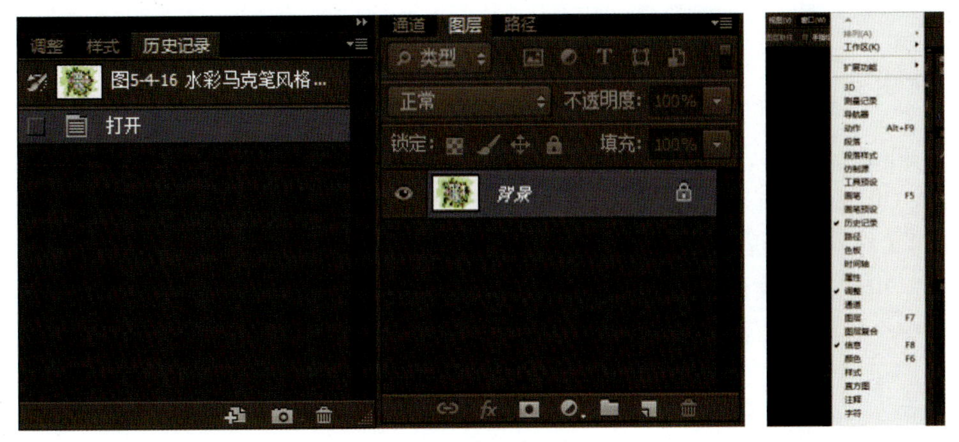

图1-2-5　浮动控制面板　　　　图1-2-6　“窗口”菜单命令

2.1.5　图像窗口

图像窗口是Photoshop的主要绘图区域，通过新建文件或打开文件将图像显示在工作界面。图像窗口上面有标题栏，一般显示有图像文件名、图像格式、显示比例、色彩模式；下面显示图像文件的显示比例、文档大小与滚动条，如图1-2-7所示。将光标放在图像窗口标题栏，按鼠标左键向下拖动使其悬浮，此时可以对图像窗口进行缩放、移动、改变窗口图像大小等操作。

图1-2-7　图像窗口

2.2 熟练掌握Photoshop图像文件基本操作

Photoshop 图像文件的基本操作包括文件的新建、打开、保存以及浏览等。

2.2.1 新建文件

启动 Photoshop 后，如果想要建立一个新图像文件，则选择“文件”/“新建”命令（快捷方式 Ctrl+N），打开“新建”对话框，如图 1-2-8 所示。

“新建文件”对话框由以下几部分内容组成：

名称 可输入新文件的名称。若不输入，Photoshop 默认的文件名为“未标题 -1”，如连续新建多个，则文件名按顺序默认为“未标题 -2”“未标题 -3”，以此类推。

预设 单击预设后面的三角形，弹出如图 1-2-9 所示的下拉菜单，可在菜单中选择预定义好的参数。

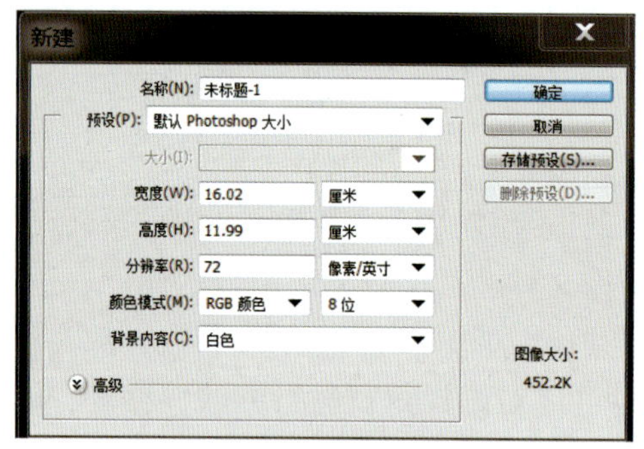

图 1-2-8 “新建”对话框

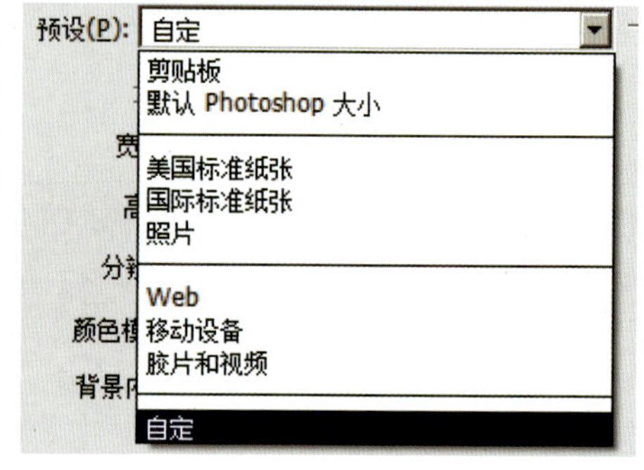

图 1-2-9 “新建”对话框中的预设下拉菜单

宽度、高度 在预设中选择“自定”，可设置图像的“宽度”和“高度”值，在其后面的下拉列表中选择需要的单位，有“像素”“厘米”“毫米”“英寸”等。一般用于包装设计等用途的图像，常采用“毫米”为单位；进行软件界面的设计时，一般采用“像素”为单位。

分辨率 可设置新文件的分辨率。分辨率的大小根据图像的用途来确定。一般用于网页制作或软件的界面时，分辨率设置为 72 像素 / 英寸；用于印刷时，分辨率设置为 300 像素 / 英寸或更高的值；用于喷绘时，分辨率设置为 150 像素 / 英寸。

颜色模式 可在其后面的下拉列表中选择新文件的色彩模式，包括位图、灰度、RGB 颜色、CMYK 颜色和 Lab 颜色等几种模式。

背景内容 可在其后面的下拉列表中选择新文件的背景内容，包括白色、背景色和透明 3 种。

设置完参数后，单击“确定”按钮，即可新建一个空白的图像文件。

2.2.2 打开文件

选择“文件”/“打开”命令（快捷方式 Ctrl+O），打开如图 1-2-10 所示的“打开”对

话框。在查找范围右边的下拉列表里选择要打开文件的路径，在显示的文件列表中选择要打开的文件名，单击“确定”按钮，即可打开图像文件。若文件较多，在文件列表不易查找，可在列表下“文件名”后文本框输入要打开文件的文件名，在文件类型内输入要打开文件的文件类型（如 psd、jpg、bmp、tif 等），单击“确定”按钮，打开图像文件。

2.2.3 保存文件

编辑好的图像文件需要保存起来，选择“文件”/“存储为”命令（快捷方式 Shift+Ctrl+S），打开“存储为”对话框，如图 1-2-11 所示。选择文件的保存路径、文件名和文件格式，即可保存文件。

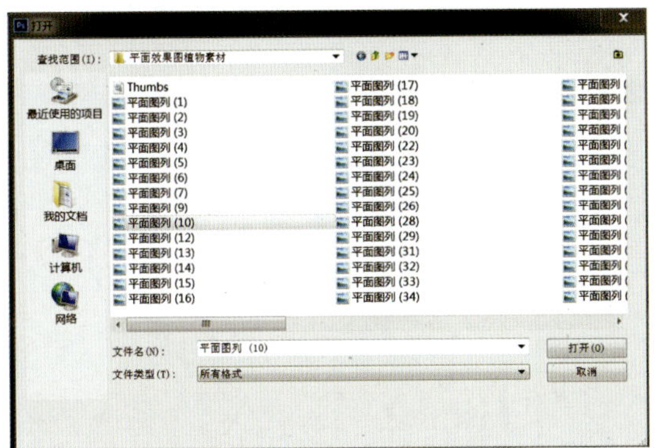

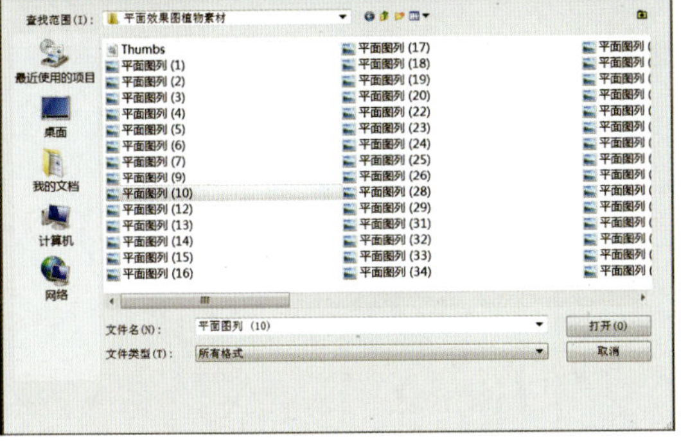

图 1-2-10 “打开”对话框

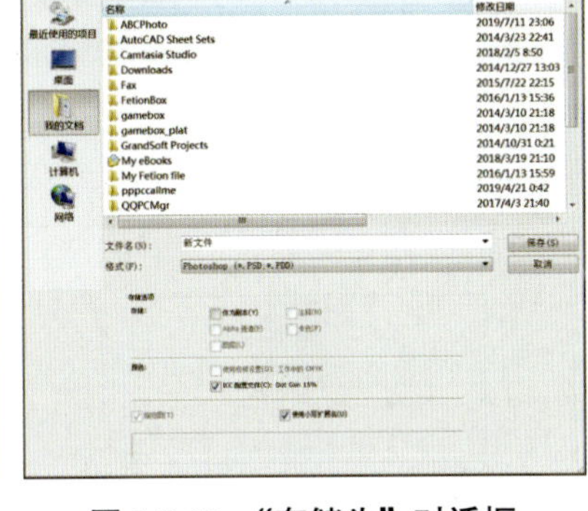

图 1-2-11 “存储为”对话框

2.2.4 关闭文件

（1）选择“文件”/“关闭”命令，可关闭当前图像文件。选择“文件”/“退出”命令，可退出 Photoshop 程序。

（2）按快捷键 Ctrl+W，可关闭当前图像文件。按 Ctrl+Q 键，可退出 Photoshop 程序。

（3）单击图像窗口右上角的关闭按钮，可关闭当前图像文件。单击 Photoshop 应用程序栏右侧的关闭按钮，可退出 Photoshop 程序。

2.2.5 Photoshop 文件基本操作

（1）打开 Photoshop 程序。选择“文件”/“新建”命令，参数设置如图 1-2-12 所示。单击“确定”，创建一个新图像文件。

（2）选择“文件”/“存储为”命令，参数设置如图 1-2-13 所示。单击“保存”，将重新命名的图像文件“1.psd”保存在桌面。

（3）单击图像窗口右上角的关闭按钮，关闭当前图像文件“1.psd”。

（4）选择“文件”/“打开”命令，单击保存在桌面的图像文件“1.psd”，如图 1-2-14 所示。单击“确定”打开图像文件。

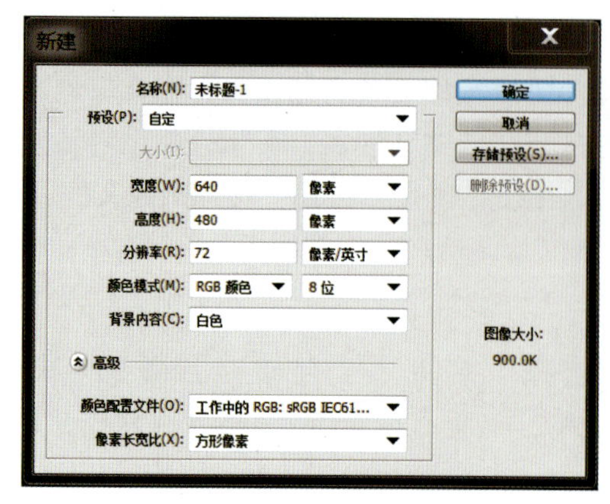

图 1-2-12 “新建”对话框

图 1-2-13 “存储为”对话框

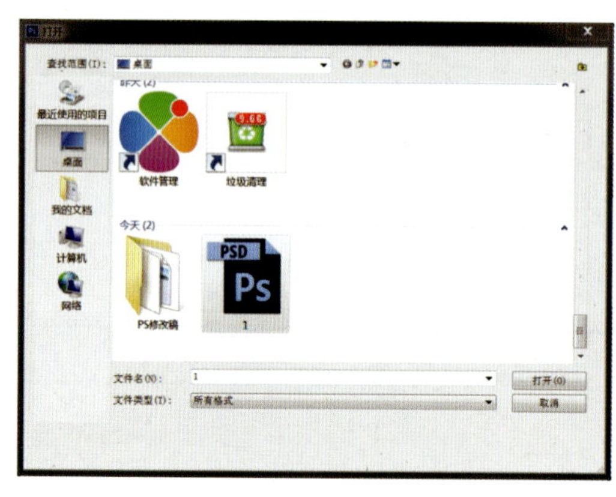

图 1-2-14 “打开”对话框

图 1-2-15 “保存”对话框

（5）选择“文件”/“存储为”命令，参数设置如图 1-2-15 所示。单击“保存”，将图像文件“2.jpg”保存在桌面。

（6）选择“文件”/“退出”命令，关闭“2.jpg”，并退出 Photoshop 程序。

2.3 应用Photoshop基本工具

本节将详细讲解 Photoshop 基本工具的应用，使用户能够简单、快捷、精确地描绘各种复杂图形，大大提高图像制作的效率。

2.3.1 图像的缩放

对 Photoshop 图像进行编辑时，为了便于视图，经常会将图像进行放大和缩小，放大图像可以更清楚地看到图像的细节部分，缩小图像可以看到图像整体效果。缩放图像可以使用缩放工具，也可以使用菜单中的缩放命令。

（1）使用“缩放工具”

在工具箱中选择“缩放工具”，光标变为放大镜“+”形状，在图像窗口单击鼠标左键，

则图纸以一定的比例放大，按住 Alt 键光标变为放大镜“-”形状，在图像窗口单击鼠标左键，则图纸以一定的比例缩小；使用“缩放工具”按鼠标左键在图像窗口拖动，会产生一个虚线矩形框，松开鼠标时，框内图像将被放大并充满屏幕；双击“缩放工具”按钮，可使图纸以 100%的比例显示。

（2）使用菜单命令

选择“视图”/“放大”命令，可放大图像。多次选择，将不断放大图像。也可使用快捷键 Ctrl+“+”。

选择“视图”/“缩小”命令，可缩小图像。多次选择，将不断缩小图像。也可使用快捷键 Ctrl+“-”。

选择“视图”/“按屏幕大小缩放”命令，可使图像全屏显示在图像窗口内。也可使用快捷键 Ctrl+“O”。

选择“视图”/“实际像素”命令，可使图像按图像的实际像素显示在图像窗口。也可使用快捷键 Ctrl+“I”。

在图像窗口左下角的文本框内输入数值，也可以控制图像的显示比例。

2.3.2 图像的平移

当图像的显示大小超过图像窗口大小时，选择工具箱中的“抓手工具”，按鼠标左键进行拖动，可以对图像进行平移，从而显示图像窗口以外的部分；双击抓手工具按钮，可使图像以适合屏幕大小显示。

缩放工具和抓手工具只是调整图纸的显示大小和位置，不会改变图纸的实际尺寸和图像在图纸中的实际位置。

2.3.3 标尺、参考线、网格

（1）标尺

标尺显示在当前图像窗口的顶部和左侧，可以帮助用户精确地确定图像或元素的位置，如图 1-2-16 所示。在“视图”菜单选择“标尺”命令可显示或隐藏标尺（快捷方式 Ctrl+R）。在默认状态下，标尺原点位于左上角的（0，0）点。若想改变标尺的原点，可将光标放在窗口左上角标尺的交叉点上，然后按鼠标左键沿对角线向下拖动，此时会看到一组十字线，松开鼠标左键，十字线的交点就是标尺的新原点。若想将原点恢复到左上角，双击标尺的左上角即可。

图 1-2-16 标尺、参考线

（2）参考线

参考线是浮动在图像上方的一些不会打印出来的线条，参考线可以任意移动和删除，也可以锁定参考线以防止无意中移动它们，如图 1-2-16 所示。在“视图”/“显示”命令选择“参考线”

可显示或隐藏参考线（快捷方式 Ctrl+“；”）。

①新建参考线　当光标靠近标尺时会变成一个空心箭头，此时按鼠标左键向下拖动可以创建水平参考线，从垂直标尺向右拖动可以创建垂直参考线。

②移动参考线　选择“移动工具”，将光标放在参考线上，当光标变为双箭头时，按鼠标左键拖动，参考线即可移动。

③锁定参考线　选择“视图”/“锁定参考线”命令，可锁定参考线，这样就可以避免误移动或误删除。

图 1-2-17　网格

④删除参考线　选择“视图”/“清除参考线”，可删除参考线；用“移动工具”将参考线移出图像窗口也可删除参考线。

（3）网格

网格是在默认情况下不能被打印出来的格状线条，它常常用于对称地布置图形元素，如图 1-2-17 所示。在“视图”/“显示”命令选择“网格”可显示或隐藏网格（快捷方式 Ctrl+“，”）。

（4）标尺、网格、参考线参数设置

选择“编辑”/“首选项”命令，在下拉列表中选择“单位与标尺”，可对标尺进行参数设置。选择“参考线、网格与切片”，可对参考线和网格进行参数设置。

2.3.4　调整图像大小和分辨率

（1）查看图像大小和分辨率

选择“图像”/“图像大小”命令，打开“图像大小”对话框，如图 1-2-18 所示。在对话框中可以查看图像的宽度、高度值和分辨率的大小。

（2）调整图像大小和分辨率

单击“图像大小”对话框中“约束比例”前的对勾，取消约束比例，然后在高度、宽度、分辨率后的文本框中输入调整后的数值，可调整图像大小和分辨率。

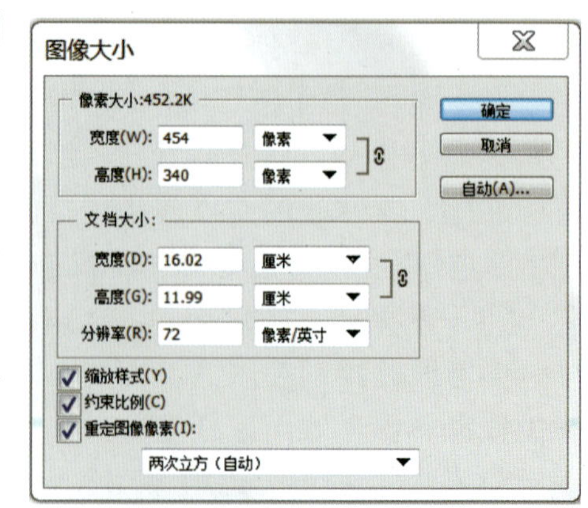

图 1-2-18　“图像大小”对话框

2.3.5　Photoshop 基本工具应用

（1）在 Photoshop 中打开素材文件“平面图列_01”，如图 1-2-19 所示。

（2）按鼠标左键向下拖动其标题栏，使其悬浮显示。按 Ctrl+O，使其按屏幕大小进行自动缩放，如图 1-2-20 所示。

（3）选择“图像”/“图像大小”命令，查看该

图 1-2-19　打开图像文件“平面图列 _01”

图 1-2-20　按屏幕大小显示

图像文件的宽度、高度，如图 1-2-21 所示。

（4）按快捷键 Ctrl+R 打开标尺，如图 1-2-22 所示。

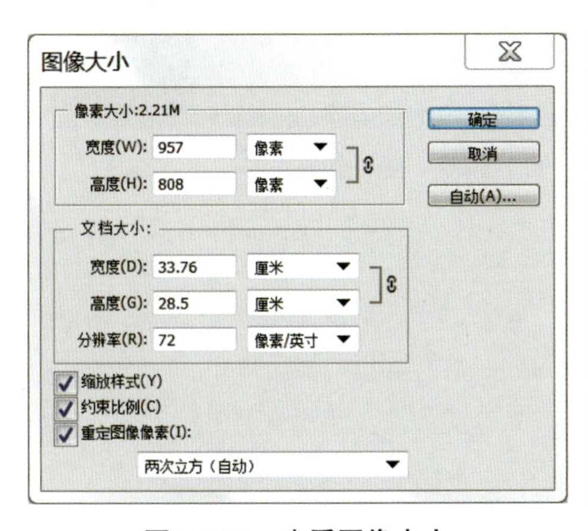

图 1-2-21　查看图像大小

图 1-2-22　打开标尺

（5）将鼠标放在水平标尺上，按鼠标左键并向下拖动，引出两条水平参考线。同样，引出两条垂直参考线，使其中间围成的矩形大小为 13cm × 13cm，如图 1-2-23 所示。

（6）打开素材文件“平面图列 _02”，如图 1-2-24 所示。

（7）选择“图像”/“图像大小”命令，勾选“约束比例”，将图像文件的宽度改

图 1-2-23　创建参考线

图 1-2-24　打开图像文件“平面图列 _02”

成 13cm，如图 1-2-25 所示，单击“确定”。

（8）选择“移动工具”，按着鼠标左键将图像“平面图列 _02”拖动至图像“平面图列 _01”中。

（9）继续使用“移动工具”，在图像“平面图列 _01”中选择刚移动进来的图像，将其放置在参考线围成的矩形中，如图 1-2-26 所示位置。

图 1-2-25　设置图像大小

图 1-2-26　移动图像文件

单元 3　Photoshop 工具

◇学习目标

（1）掌握 Photoshop 常用工具的基本操作方法，并熟练使用快捷键；会运用 Photoshop 常用工具制作各种效果的图像。

（2）掌握并熟练使用色彩和色调的调整功能。

（3）掌握并熟练使用滤镜命令。

（4）掌握并熟练应用图像通道和蒙版处理技巧。

3.1　常用工具

本节主要介绍 Photoshop 的常用工具。熟练掌握常用的移动工具、选取工具、填充工具、绘图工具、修图工具、文字工具、路径工具和缩放工具的使用及各工具选项栏中参数的调整与操作，为以后的学习打下坚实的基础。

3.1.1　移动工具

移动工具是一个非常重要的工具，可以很方便地完成图像的移动和复制等操作。

（1）移动工具的获取

在工具箱中单击移动工具图标，就选择了移动工具。这时只要在绘图区按鼠标左键拖动，当前图层或选区中的图像就会被移动。

用上面的方式获取移动工具后，很容易在毫无察觉的情况下发生移动的误操作。Photoshop 为了避免这种误操作的产生，提供了另一种获取移动工具的方式：在使用其他工具的时候，按住 Ctrl，这时光标可变为移动工具使用，直到放开 Ctrl 键，光标重新变回原来的工具。这种获取移动工具的方式是图纸绘制中最常用的方式。

（2）移动图像

获取移动工具后，如果有选区，把光标放在选区内拖动，则选区内的图像会移动；如果没有创建选区，拖动鼠标时会移动当前图层上的全部图像。

如果先按住 Shift 键再移动图像，可使图像沿水平、竖直或 45° 方向进行移动。

当前工具为移动工具时，按键盘上的方向键一次，可使图像沿按键的方向移动 1 像素；若先按住 Shift 键再按键盘上的方向键一次，可使图像沿按键的方向移动 10 像素。

（3）复制图像

Photoshop 中复制图像的工作主要通过移动工具来完成。当处于移动工具状态时，先按住 Alt 键再拖动鼠标就会复制图像。如果有选区，则复制选区内的图像，并且复制出的图像跟源图像在同一图层；如果没有选区，则复制当前图层的全部图像，并且复制出的图像出现在一个新的图层中。

3.1.2 选取工具

选取工具的主要功能是在图像中建立选择区域。当图像中存在选择区域时，我们所进行的操作都是对选择区内的图像进行的，选择区外的图像不受影响。工具箱中提供了多个用于创建选区的选取工具，它们分成三组，分别是选框工具组、套索工具组和魔棒工具。

（1）选框工具组

选框工具组有 4 个工具：矩形选框工具、椭圆选框工具、单行选框工具和单列选框工具，选框工具组里的工具一般是用来创建规则选区的。

①矩形选框工具　单击矩形选框工具，将光标移动至图像上，按鼠标左键并拖动即可产生一个矩形选区。按 Shift 键的同时按鼠标左键并拖动，可建立正方形选区；按 Alt 键的同时按鼠标左键并拖动，可建立以单击点为中心的长方形选区；同时按住 Shift 键和 Alt 键，按鼠标左键并拖动，可建立以鼠标所在点为中心的正方形选区。

②椭圆选框工具　单击椭圆选框工具，将光标移动至图像上，按鼠标左键并拖动即可产生一个椭圆选区。按 Shift 键的同时按鼠标左键并拖动，可建立正方形选区，按 Alt 键的同时按鼠标左键并拖动，可建立以单击点为中心的长方形选区，同时按住 Shift 键和 Alt 键，按鼠标左键并拖动，可建立以鼠标所在点为中心的正方形选区。

③单行选框工具和单列选框工具　单击单行选框工具或单列选框工具，等光标变成十字形状时，在图像上单击，即可创建宽度为 1 像素的单行或单列选区。

选框工具选项栏如图 1-3-1 所示，其中各选项的作用如下：

图 1-3-1　矩形选框工具选项栏

新选区　单击此图标，矩形选区处于正常的工作状态。此时，只能在图像上建立一个选区，再建立第二个选区时，第一个选区将消失。

添加到选区　单击此图标，矩形选区处于相加的状态。此时，若有一选区，再建立第二个选区时，两个选区相加，形成更广的选择范围。若有一选区，按住 Shift 同时建立第二个选区会产生与上面同样的效果。

从选区减去　单击此图标，矩形选区处于相减的状态。此时，若有一选区，再建立第二个选区时，将从第一个选区中减去第二个选区形成新的选区。若有一选区，按住 Alt 同

时建立第二个选区会产生与上面同样的效果。

与选区交叉　单击此图标，矩形选区处于相交的工作状态。此时，若有一选区，再建立第二个选区并且两个选区有相交部分时，将进行相交操作，最后只产生相交部分的选择区域。若有一选区，按住 Shift+Alt 同时建立第二个选区会产生与上面同样的效果。

羽化　羽化值是选取工具的一个重要参数。此参数应当在使用选取工具前设置，设置此参数后，可使选区变得柔和，羽化值越大，选区越柔和。图 1-3-2 所示为选区设置不同的羽化值后的效果。

图 1-3-2　选区的羽化效果

样式　此下拉列表有三个选项，各项意义如下：

- 正常：系统的默认项，可以制作任意形状的矩形选区。
- 固定长宽比：选取此项时，选区的长宽比将被固定。
- 固定大小：选取此项时，只能以固定大小的长宽值选取范围。

（2）套索工具组

套索工具组有套索工具、多边形套索工具和磁性套索工具三个工具，使用套索工具组工具可以在图形上绘制不规则形状的选区。

①套索工具　单击选择套索工具后，用光标在绘图区拖动，回到起始点时，会创建一个由光标所经过的路线围成的选区。

②多边形套索工具　选择多边形套索工具后，在图像上单击可确定选区的起始点，然后移动鼠标依次单击就可以绘制出一个多边形。当多边形的结束点与起始点重叠时，单击鼠标就成为一个选区；当选区的结束点与起始点没有重叠时，双击鼠标，可以使选区自动闭合。

③磁性套索工具　选择磁性套索工具后，用光标在图像的边缘单击，并沿图像的边缘移动光标，选区的边框线会自动吸附在图像的边缘，如图 1-3-3 所示。磁性套索工具特别适用于快速选择边缘与背景对比强烈的图像，根据设定的“边对比”值和“频率”值来精确定位选择区域，当遇到不能识别的轮廓时，单击鼠标左键进行选择即可。

套索工具的选项栏如图 1-3-4 所示。

羽化　与前面选取工具的选项相同。

消除锯齿　当使用了消除锯齿功能时，锯齿现象会少一些。

宽度　用于设置选取时能检测到的边缘的宽度，范围值为 1～40，值越小，范围越小。

图 1-3-3　磁性套索工具

图 1-3-4　套索工具选项栏

对比度　用于设定选取时的边缘对比反差度，范围值为 1%～100%，值越大，反差越大，选取范围越精细。

频率　用于设定选取时的节点数，范围值为 1～100，值越大，节点越多。

图 1-3-5　用魔棒工具创建的选区

（3）魔棒工具

魔棒工具用于根据图像中像素颜色相同或相近来建立选区。选中该工具并在图像中单击，与单击处颜色相同或相近的像素都会被选中，可大大提高工作效率。图 1-3-5 就是用魔棒工具在设置容差为 50，不勾选“连续”的情况下，用鼠标单击红点处选择的蓝色区域。

魔棒工具选项栏如图 1-3-6 所示。

容差　容差值范围为 0～255，默认值为 32。容差值越大，选取的颜色范围越大。

连续　勾选此选项，只选取与鼠标单击点颜色相近且相邻的区域；反之，可选取整个图像中与鼠标单击点颜色相近的区域。

对所有图层取样　勾选此选项，选取用于图像中的所有图层，否则只用于当前层。

图 1-3-6　魔棒工具选项栏

（4）选区的编辑

选区创建后，可能不符合绘图的要求，这就需要对选区进行适当的修改。下面介绍几种修改选区的常用方法。

①变换选区　创建了选区后，选择“选择”/“变换选区”命令（或光标在选区内右击，从出现的快捷菜单中选择“变换选区”），就会在原来的选区周围出现一个变形框，利用此变形框可对选区进行移动、旋转、缩放、扭曲等变换。

移动　光标放在框内，当光标变为黑箭头时，拖动光标。

旋转　光标放在框外，当光标变为弯曲的双向箭头时，拖动光标。

变形　光标放在框内右击，从出现的快捷菜单中选择一项，即可拖动变形框上的句柄进行变形操作。变形完毕，按 Enter 键确定变形，按 Esc 键取消变形。

②修改选区　创建了选区后，选择“选择”/“修改”命令，在子菜单中选择其中的一项。

边界　选择该项后，在打开的对话框中输入宽度值，该命令将原选区修改为以原选区边框线为中心的指定宽度的带状选区，该选区将自动消除锯齿。

平滑　选择该项后，在打开的对话框中输入取样半径值，该命令将原选区尖锐的角部按取样半径值进行平滑处理。

扩展　选择该项后，在打开的对话框中输入扩展量，该命令将原选区边框线扩展指定的像素值。

收缩　选择该项后，在打开的对话框中输入收缩量，该命令将原选区边框线收缩指定的像素值。

创建选区后，若要扩展选区以包含具有相似颜色的区域，可以选择“选择”/“扩大选取”或“选取相似”命令。

扩大选取　包含所有位于魔棒选项中指定的容差范围内的相邻像素。

选取相似　包含整个图像中位于容差范围内的像素，而不只是相邻像素。

③取消和隐藏选区

取消选区　选区使用完毕，要取消选区，可按 Ctrl+D 键。

隐藏选区　有时选区的蚂蚁线会影响对选区内像素所做操作的观察，这时可以按 Ctrl+H 键将选区隐藏。

④存储和载入选区　对于较难创建而以后还要再次使用的选区，可以把它存储起来，当需要再次使用该选区时，可用载入选区的命令把它加载到绘图区。

存储选区　创建好选区后，选择“选择”/“存储选区”命令，在对话框中的“名称”栏中输入要存储选区的名称，然后按“好”按钮，该选区会随文件（PSD 格式）一起被保存。

载入选区　需要再次使用已存储过的选区，选择“选择”/“载入选区”命令，在“通道”栏中选择相应的选区名，在“操作”区域选择一种要加载的选区与原有选区的计算方式，然后按“好”，该选区则会被加载到绘图区。

（5）选择工具应用实例

用选框工具创建选区。

①在 Photoshop 中选择“文件”/“新建”命令，新建 800 像素 ×600 像素的文件。

②选择“视图”/“新建参考线”命令，从水平标尺上拖出一条水平参考线放在图纸的中央，再从竖直标尺上拖出一条竖直参考线放在图纸的中央。

③选择矩形选框工具，同时按下 Shift+Alt 键，把光标放在两条参考线的交点，拖动出一个正方形选区，如图 1-3-7A 所示。

④选择椭圆选框工具，在选框工具的选项栏中单击从选区减去按钮（或按下快捷键 Alt 键），把光标放在两条参考线的交点，拖出一个椭圆形选区，保持鼠标左键按下，松开 Alt 键，再同时按下 Shift+Alt 键，继续拖动鼠标，产生适当的圆形选区后，松开鼠标左键，再同时松开 Shift+Alt 键，如图 1-3-7B 所示。

⑤选择“视图”/“清除参考线”命令，取消参考线，如图 1-3-7C 所示。

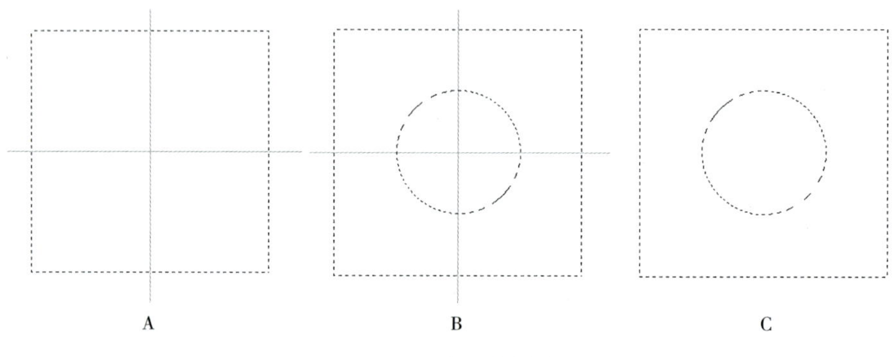

图 1-3-7　选区的创建

3.1.3　填充工具组

填充工具组包括渐变工具和油漆桶工具，可以使用填充菜单命令，为图像填充颜色和图案。

（1）填充菜单命令

①定义前景色或背景色；

②用选框工具选择要填充的区域，如果不指定选择区域则对整个当前图层进行填充；

③选择“编辑”/“填充”命令，打开如图 1-3-8 所示的“填充”对话框。可以选择使用“前景色”“背景色”以及“图案”等填充方式，同时，可以设置填充的模式和不透明度。

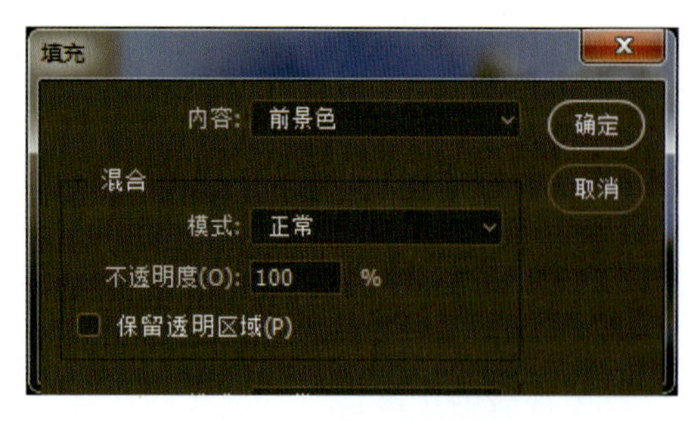

图 1-3-8　“填充”对话框

（2）定义图案命令

利用选择工具选择一定区域，然后选择“编辑”/“定义图案”命令定义图案。把一幅图像定

义为图案的步骤如下：

①导入一幅不太大的图像，或者绘制一幅不太大的图像。如果图像较大，可选择“图像”/“图像大小”命令，调出“图像大小”对话框，重新设置图像大小。

②选择“编辑”/“定义图案”命令，打开“图案名称”对话框，在对话框中输入图案名称后确认，即可完成图案定义。

（3）渐变工具

渐变工具是绘制两种或多种颜色间的过渡效果。选择“渐变工具”，点击鼠标左键并拖动，至另一点松开鼠标，即可绘制渐变效果。可以在其选项栏中选择渐变的形式，设置渐变的模式、不透明度等。如图 1-3-9 所示。

图 1-3-9　渐变工具选项栏

渐变样本条　显示当前渐变样式，单击该样本条，可打开“渐变编辑器”（图 1-3-10）用来对当前渐变样式进行编辑。单击渐变样本条右侧的黑三角，会打开“渐变拾色器”，可以从中选择 Photoshop 预设的各种渐变样式。

图 1-3-10　渐变编辑器

渐变方式选项　Photoshop 提供了线性渐变、径向渐变、角度渐变、对称渐变和菱形渐变五种渐变方式，根据需要按下相应的按钮进行选择。

反向　用来反转将要填充的色彩渐变顺序。

仿色　使用模仿颜色的方法完成平滑的渐变过程，从而减少渐变过程使用的颜色数量。

透明区域　选择此选项，才能使渐变设置中的不透明度变化产生效果。

渐变设置完成后，在要进行渐变填充的选区内第一点按下鼠标左键，拖动到第二点再放开，才能完成渐变填充。

（4）油漆桶工具

使用油漆桶工具，可以为图像或选择区域填充颜色及选择像素相似的相邻像素和图案。油漆桶工具的使用方法与填充命令相似。

3.1.4 画笔工具

（1）画笔工具选项栏

画笔工具是用于绘制和编辑图像的工具。画笔工具在默认情况下使用前景色进行绘制，画笔工具选项栏如图 1-3-11 所示。

图 1-3-11　画笔工具选项栏

画笔预设　显示当前画笔笔尖的形状和直径。单击该图标或右侧黑三角，显示图 1-3-12 所示的“画笔预设”选取器。在选取器中，可设置画笔笔尖大小和硬度；在画笔列表中，可选择笔尖形状；单击选取器右上角的黑三角，会出现一个快捷菜单，可从中选择其他的画笔库来替代或追加到当前的画笔库，从而选择更多的笔尖形状。

切换画笔调板　单击该按钮，打开画笔面板，如图 1-3-13 所示。在该调板中可对画笔做多种绘画效果设置。

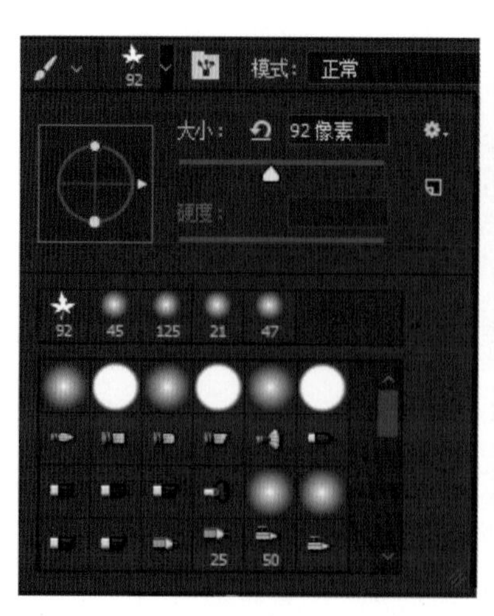

图 1-3-12　“画笔预设”选取器

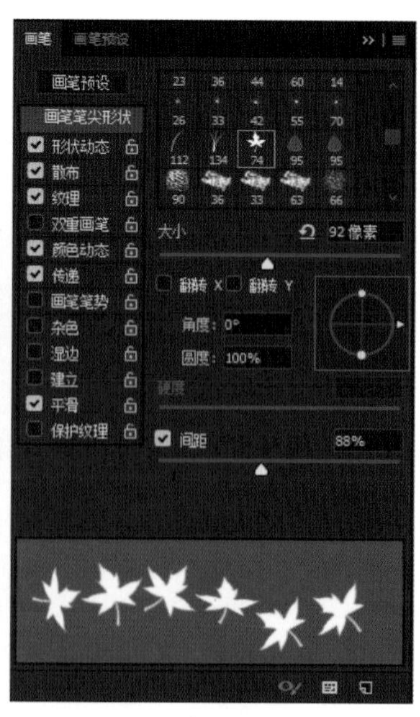

图 1-3-13　画笔面板

模式　选择画笔使用的颜色与绘画处原来颜色间的颜色混合方式。

不透明度　指定画笔绘画所涂抹的油彩覆盖量。

流量　指定画笔绘画时油彩的涂抹速度。

喷枪　按下该项将画笔作为喷枪使用。

使用画笔绘画时，按下鼠标左键拖动，可绘制自由笔画；单击绘制第一点后，按住Shift键再单击第二点，可在两点间绘制直线。

使用画笔工具时，不仅可以使用Photoshop提供的画笔预设，还可以根据绘图的需要自定义画笔预设。

（2）画笔工具应用实例

自定义画笔预设“草丛”，并用其绘制草丛。

①新建大小为800像素 ×600像素的文件，设置前景色为绿色，创建图层1。

②在工具栏中单击“直线工具”按钮，在它的选项栏中按图1-3-14进行设置。

图1-3-14　“自定义形状工具”选项栏设置

③在绘图区按下鼠标左键，拖动绘制出一株草（图1-3-15A），继续绘制（图1-3-15B和图1-3-15C），然后框选绘好的图案（图1-3-15D），单击“编辑”/“定义画笔预设”命令，在弹出的“画笔名称”对话框中输入“草丛”后按确定按钮，该草丛图案被创建为画笔预设（图1-3-16）。最后把绘图区选好的图案删除，并取消选择。

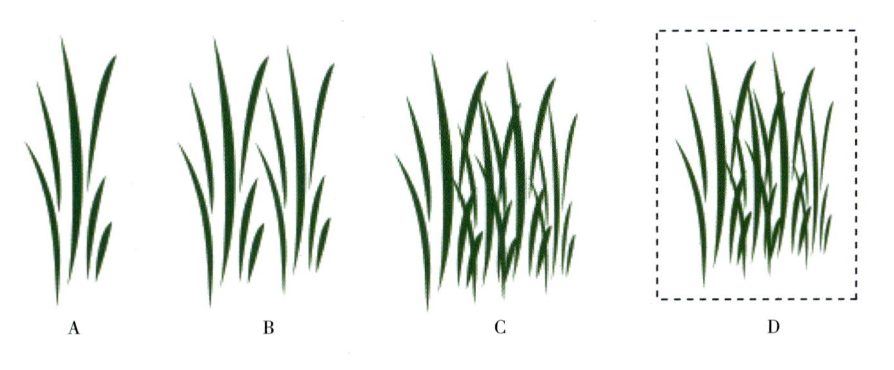

图1-3-15　绘制草丛图案的过程

图1-3-16　定义“草丛”画笔预设

④在工具栏中选择画笔工具，在选项栏中单击“画笔面板”，打开“画笔预设”选取器，在画笔列表的最下部可看到刚定义的“草丛”画笔，单击选择，并进行如图 1-3-17 和图 1-3-18 所示的参数设置。

⑤在绘图区的适当位置点按鼠标，绘制出草丛，如图 1-3-19 所示。

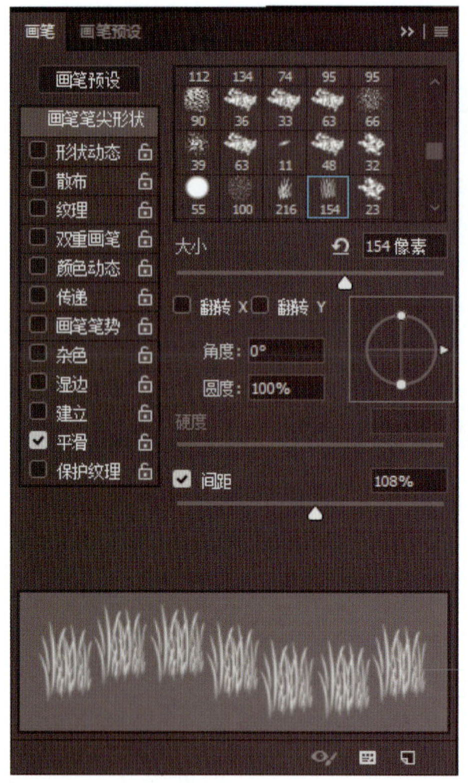

图 1-3-17　选择画笔笔尖形状并设置间距

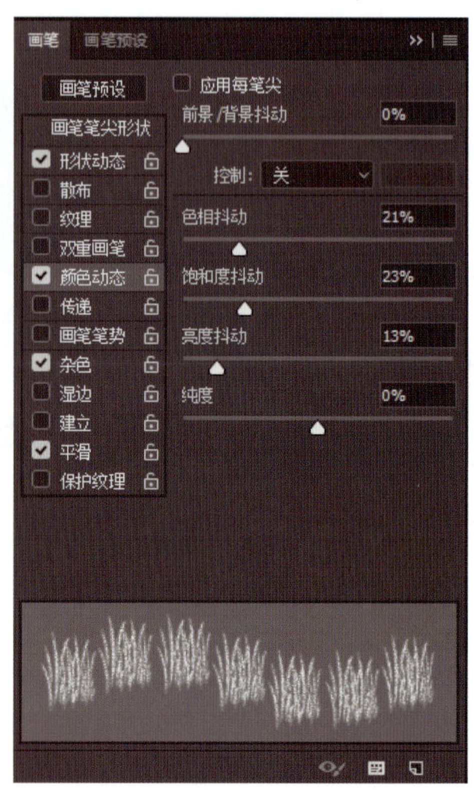

图 1-3-18　设置颜色动态等参数

图 1-3-19　用自定义画笔绘制的草丛

3.1.5　形状工具

形状工具包括矩形工具、圆角矩形工具、椭圆工具、多边形工具、直线工具和自定义形状工具。使用形状工具可以绘制出形状层、工作路径和填充区域，形状工具的选项栏如图 1-3-20 所示。

图 1-3-20　“形状工具”选项栏

在使用形状工具之前，应根据作图的需要设置形状属性，包括形状、路径和像素。选“形状图层”，可显示路径及填充内容，且自动生成形状图层；选“路径”，仅显示路径；选“像素”，只显示填充内容，如图 1-3-21 所示。

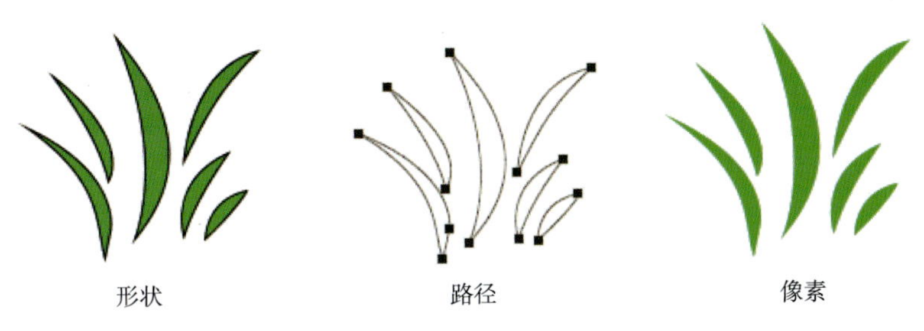

图 1-3-21　自定义图形选择不同的形状属性效果

3.1.6　修图工具

修图工具的作用就如同缝补衣服，可以把这块衣料修补到另一块地方，得出的效果可以是替代的，也可以是叠加的。修图工具主要包括修复工具组、图章工具组、橡皮擦工具组等。

（1）修复工具组

修复工具组包括修复画笔工具、修补工具等。

①修复画笔工具　实际上是借用周围的像素和光源来修复图像。使用时，按着 Alt 键的同时在图中单击鼠标左键取样，然后将光标放在需要修复的位置按下鼠标左键涂抹。使用修复画笔工具，可使修复的区域与周围的区域变得非常融合。

②修补工具　是修复画笔工具功能的一个扩展，首先按着鼠标左键并拖动，在修复源形成选区，然后将光标移动到选区内，按鼠标左键并拖动选中的区域，移动到修复区域松开鼠标即可。使用修补工具，可使修复的区域与周围的区域变得非常融合。

修复画笔工具的选项栏如图 1-3-22 所示。在修复画笔工具选项栏中可以设置修复画笔的大小、模式和修复源等。

图 1-3-22　“修复画笔工具”选项栏

（2）图章工具组

图章工具组包括仿制图章工具和图案图章工具。

①仿制图章工具　使用如修复画笔工具，按着 Alt 键的同时在图中单击鼠标左键取样，然后将光标放在需要修复的位置按下鼠标左键涂抹，从而达到复制效果。

仿制图章工具的选项栏如图 1-3-23 所示。

图 1-3-23　仿制图章工具的选项栏

对齐　不选择该项，使用仿制图章绘制时，每次单击左键绘制，都是从定义的取样点开始复制。若选择该项，每次单击左键绘制，都会自动重新设置取样点，使各次绘制能组成一个完整的图像。

样本　可以选择仅对当前层取样、对当前层和下方图层取样，以及对所有图层进行取样。

②图案图章工具　与仿制图章工具的功能基本一样，只是它复制的不是以基准点确定的图像，而是图案。图案图章工具在使用前首先要定义图案，然后利用图案图章工具将图案复制到图像中，用来修复图像。

（3）橡皮擦工具组

橡皮擦与现实生活中的橡皮擦一样，主要用来擦除不需要的图像。橡皮擦工具组包括橡皮擦工具、背景色橡皮擦工具、魔术橡皮擦工具。

①橡皮擦工具　当作用于背景层时相当于使用背景颜色的画笔；当作用于普通图层时擦除后区域为透明。

②背景色橡皮擦工具　可以专门作为擦除指定颜色的擦除工具，这个颜色叫标本色，使用它可以进行选择性擦除。

③魔术橡皮擦工具　与魔棒工具的原理一样，能够选取一定的图像范围，并能够把选区的内容擦除。

在橡皮擦工具选项栏中可以调整画笔大小、不透明度等（图 1-3-24）。

图 1-3-24　橡皮擦工具的选项栏

（4）模糊、锐化、涂抹工具

①模糊工具　可将图像变得柔和、模糊，能使参差不齐的两幅图的边界糅合，特别适合用来处理植物的阴影或曲路的边缘等。在其选项栏中可以调整画笔的大小、强度、模糊的模式等（图 1-3-25）。

图 1-3-25　模糊工具的选项栏

②锐化工具　可增加图像的对比度、亮度，使图像看起来相对清晰。在其工具选项栏中的可设置强度，强度值越大，锐化的效果越明显。

③涂抹工具　按着鼠标左键在图像中移动，能够在画笔经过的路线上形成连续的模糊带，涂抹的大小、软硬程度等参数可以通过工具选项栏设置。

（5）加深、减淡、海绵工具

单击工具箱中的“减淡工具”按钮不放，可以出现减淡工具、加深工具和海绵工具。

①减淡工具　可使图像的颜色变淡、增加明亮度，将图像的细节显现出来。用减淡工具可以处理草坪、马路或水面的明暗变化。减淡工具选项栏如图 1-3-26 所示。

图 1-3-26　减淡工具的选项栏

②加深工具　可使图像的颜色加深，处理物体背光效果等。

③海绵工具　可像海绵一样吸附色彩或者增添色彩，使图像的色彩减淡或者加深。需要增加颜色浓度时，在工具选项栏中的“模式”中选择“加色”，反之选择“去色”。

3.1.7　文字工具

文字工具是用来在绘图区输入和编辑文字的。包括文字工具和文字蒙版工具。

（1）文字工具

文字工具选项栏如图 1-3-27 所示，可设置文字字体、样式、大小、对齐方式等。

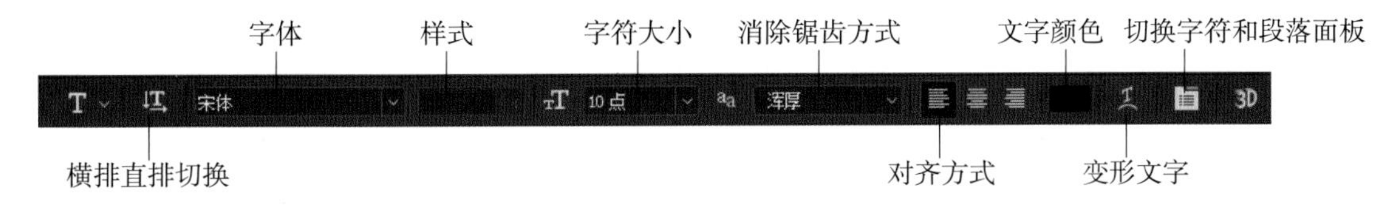

图 1-3-27　文字工具的选项栏

①创建文字　选择文字工具可以在图像中的任何位置创建横排文字或直排文字。文字输入有点文字和段落文字两种。在园林景观效果图制作过程中，标注景点名称和图例时适合用点文字，而在文本段落的制作与排版中，适合用段落文字。

点文字　在图中单击，这时光标闪烁，即可输入文字。用这种方式输入文字不能自动换行，在需要换行时要按 Enter 键。

段落文字　在图中按着鼠标左键拖拉出一个文本框，即可输入文字。用这种方式输入的文字会根据文本框的大小自动换行，如果需要的话，可以对文本框进行调整大小、旋转或拉伸的操作。输入的文字将自动生成一个新的文字图层。

②文字图层的编辑和栅格化　创建文字图层后，如要对其进行再编辑，可先选择文字工具，然后在源文本设置插入点或选择要编辑的字符进行再编辑，编辑后提交对文字图层的修改。

一些命令和工具（如绘图工具、滤镜命令等）不适用于文字图层，若要应用必须在应用命令或使用工具之前栅格化文字。栅格化将文字图层转换为普通图层后，源文本将不可再编辑。

（2）文字蒙版工具

文字蒙版工具和文字工具的区别就在于它可以在任何图层中添加文字，而且添加文字时不会创建新图层，文字将处于浮选状态，它的使用方法与文本工具差不多，但是它们最

后显示的结果却不大相同，它不能产生真正的文字，而只是在图层中产生一个处于浮选状态，由选择线包围的虚文字。

3.1.8　路径工具

路径是指勾绘出来的由一系列点连接起来的线段或曲线，可以对这些线段、曲线或路径区域描边、填充颜色，从而绘制出轮廓精确的图像。使用路径，可以将一些不够精确的选区转化成路径进行编辑和调节，以形成一个精确的路径，然后再将其转换为选区，这样就可以制作出更加完美而精确的选区。编辑好的路径可以同时保存在图像中，也可以将它以文件形式单独地输出，然后在其他软件中进行编辑或使用。路径可以是闭合的，也可以是开放的。

（1）路径控制面板

选择“窗口”/“路径”命令，可以打开路径控制面板。在视图中编辑路径后，路径面板如图 1-3-28 所示。

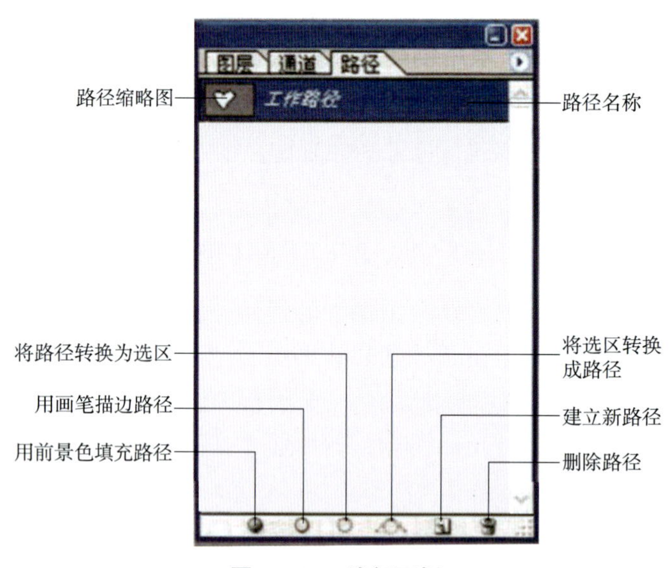

图 1-3-28　路径面板

路径名称　用于区分多个路径。

路径缩略图　用于显示当前路径的内容，可以让用户迅速地辨认每一条路径的形状。

用前景色填充路径　单击此按钮，将以前景色填充被路径包围的区域。

用画笔描边路径　单击此按钮，可以按设定的画笔和前景色沿路径进行描边。

将路径转换为选区　单击此按钮，可以将当前路径转换为选区。

将选区转换为路径　单击此按钮将当前选区转换为工作路径。此按钮只有在建立了工作选区后才能使用。

建立新路径　单击此按钮可在路径控制面板中新建一个路径。

删除路径　单击此按钮可在路径控制面板中删除当前路径。

（2）路径工具

Photoshop 中，路径工具被集中到工具箱中的钢笔工具组、自定义形状工具组和路径选取工具组中。钢笔工具使用最为广泛，下面主要介绍钢笔工具。图 1-3-29 所示为钢笔工具组中的相关工具。

图 1-3-29　钢笔工具组

钢笔工具　使用该工具时可以绘制由多个点连接成的线段或曲线。可以制作精确的路径，尤其是在抠图制作高质量的画面时，是最佳的选用工具。

自由钢笔工具　利用鼠标在画面上直接以描边勾画出来，这时所勾画的形状就可以自动转换为路径，但一般不建议使用，手动鼠标所勾画的路径很粗糙，且锚点比较多，后期不好调整。

添加锚点工具　使用该工具在现有的路径上单击可增加一个节点。

删除锚点工具　使用该工具在现有的路径上单击任意一个节点，可删除该节点。

转换点工具　使用该工具可以在平滑点和角点间进行切换。

（3）路径创建步骤

创建一个精准的路径，需要花费很长时间，对于初学者来说，更是如此。下面将重点介绍建立路径的操作方法和使用技巧。路径选项栏如图 1-3-30 所示。

图 1-3-30　钢笔工具选项栏

①创建路径　分两步。

第一步：采用创建形状图层模式。

创建形状图层模式不仅可以在路径面板中新建一个路径，同时还在图层面板中创建了一个形状图层，因此，如果选择创建新的形状图层选项，可以在创建之前设置形状图层的样式、混合模式和不透明度的大小。勾选“自动添加 / 删除”选项，可以使我们在绘制路径的过程中对绘制出的路径添加或删除锚点，单击路径上的某点可以在该点添加一个锚点，单击原有的锚点可以将其删除，如果未勾选此项可以通过鼠标右击路径上的某点，在弹出的菜单中选择添加锚点或右击原有的锚点，在弹出的菜单中选择删除锚点来达到同样的目的。

第二步：创建工作路径。

单击创建新的工作路径按钮，在画布上连续单击可以绘制出折线，通过单击工具栏中的钢笔按钮结束绘制，也可以按住 Ctrl 键的同时在画布的任意位置单击；如果要绘制多边形，最后闭合时，将鼠标箭头靠近路径起点，当鼠标箭头旁边出现一个小圆圈时，单击鼠标键，就可以将路径闭合。

钢笔工具的使用有两种方式，即单击方式和单击加拖动方式。

单击方式会在该位置产生一个角点锚点，两个角点锚点之间会绘制直线段路径，如图 1-3-31A 所示。

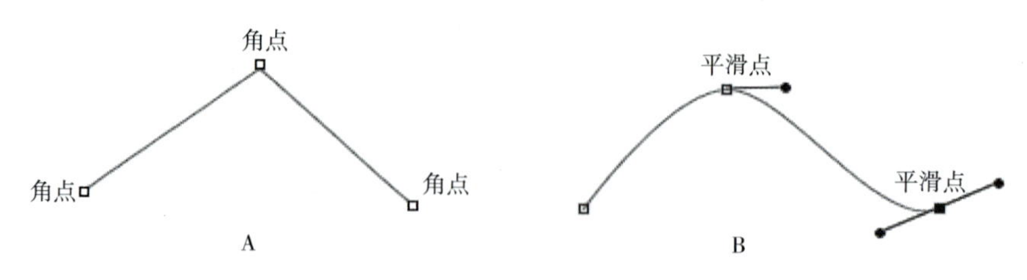

图 1-3-31　锚点与路径

单击加拖动方式是指按下鼠标左键后并不松开，同时拖动鼠标，然后松开左键。这种方式产生一个带有方向控制柄的平滑点锚点，两个平滑点锚点之间会绘制曲线段路径，如图 1-3-31B 所示。

如果要创建闭合的路径，使用钢笔工具添加若干锚点后，当钢笔在初始错点上单击时，路径会闭合，并自动结束绘制。

如果要创建开放的路径，使用钢笔工具添加若干锚点后，按 Esc 键会结束绘制。

使用钢笔工具绘制路径时，很难一次就绘制出符合绘图需要的路径。因此，通常在绘制路径时，先用钢笔工具创建出路径的大体形状，然后再对其进行调整，使其满足绘图的需要。

②调整路径　钢笔的后期调整主要是利用调整锚点的位置及锚点两侧伸出的调杆进行路径的弯曲程度调整，最终形成符合要求的路径。钢笔工具中添加锚点工具、删除锚点工具可以对锚点多少进行控制，转换锚点工具可以对锚点添加调杆及通过拖动来调整路径。直接选择工具可以调整路径上锚点的位置、转换锚点的类型、调整光滑锚点方向线的方向和长度等。

使用直接选择工具在已绘制出的路径上单击，该路径上的错点就会显示出来。单击某点会变为黑色（当前锚点），用光标可移动当前锚点到需要的位置。

使用直接选择工具时，若同时按住 Ctrl 和 Alt 键，用光标单击锚点，可将光滑锚点转换为角点锚点；单击并拖动锚点，可将角点锚点转化为光滑锚点。

若当前锚点是光滑锚点，它的两条方向线就会显示在锚点的周围，用光标拖动方向线端点的方向点，可以调节路径曲线的形状。按住 Alt 键拖动方向点，可以分别改变每条方向线的方向。

图 1-3-32　花坛图案

若要在路径上添加锚点，可用直接选择工具在路径上要添加锚点的位置右击，从弹出的快捷菜单中选择“添加锚点”项；若要在路径上删除锚点，可用直接选择工具在路径上要删除的锚点上右击，从弹出的快捷菜单中选择“删除锚点”项。

（4）钢笔工具应用实例——绘制模纹花坛图案

①在 Photoshop 中打开图片素材花坛图案，如图 1-3-32 所示。

②在工具箱中选择钢笔工具，将其选项栏中的绘

图选项选择为“路径”，在如图 1-3-33 所示的 A 点单击，然后顺序单击 B 点、C 点并拖动，单击 D 至 J 点并拖动，单击 J 点，最后再回到 A 点单击结束绘制，这样就绘制出了模纹花坛图案的一个花瓣轮廓路径。

③在工具箱中选择直接选择工具，调整各点的位置以及方向线的方向和长度，使路径顺滑并与线条重合。用同样的方法绘制其他花瓣图案。

④用工具箱中的圆形工具绘制图案中间的圆形。

⑤新建图层一，设置前景色为花瓣颜色，单击路径调板底部的“将路径转化为选区”，按 Alt+Delete 键用前景色在图层一填充选区，按 Ctrl+D 键取消选区。用同样的方法对其他花瓣和中间的圆形在图层一上填充颜色。

⑥选择“滤镜”/“杂色”中的“添加杂色”命令，对图层一添加“高斯分布”“单色”、数量为 9 的杂色，结果如图 1-3-34 所示。

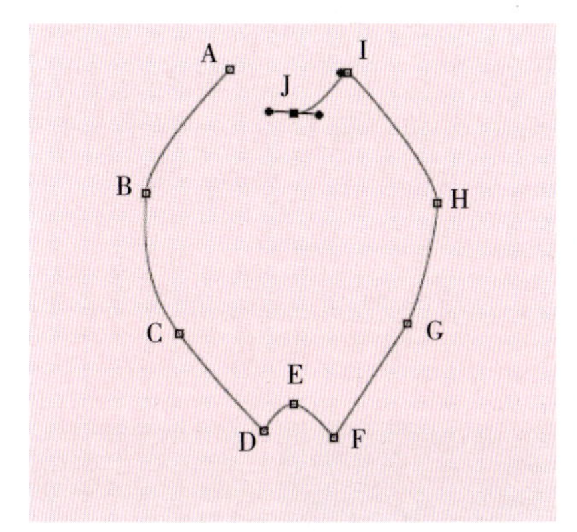

图 1-3-33　用钢笔工具绘制花瓣图案路径

图 1-3-34　绘制好的花坛图案

3.2　调色

“调色”在数码照片编修、平面设计和景观效果图制作中有着非常重要的作用。在 Photoshop 中不仅要学习如何使画面色彩“正确”，还可以通过调色技术的使用，制作各种风格化的色彩，以下着重介绍“调色”功能中可以应用于景观效果图制作的功能。

3.2.1　调色前的准备工作

调色是数码照片、景观效果图、平面设计作品等后期处理的重要工作。一张图片的颜色能在很大程度上影响观者的心里感受。同样一张风景的照片（图 1-3-35），哪张看起来更美？同样一张户外小景照片（图 1-3-36），以不同色调展示，是清新柔和，还是阴郁与沉闷？

在设计作品中通常有多种图片元素，而图片元素的色调与画面是否匹配会影响到设计

图 1-3-35　不同色调图片对比

图 1-3-36　不同色调图片对比

作品的成败。调色不仅要使元素变“漂亮”，更重要的是通过色彩的调整使元素“融合”到画面中。通过图 1-3-37 可以看到部分元素与画面整体并不协调，而经过颜色调整，则使元素与画面变得更统一。

（1）调色关键词

在调色过程中，经常会有一些关键词，如色调、色阶、曝光度、对比度、明度、纯度、饱和度、色相、颜色模式、直方图等，其中大部分都与“色彩”的基本属性有关。

在人的视觉里，“色彩”被分为两类：“无彩色”和“有彩色”。如图 1-3-38 所示，“无彩色”为黑、白、灰；“有彩色”则是除黑、白、灰以外的其他颜色。每种“有彩色”都有色相、明度、饱和度三大属性；而“无彩色”只有明度一个属性。

①色温　也称色性，指色彩冷暖倾向。倾向于蓝色为冷色调，如图 1-3-39 所示；倾向于橘色为暖色调，如图 1-3-40 所示。

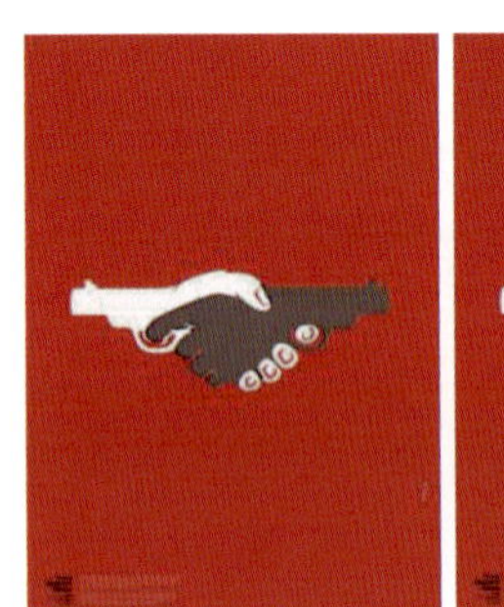

图 1-3-37　不同颜色对比

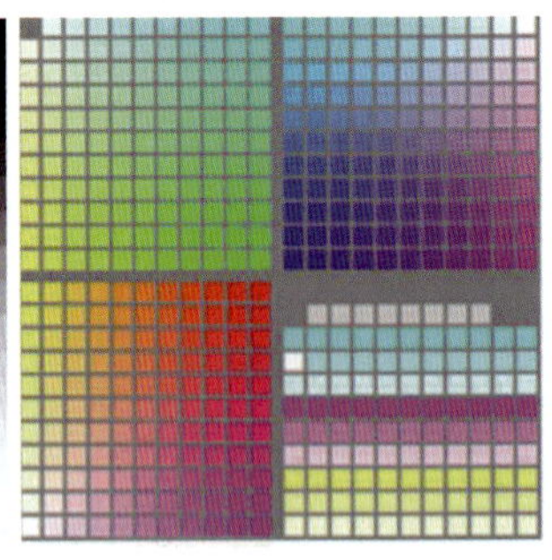

图 1-3-38　无彩色与有彩色

图 1-3-39　冷色调

图 1-3-40　暖色调

图 1-3-41　红黄色调

图 1-3-42　蓝紫色调

②色调 指画面整体的颜色倾向，图 1-3-41 为红黄色调，图 1-3-42 为蓝紫色调。

③影调 又称图片基调、调子，指画面的明暗层次、虚实对比和色相明暗等之间的关系。由于影调亮暗和反差的不同，通常以“亮暗”将图像分为“亮调”“暗调”“中间调”；也可以“反差”将图像分为“硬调”“软调”“中间调”。图 1-3-43 为亮调图像，图 1-3-44 为暗调图像。

图 1-3-43 亮调

图 1-3-44 暗调

④颜色模式 是将颜色表现为数字形式的模型，也可将图像的“颜色模式”理解为记录颜色的方式，在 Photshop 中有多种“颜色模式”。执行“图像 / 模式”命令，可以将当前图像更改为其他颜色模式：RGB 模式、CMYK 模武、HSB 模式、Lab 颜色模式、位图模式、灰度模式、索引颜色模式、双色调模式和多通道模式，如图 1-3-45 所示。设置颜色时，在拾色器窗口中可以选择不同的颜色模式进行颜色设置，如图 1-3-46 所示。

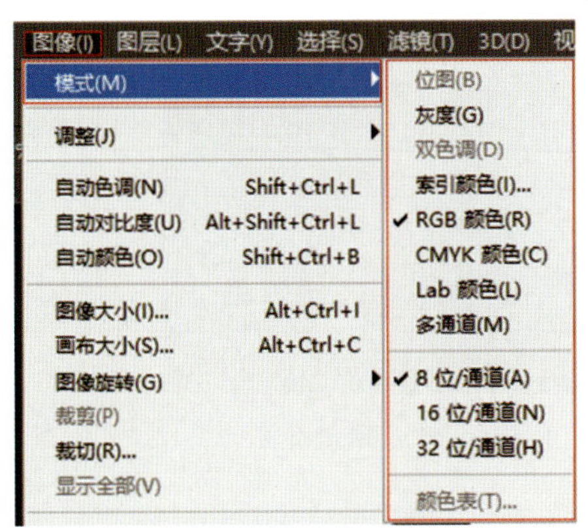

图 1-3-45 颜色模式

图 1-3-46 拾色器窗口

⑤直方图 用图形表示图像每个亮度级别的像素数量。在直方图中横向代表亮度（左侧为暗部区域，中部为中间调区域，右侧为高光区域）；纵向代表像素数量，纵向越高表示分布在这个亮度级别的像素越多，如图 1-3-47 所示。

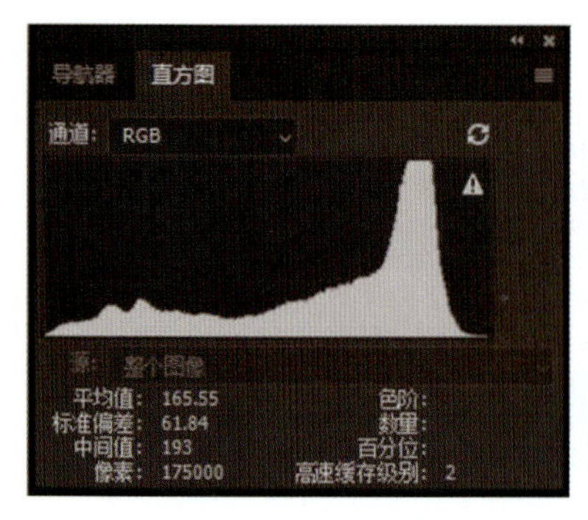

图 1-3-47　直方图

图 1-3-48　曝光不足图像

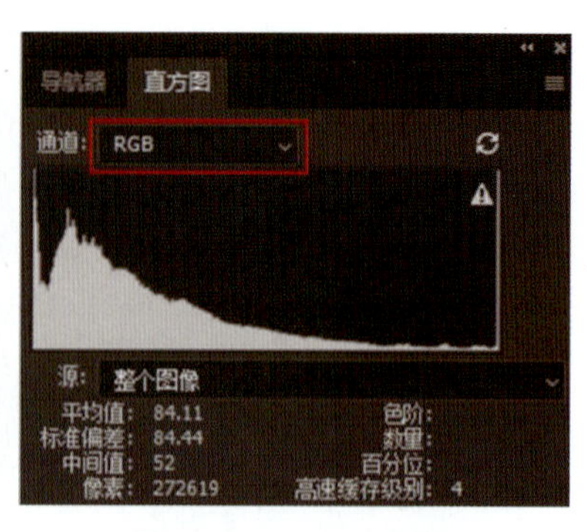

图 1-3-49　RGB 通道

直方图常用于观测当前画面是否存在曝光过度或曝光不足的情况。此命令可准确地显示图像是否曝光正确或曝光问题主要出在哪里。打开一张图像（图 1-3-48），执行“窗口”/“直方图”命令，打开“直方图”面板，设置“通道”为 RGB，观察当前图像的直方图（图 1-3-49）。图像在直方图中显示偏暗的部分较多，亮部区域较少，画面整体更倾向于中、暗调，而与之相对的视觉观察也是如此。

如果大部分较高的竖线集中在直方图右侧，左侧几乎没有竖线，则表示该图像可能存在曝光过度的情况，如图 1-3-50 所示。如果大部分较高的竖线集中在直方图左侧，右侧几乎没有竖线，图像更有可能是曝光不足的暗调效果，如图 1-3-51 所示。一张曝光正确的图像通常是大部分色阶集中在中间调区域，亮部区域和暗部区域也有适当的色阶。

图 1-3-50　曝光过度

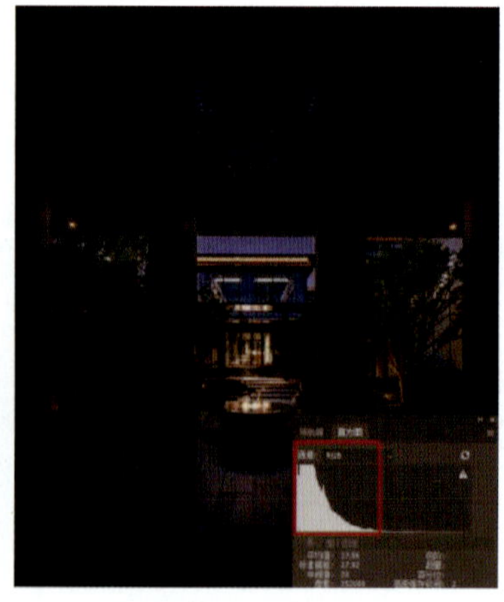
图 1-3-51　曝光不足

（2）调色方法

在 Photoshop 的“图像”菜单中包含多种调色命令，其中大部分位于“图像”/“调整”子菜单中，还有三个自动调色命令位于“图像”菜单下，这些命令可以直接作用于所选图层，如图 1-3-52 所示。执行“图层 / 新建调整图层”命令（图 1-3-53）。在子菜单中有与“图像 / 调整”子菜单中相同的命令，这些命令的调色效果是相同的。

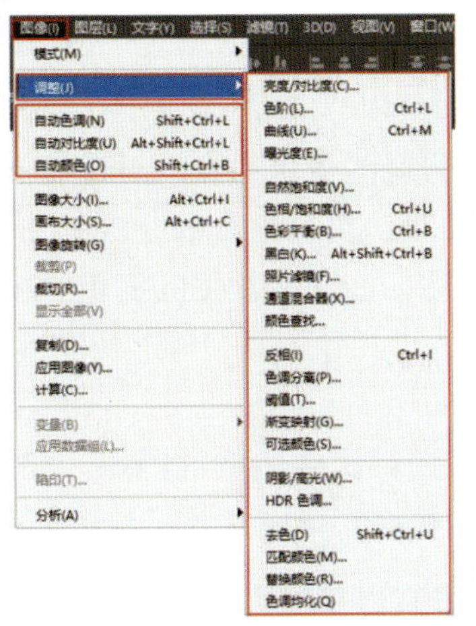

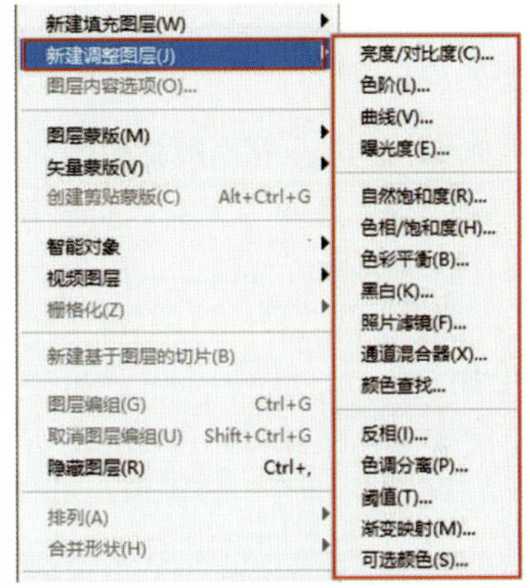

图 1-3-52　调整菜单　　　　**图 1-3-53　新建调整图层菜单**

从上面这些调色命令的名称上来看，所谓的“调色”是通过调整图像的亮度、对比度、曝光度、饱和度、色相、色调等几大方面来进行调整，从而实现图像整体颜色的改变。

（3）调色信息面板

“信息”面板看似与调色操作没有关系，但是在“信息”面板中可以显示画面中取样点的颜色数值，通过数值的比对，能够分析出画面的偏色问题。

执行“窗口”/“信息”菜单命令，打开“信息”面板。右键单击工具箱中吸管工具组，在工具组中选择“颜色取样器”工具（图 1-3-54），在画面中本应是黑、白、灰的颜色处单击设置取样点。在信息面板中可以得到当前取样点的颜色数值。也可在此单击创建更多的取样点（最多 10 个），以判断画面是否存在偏色问题。因为无彩色的 R、G、B 数值应该相同或接近相同的，若某个数字偏大或偏小，则很容易判定图像的偏色问题。

例如，在白色茶壶上单击取样。在“信息”面板中可以看到 RGB 的数值分别是 150、149、147（图 1-3-55）。本色是白色 / 淡灰色的对象，在不偏色的情况下，呈现出的 RGB 数值应该是一致的，而如果看到某个数值明显偏大，则可以判断，画面存在偏色问题。此外，面板中还可以快速准确地查看到光标所处坐标、颜色信息、选区大小、定界框大小和文档大小等信息。

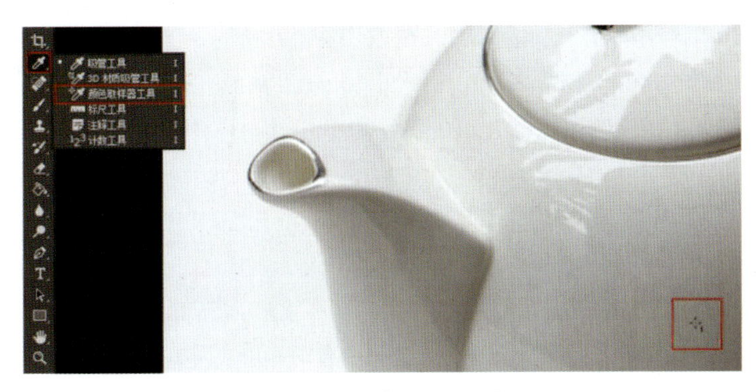

图 1-3-54　颜色取样器

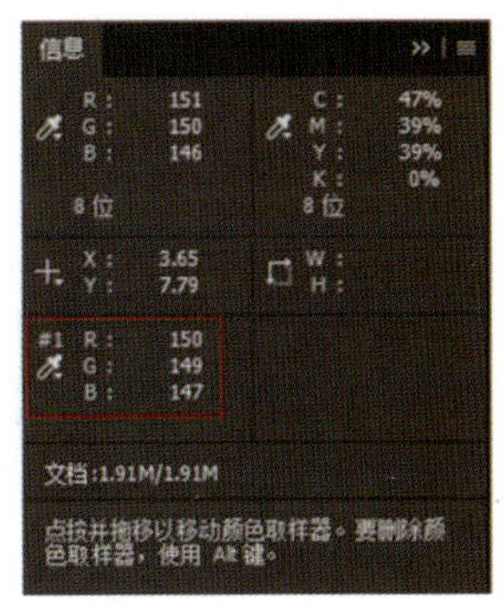

图 1-3-55　信息面板

3.2.2 自动调色

在“图像”菜单下有三个自动调整图像颜色问题的命令：自动对比度、自动色调和自动颜色（图 1-3-56）。这三个命令无需进行参数设置，执行命令后，Photoshop 会自动对图像颜色和明暗中存在的问题进行校正，适合于处理一些图片常见的偏色、偏灰、偏暗、偏亮等问题。

（1）自动对比度

常用于校正图像对比度过低的问题。打开一张对比度偏低的图像，如图 1-3-57 所示。执行“图像 / 自动对比度”命令，该图像会被自动提高对比度，效果如图 1-3-58 所示。

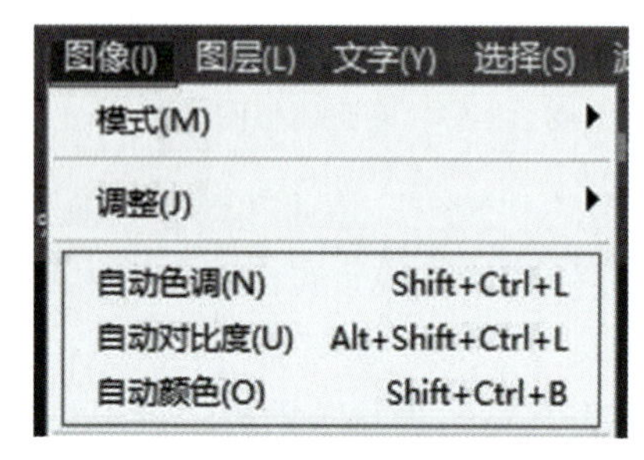

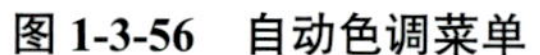
图 1-3-56 自动色调菜单

图 1-3-57 自动对比度原图

图 1-3-58 自动对比度效果

（2）自动色调

常用于校正图像的偏色问题。打开一张略微有些偏色的图片，画面看起来偏黄绿色，如图 1-3-59 所示。执行“图像”/“自动色调”命令，过多的黄绿色成分被去除了，效果如图 1-3-60 所示。

（3）自动颜色

常用于校正图像中颜色的偏差，例如，图 1-3-61 所示的图像中，草莓颜色过于鲜红，执行“图像”/“自动颜色”命令，可快速减少画面中的红色，效果如图 1-3-62 所示。

图 1-3-59 自动色调原图

图 1-3-60 自动色调效果

图 1-3-61 自动颜色原图

图 1-3-62 自动颜色效果

3.2.3　调整图像明暗

提高图像的明度可使画面变亮，降低图像的明度可使画面变暗；增强图像亮部区域的明亮程度，并降低图像暗部区域的亮度，则可增强图像对比度，反之则会降低图像对比度。

（1）亮度 / 对比度

“亮度 / 对比度”常用于使图像变亮或变暗，校正“偏灰”的图像，增强对比度使图像更明快或弱化对比度使图像更柔和，如图 1-3-63 所示。

打开一张图片（图 1-3-64），执行“图像”/“调整”/“亮度 / 对比度”命令，打开“亮度 / 对比度”窗口（图 1-3-65）。

图 1-3-63　亮度对比度效果

图 1-3-64　原图效果

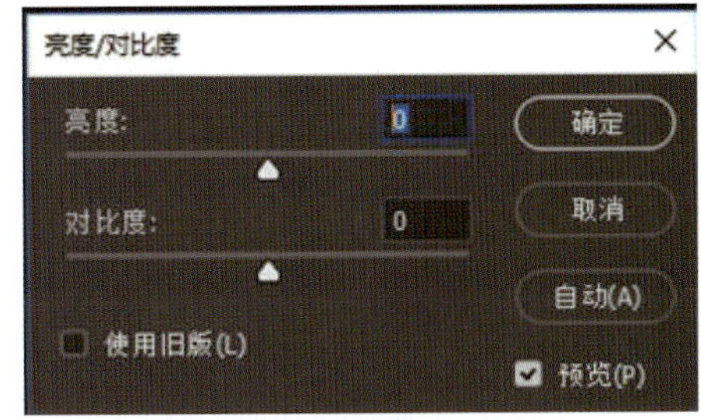

图 1-3-65　亮度对比度窗口

亮度　用来设置图像的整体亮度。数值由小到大变化，数值为负值时，表示降低图像亮度；数值为正值时，表示提高图像的亮度，如图 1-3-66 所示。

对比度　用于设置图像亮度对比的强烈程度。数值由小到大变化，数值为负值时，对比度减弱；数值为正值时，对比度增强（图 1-3-67）。

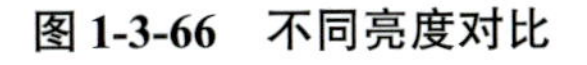

图 1-3-66　不同亮度对比

图 1-3-67　不同对比度对比

亮度 / 对比度操作视频

（2）色阶

“色阶”主要用于调整画面的明暗程度及增强或降低对比度。其优势在于可以单独对画面的阴影、中间调、高光以及亮部、暗部区域进行调整，而且可以对各个颜色通道进行调整，以实现色彩调整的目的。执行“图像”/“调整”/“色阶”命令，可打开“色阶”对话框（图 1-3-68）。执行“图层”/“新建调整图层”/“色阶”命令，可创建一个“色阶”调整图层（图 1-3-69）。

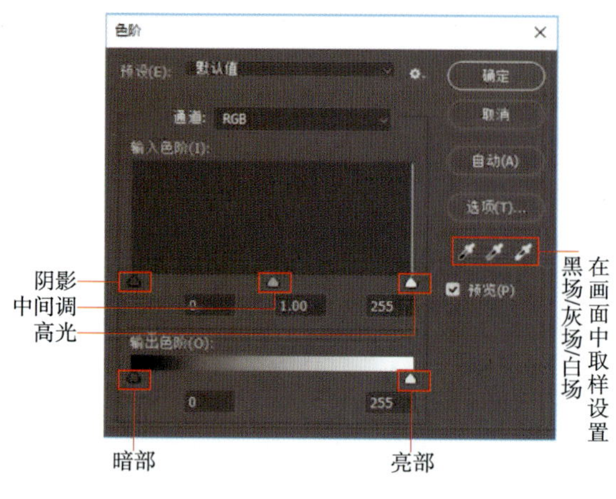

图 1-3-68　色阶对话框

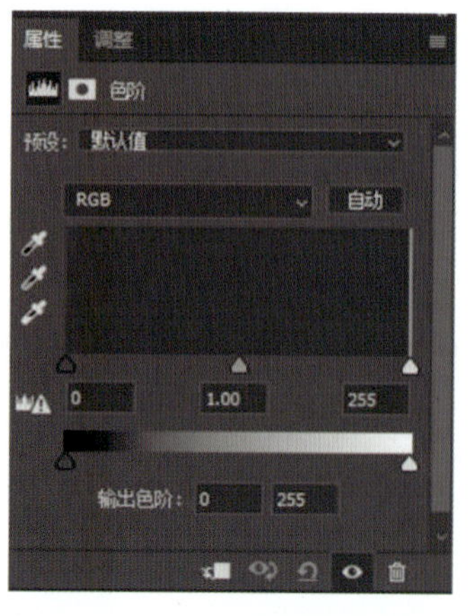

图 1-3-69　色阶调整图层对话框

色阶操作视频

打开一张图像（图 1-3-70），执行“图像”/“调整”/“色阶”命令，在“输入色阶”窗口中可以拖曳滑块来调整图像的阴影、中间调和高光，同时，也可直接在对应的输入框中输入数值。向右移动“阴影”滑块，画面暗部区域会变暗，如图 1-3-71 和图 1-3-72 所示。

图 1-3-70　色阶命令原图

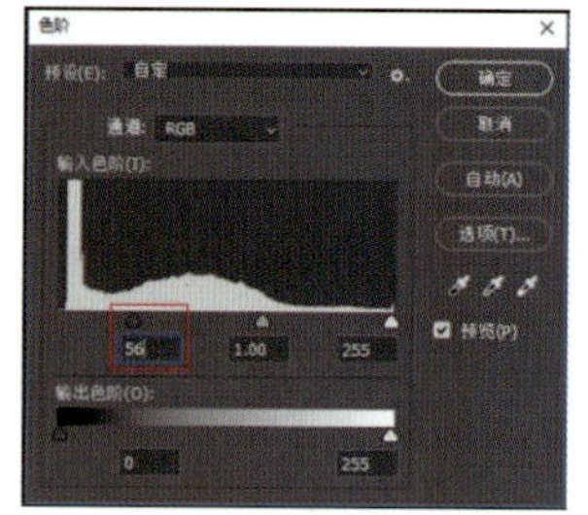

图 1-3-71　阴影滑块

图 1-3-72　变暗效果

向左移动“高光”滑块，画面亮部区域变亮，如图 1-3-73 和图 1-3-74 所示。

向左移动“中间调”滑块，画面中间调区域会变亮，受其影响，画面大部分区域会变亮，如图 1-3-75 和图 1-3-76 所示。如此向右移动“中间调”滑块，画面中间调区域会变暗，受其影响，画面大部分区域会变暗。

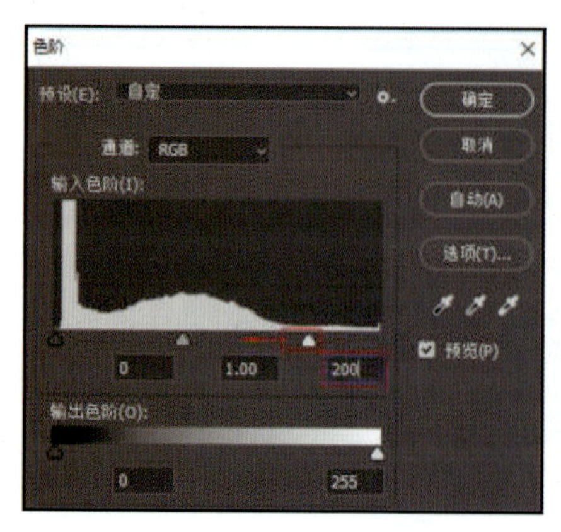

图 1-3-73　高光滑块

图 1-3-74　变亮效果

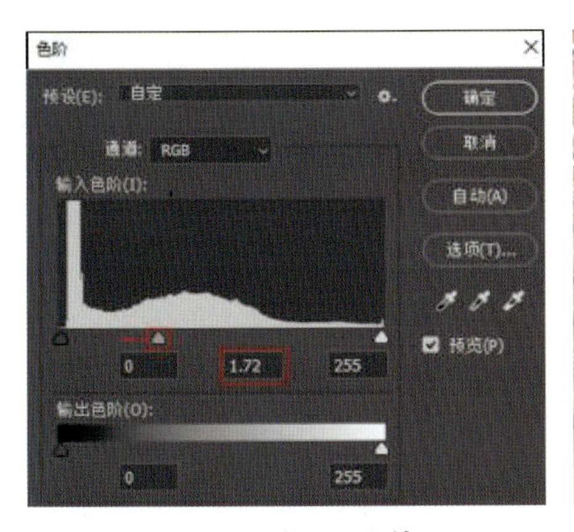

图 1-3-75　中间调滑块

图 1-3-76　中间调效果

在“输出色阶”中可设置图像的亮度范围，从而降低对比度。向右移动“暗部”滑块，画面暗部区域会变亮，画面会产生“变灰”的效果，如图 1-3-77 和图 1-3-78 所示。

向左移动“亮部”滑块，画面亮部区域会变暗，画面同样会产生“变灰”的效果，如图 1-3-79 和图 1-3-80 所示。

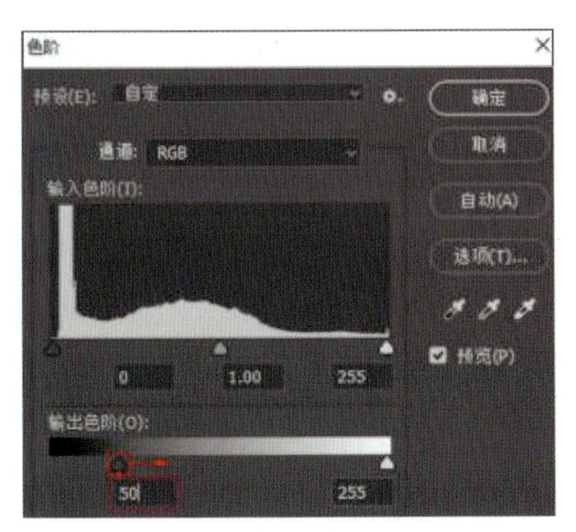

图 1-3-77　输出色阶暗部滑块

图 1-3-78　变灰效果

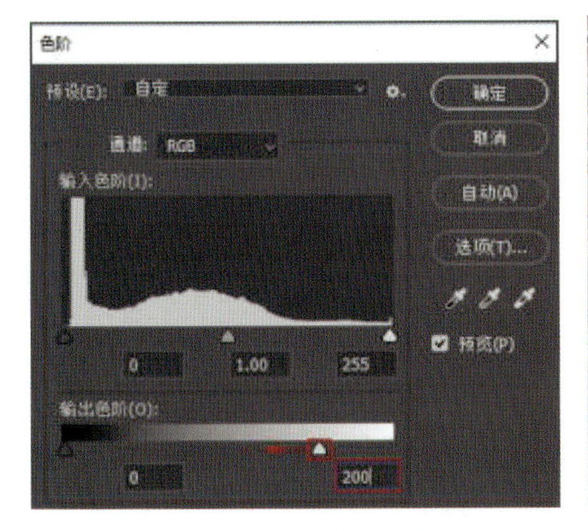

图 1-3-79　输出色阶亮部滑块

图 1-3-80　变灰效果

使用“在图像中取样以设置黑场”吸管在图像中单击取样，可以将单击点处的像素调整为黑色，同时图像中比该单击点暗的像素也会变成黑色，如图 1-3-81 和图 1-3-82 所示。

使用“在图像中取样设置灰场”吸管在图像中单击取样，可根据单击点像素的亮度来调整其他中间调的平均亮度，如图 1-3-83 和图 1-3-84 所示。

使用“在图像中取样设置白场”吸管在图像中单击取样，可将单击点处的像素调整为白色，同时图像中比该单击点亮的像素也会变成白色，如图 1-3-85 和图 1-3-86 所示。

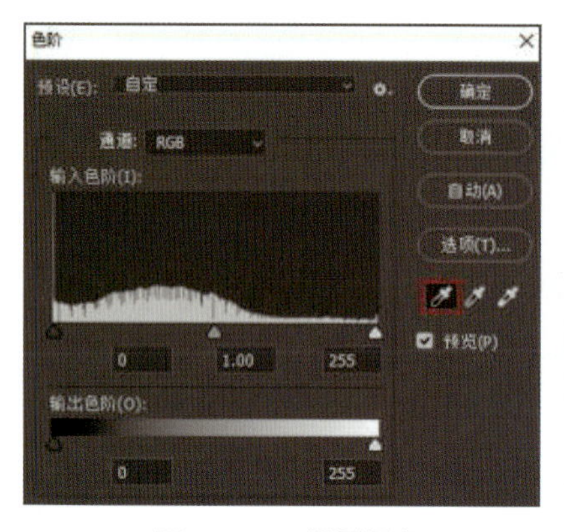

图 1-3-81　设置黑场

图 1-3-82　黑场效果

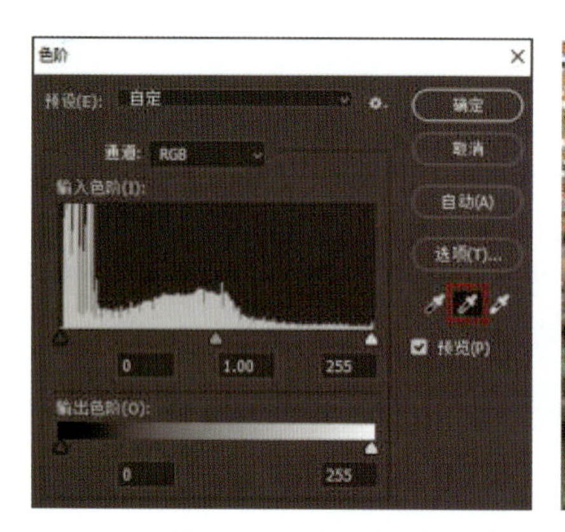

图 1-3-83　设置灰场

图 1-3-84　灰场效果

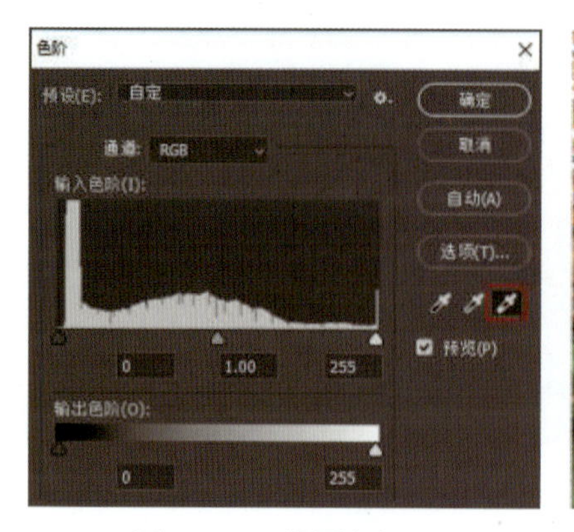

图 1-3-85　设置白场

图 1-3-86　白场效果

如使用“色阶”命令对画面颜色进行调整，则可以在“通道”列表中选择某个“通道”，然后对该通道进行明暗调整，使某个通道变亮（图 1-3-87），画面则会更倾向于该颜色（图 1-3-88）；如使某个通道变暗，则会减少画面中该颜色的成分，而使画面倾向于该“通道”的补色。

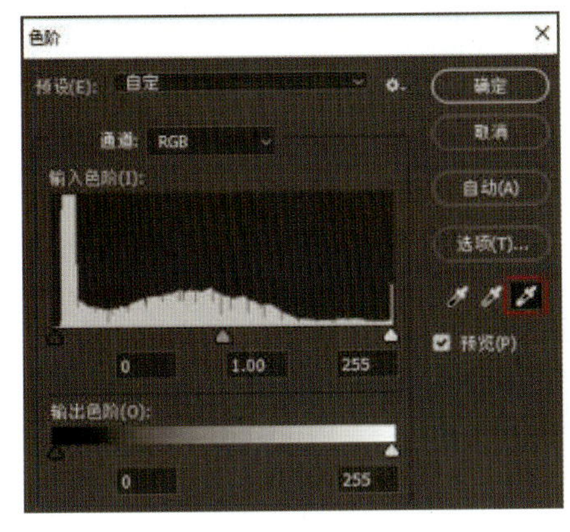

图 1-3-87 通道

图 1-3-88 通道调整效果

（3）曲线

“曲线”既可用于对图像的明暗和对比度进行调整，又常用于校正图像偏色问题，并能调整出独特的色调效果。执行“曲线”/“调整”/“曲线”菜单命令（图 1-3-89），在曲线窗口中左侧为曲线调整区域，在此可以通过改变曲线的形态，调整画面的明暗。曲线段上部分控制画面的亮部区域，曲线中间段的部分控制画面中间调区域，曲线段下半部分控制画面暗部区域。

在曲线上单击可创建一个点，然后按住并拖动曲线点的位置调整曲线形态。将曲线上的点向左上部移动会使图像变亮；将曲线点向右下部移动则可使图像变暗。执行“图层”/“新建调整图层”/“曲线”命令，创建一个“曲线”调整图层，同样能进行相同效果的调整（图 1-3-90）。

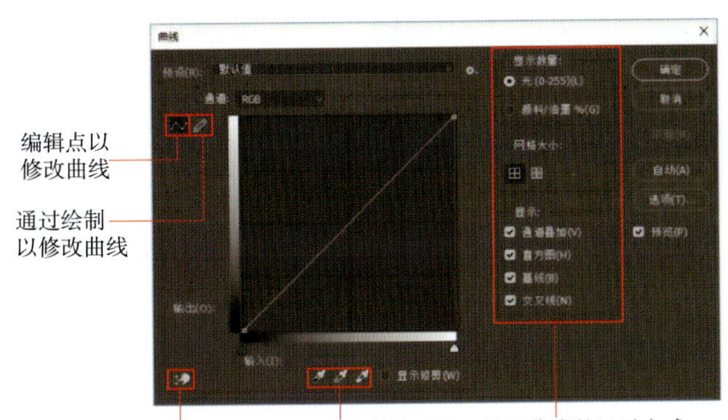

图 1-3-89 曲线对话框

图 1-3-90 曲线调整图层对话框

①“预设”曲线效果　在“预设”下拉列表中共有九种曲线预设效果。图 1-3-91 和图 1-3-92 所示分别为原始图片与九种预设效果。

图 1-3-91　原图

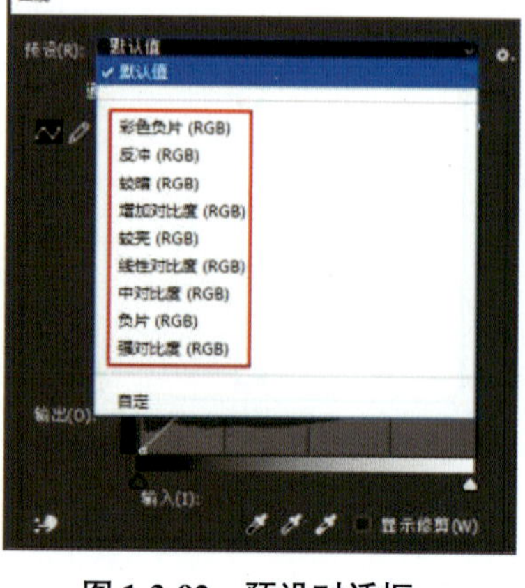

图 1-3-92　预设对话框

曲线操作视频

②提亮画面和压暗画面　“预设”曲线并不一定适合所有情况，因此，很多时候需要对曲线进行调整。如想让画面整体变亮，可选择在曲线的中间调区域按住鼠标左键并向左上拖动（图 1-3-93），此时画面就会变亮（图 1-3-94）。反之，如想要使画面整体变暗，则可在曲线上中间调区域按住鼠标左键并向右下拖动。通常中间调区域控制范围较大，所以想要对画面整体进行调整时，大多会选择在曲线中间段部分进行调整。

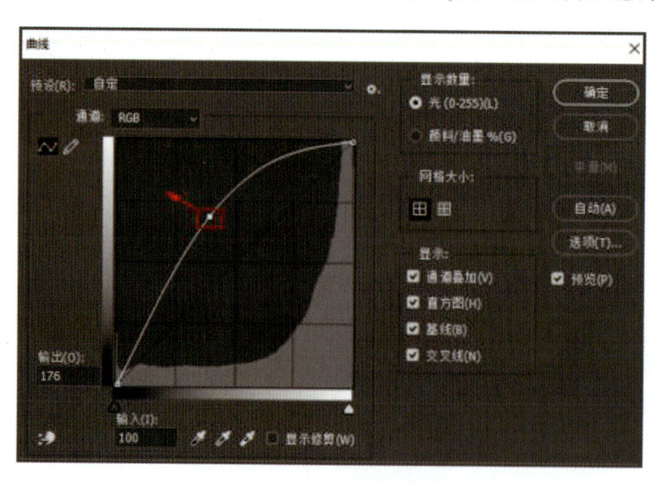

图 1-3-93　曲线调亮

图 1-3-94　曲线调亮效果

③调整图像对比度　想要增强画面对比度，需使画面亮部变得更亮，暗部变得更暗，将曲线调整为“S”形，在曲线的上半段添加点并向左上移动，在曲线下半段添加点并向右下移动（图 1-3-95）。反之则可以使图像的对比度降低（图 1-3-96）。

④调整图像颜色　使用曲线可校正偏色问题，也可使画面产生各种颜色倾向。如图 1-3-97 所示，画面倾向于红色，在调色处理时就需要减少画面中的“红”。在通道列表中选择“红”，然后将曲线形态向右下调整，此时画面中的红色成分减少，画面颜色恢复正

图 1-3-95　曲线增强对比度

图 1-3-96　曲线降低对比度

图 1-3-97　图像偏色问题

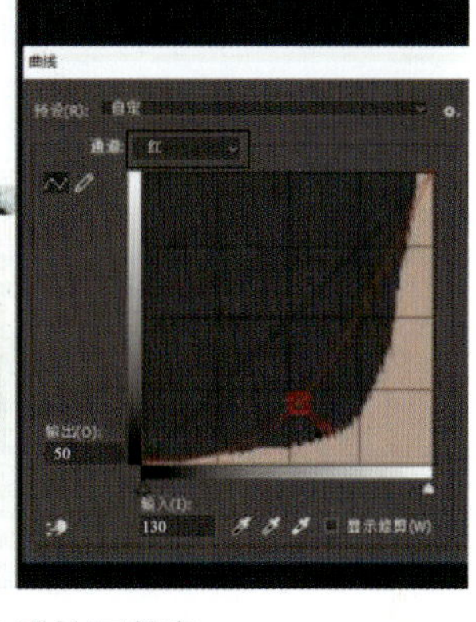

图 1-3-98　曲线校正偏色

常（图 1-3-98）。因此，如想要改变图像的色调，则可通过调整单独通道的明暗来改变画面颜色。

（4）曝光度

“曝光度”主要用来校正图像曝光过度、对比度过低或过高的情况。打开一张图像（图 1-3-99），执行“图像”/“调整”/“曝光度”命令（图 1-3-100），在此处可以对曝光度数值进行设置来使图像变亮或变暗。如适当增大“曝光度”数值，可以使原本偏暗的图像变亮一些（图 1-3-101）。

图 1-3-99　原图

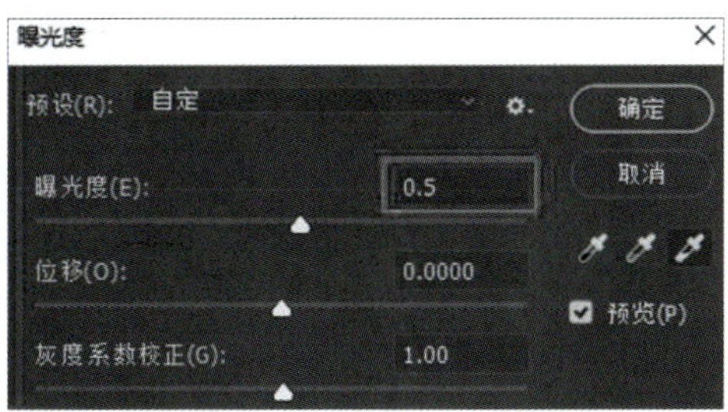

图 1-3-100　曝光度对话框

图 1-3-101　增大曝光度

预设　Photoshop 预设了四种曝光效果，分别是“减 1.0”“减 2.0”“加 1.0”和“加 2.0”。

曝光度　向左拖曳滑块，可以降低曝光效果；向右拖曳滑块，可以增强曝光效果。图 1-3-102 为不同参数的对比效果。

位移　主要对阴影和中间调起作用。减小数值可使其阴影和中间调区域变暗，但对高光区域基本不会产生影响。图 1-3-103 为不同参数的对比效果。

灰度系数校正　常用来调整图像灰度系数。滑块向左调整增大数值，滑块向右调整减小数值。图 1-3-104 为不同参数的对比效果。

曝光度–2　　曝光度–1　　曝光度1

图 1-3-102　不同曝光度对比

位移–0.3　　位移0　　位移0.3

图 1-3-103　不同位移对比

灰度系数校正：2　　灰度系数校正：0　　灰度系数校正：0.2

图 1-3-104　不同灰度系数校正对比

（5）阴影 / 高光

“阴影 / 高光”命令可单独对画面中的阴影区域及高光区域的明暗进行调整。“阴影 / 高光”命令常用于恢复由于图像过暗造成的暗部细节缺失及图像过亮导致的亮部细节不明确等问题。

打开一张图像（图 1-3-105），执行“图像” / “调整” / “阴影 / 高光”命令，“阴影 / 高光”对话框默认情况下只显示“阴影”和“高光”两个数值（图 1-3-106）。增大阴影数值可以使画面暗部区域变亮（图 1-3-107），增大“高光”数值则可以使画面亮部区域变暗（图 1-3-108）。

图 1-3-105　原图

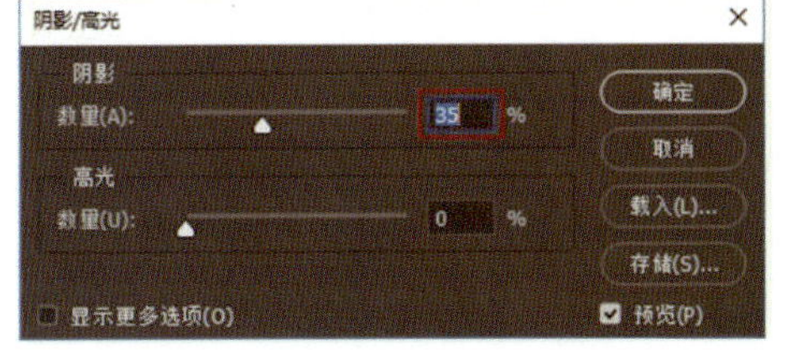

图 1-3-106　阴影 / 高光对话框

图 1-3-107　增大阴影数值

此外，勾选“显示更多选项”选项以后，可以显示“阴影” / “高光”的完整选项（图 1-3-109）。阴影选项组与高光选项组的参数是相同的。

数量　用来控制阴影、高光区域的亮度。阴影的数值越大，阴影区域越亮；高光的数值越大，高光区域越暗（图 1-3-110）。

图 1-3-108　增大高光数值

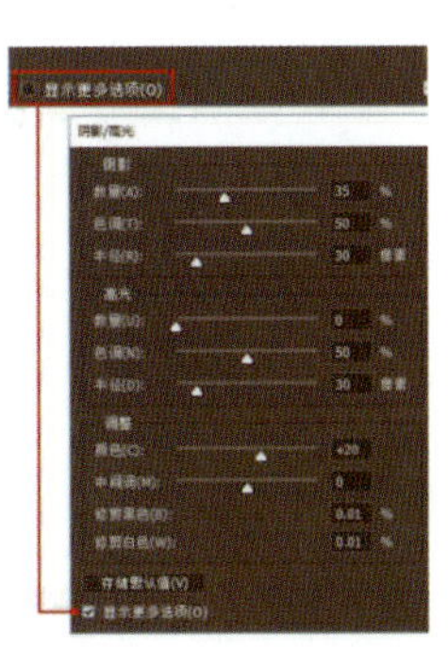

图 1-3-109　显示更多选项

图 1-3-110　不同数量对比

色调　用来控制色调的修改范围，值越小，修改的范围越小。

半径　用于控制每个像素周围的局部相邻像素的范围大小。相邻像素用于确定像素是在阴影还是在高光中，数值越小，范围越小。

颜色　用于控制画面颜色感的强弱，数值越小，画面饱和度越低；数值越大，饱和度越高（图 1-3-111）。

中间调　用来调整中间调的对比度，数值越大，中间调的对比度越强（图 1-3-112）。

修剪黑色　可将阴影区域变为纯黑色，数值的大小用于控制变化为黑色阴影的范围。数值越大，变为黑色的区域越大，画面整体越暗。最大数值为 50%，过大的数值会使图像丧失过多细节（图 1-3-113）。

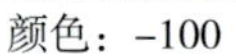
颜色：-100

颜色：0

颜色：+100

图 1-3-111　不同颜色数值对比

中间调：-100

中间调：0

中间调：+100

图 1-3-112　不同中间调数值对比

修剪黑色：0.01%

修剪黑色：20%

修剪黑色：50%

图 1-3-113　不同修剪黑色数值对比

修剪白色：0.01%

修剪白色：20%

修剪白色：50%

图 1-3-114　不同修剪白色数值对比

修剪白色　可将高光区域变为纯白色，数值的大小用于控制变化为白色高光的范围。数值越大，变为白色的区域越大，画面整体越亮。最大数值为 50%，过大的数值会使图像丧失过多细节（图 1-3-114）。

存储默认值　如将对话框中的参数设置存储为默认值，可单击该按钮。存储为默认值后，再次打开“阴影 / 高光”对话框时，就会显示该参数。

3.2.4　调整图像色彩

对图像调色，一方面是针对画面明暗的调整，另一方面是针对画面色彩的调整。在“图像”/“调整”命令中有十几种可以针对图像色彩进行调整的命令。通过使用这些命令既可以校正偏色的问题，又能为画面打造出各具特色的色彩风格。

（1）自然饱和度

“自然饱和度”可增加或减少画面颜色的鲜艳程度，常用于使外景照片更加明艳动人，或打造复古怀旧的低彩效果。在“色相/饱和度”命令中也可增加或降低画面饱和度，但是与之相比“自然饱和度”的数值调整更加柔和，不会因饱和度过高而产生纯色，也不会因饱和度过低而产生完全灰度的图像。

打开一张图像（图1-3-115），执行“图像”/“调整”/“自然饱和度”命令，在“自然饱和度”对话框可对“自然饱和度”及“饱和度”数值进行调整（图1-3-116）。

图1-3-115　原图

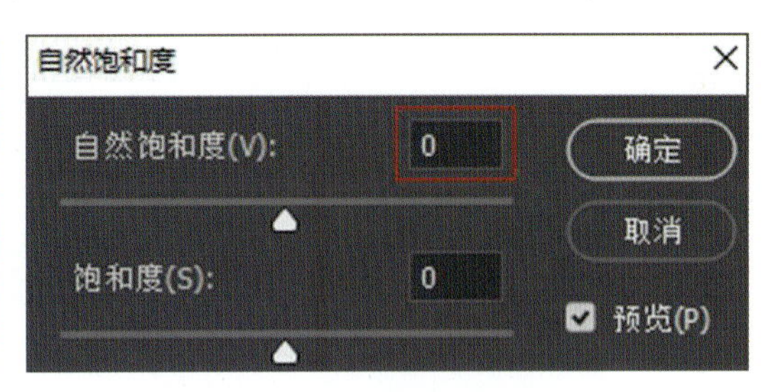

图1-3-116　自然饱和度对话框

自然饱和度　向左拖曳滑块，可降低颜色饱和度；向右拖曳滑块，可增加颜色饱和度，如图1-3-117所示。

饱和度　向左拖曳滑块，可增加所有颜色的饱和度；向右拖曳滑块，可降低所有颜色的饱和度，如图1-3-118所示。

自然饱和度：-100

自然饱和度：0

自然饱和度：100

图1-3-117　不同自然饱和度数值对比

饱和度：-100

饱和度：0

饱和度：100

图1-3-118　不同饱和度数值对比

（2）色相/饱和度

该命令可以对图像整体或局部的色相、饱和度、明度进行调整，还可对图像中的各个颜色（红、黄、绿、青、蓝、洋红）的色相、饱和度、明度分别进行调整。“色相/饱和度”命令常用于更改画面局部的颜色或用于增强、降低画面饱和度。

打开一张图像（图1-3-119），执行“图像”/“调整”/“色相/饱和度”命令，默认情况下，可对整个图像的色相、饱和度、明度进行调整。调整色相滑块（图1-3-120），画面的颜色发生了变化（图1-3-121）。

图1-3-119　原图

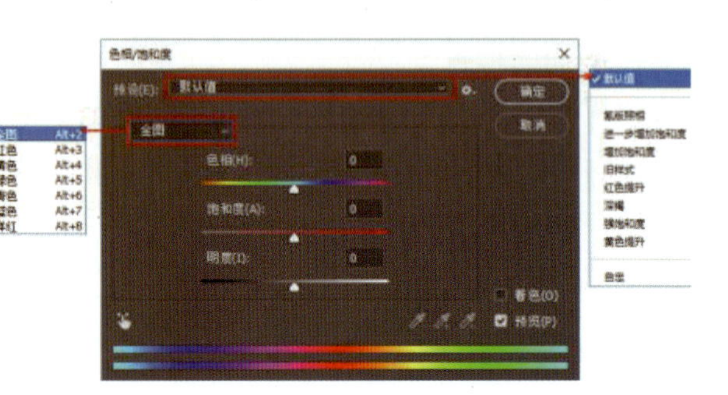

图1-3-120　色相/饱和度对话框

图1-3-121　色相调整

预设　下拉列表中提供了八种色相/饱和度预设（图1-3-122）。

通道下拉列表　下拉列表中可以选择红色、黄色、绿色、青色、蓝色和洋红通道进行调整。如想要调整画面某一种颜色的色相、饱和度、明度，可以在“颜色通道”列表中选择某一个颜色，然后进行调整（图1-3-123），效果如图1-3-124所示。

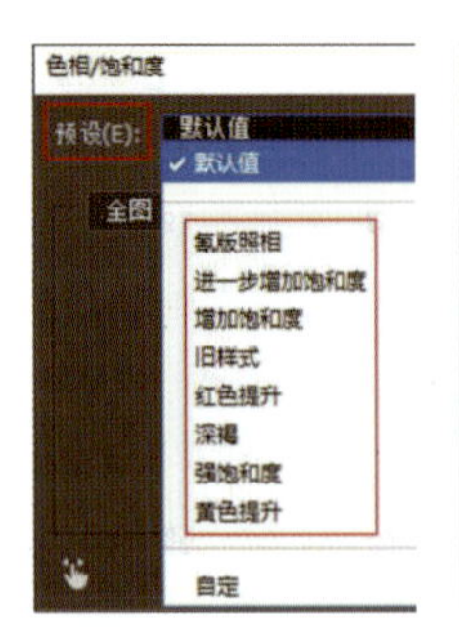

图1-3-122　预设对话框

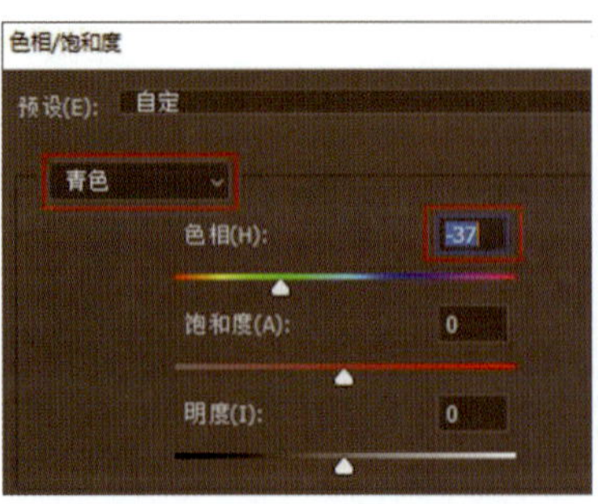

图1-3-123　颜色通道

图1-3-124　颜色通道调整效果

色相 调整滑块可以更改画面各个部分或者某种颜色的色相。如将粉色更改为黄绿色，将青色更改为紫色（图 1-3-125）。

饱和度 调整饱和度数值可增强或减弱画面整体或某种颜色的鲜艳程度。数值越大，颜色越艳丽（图 1-3-126）。

明度 调整明度数值可使画面整体或某种颜色的明亮程度增加。数值越大越接近白色，数值越小越接近黑色（图 1-3-127）。

色相：-50　　色相：90

图 1-3-125 色相调整

饱和度：-100　　饱和度：0　　饱和度：80

图 1-3-126 不同饱和度数值对比

明度：-50　　明度：0　　明度：50

图 1-3-127 不同明度数值对比

着色 勾选该项后，图像会整体偏向于单一的红色调，如图 1-3-128 所示。还可以通过拖曳三个滑块来调节图像的色调（图 1-3-129）。

（3）色彩平衡

“色彩平衡”是根据颜色的补色原理，控制图像颜色的分布。根据颜色之间的互补关系，要减少某个颜色就增加这种颜色的补色。因此，可利用“色彩平衡”命令对偏色问题校正。

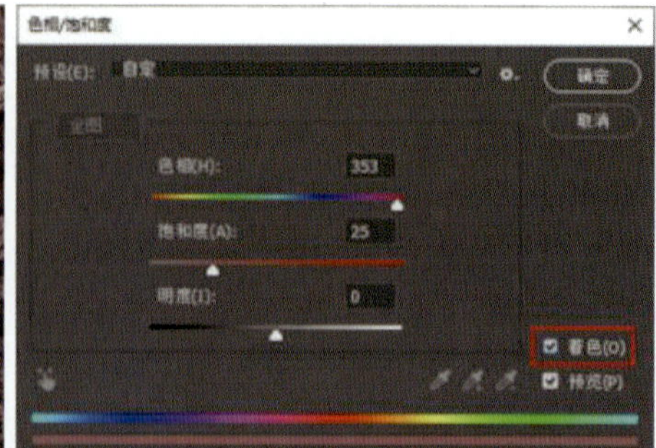

图 1-3-128　着色

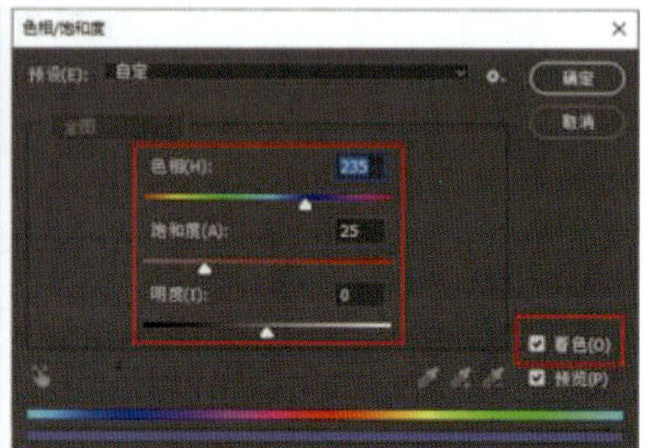

图 1-3-129　着色调整

打开一张图像（图 1-3-130），执行“图像”/“调整”/“色彩平衡”菜单命令，首先设置“色调平衡”，选择需要处理的部分是阴影区域、中间调区域、还是高光区域，接着调整各个色彩的滑块（图 1-3-131）。

色彩平衡　用于调整“青色 - 红色”“洋红 - 绿色”及“黄色 - 蓝色”在图像中所占的比例，可手动输入，也可拖曳滑块进行调整。如向左拖曳“青色 - 红色”滑块，可在图像中增加青色，同时减少其补色红色（图 1-3-132）。向右拖曳“青色 - 红色”滑块，可在图像中增加红色，同时减少其补色青色（图 1-3-133）。

色调平衡　选择调整色彩平衡的方式，包含“阴影”“中间调”和“高光”三个选项，图 1-3-134 所示分别是向“阴影”“中间调”和“高光”添加蓝色以后的效果。

图 1-3-130　原图

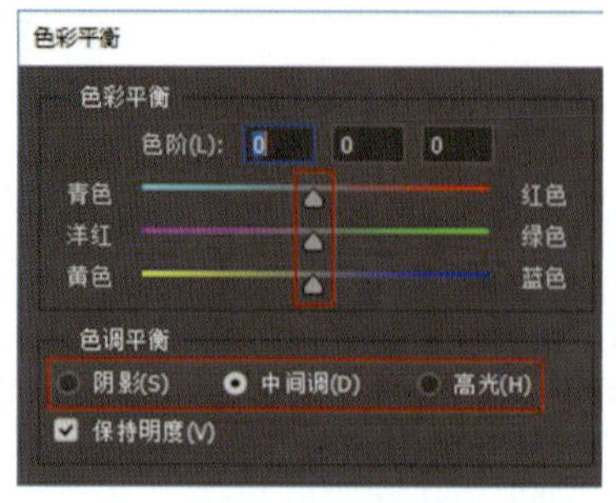

图 1-3-131　色彩平衡对话框

图 1-3-132　青色 - 红色滑块向左

图 1-3-133　青色 - 红色滑块向右

保持明度　勾选“保持明度”选项，可保持图像的色调不变，以防止亮度值随着颜色的改变而改变，对比效果如图 1-3-135 所示。

阴影

中间调

高光

图 1-3-134　阴影、中间调、高光添加蓝色效果

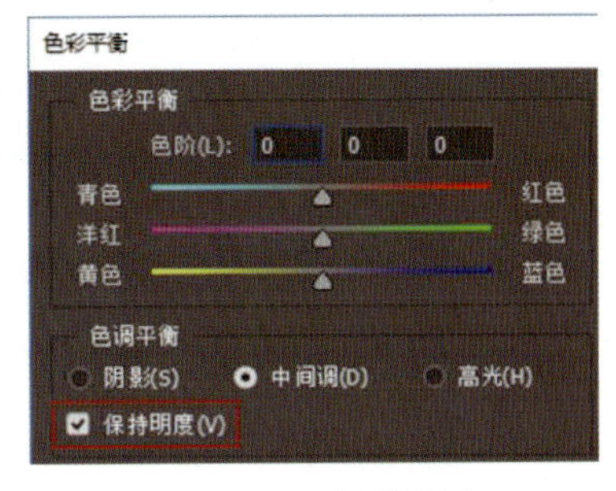

图 1-3-135　保持明度

（4）照片滤镜

“照片滤镜”命令与摄影师经常使用的“彩色滤镜”效果非常相似，可以为图像“蒙”上某种颜色，以使图像产生明显的颜色倾向。“照片滤镜”命令常用于制作冷调或暖调的图像。打开一张图像（图 1-3-136），执行“图像”/“调整”/“照片滤镜”菜单命令，在“照片滤镜”对话框下拉列表中可选择一种预设的效果应用到图像中，如选择“冷却滤镜”（图图 1-3-137），此时图像变为冷调（图 1-3-138）。

图 1-3-136　原图

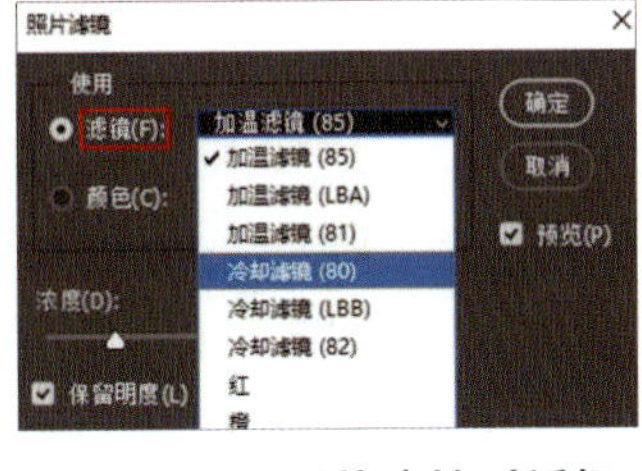

图 1-3-137　照片滤镜对话框

图 1-3-138　冷却滤镜

如果列表中没有适合的颜色，也可直接勾选“颜色”选项，自行设置合适的颜色（图 1-3-139），效果如图 1-3-140 所示。

设置“浓度”数值可以调整滤镜颜色应用到图像中的颜色百分比。数值越高，应用到图像中的颜色浓度就越大；数值越小，应用到图像中的颜色浓度就越低，图 1-3-141 为不同浓度的对比效果。

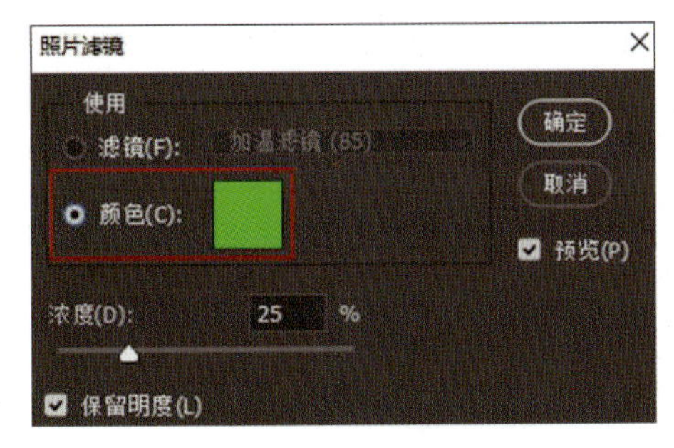

图 1-3-139　颜色设置

图 1-3-140　颜色设置效果

浓度：25%

浓度：60%

浓度：90%

图 1-3-141　不同浓度数值对比

3.3　滤镜

Photoshop 中有数十种滤镜，有些滤镜效果通过几个参数的设置就能让图像“改头换面”，如“油画”滤镜、“液化”滤镜。但有的滤镜效果则较难理解，如“纤维”滤镜、“彩色半调”滤镜，这是因为有些情况下，需要几种滤镜相结合才能制作出令人满意的滤镜效果，这就需要掌握各个滤镜的特点，多种滤镜结合使用，才能制作出丰富的画面效果，本节主要介绍可以应用于景观效果图的滤镜。

3.3.1　使用滤镜

Photoshop 中的“滤镜”是为图像添加一些“特殊效果”，例如，给照片加上纹理以增加质感，给照片加上“风格化”，让照片有风吹的效果或布面拼贴效果等（图 1-3-142、图 1-3-143）。

Photoshop 中的滤镜集中在“滤镜”菜单中，单击菜单栏中的“滤镜”按钮，在菜单列表中可以看到很多种滤镜，如图 1-3-144 所示。

图 1-3-142　风吹滤镜

图 1-3-143　布面拼贴滤镜

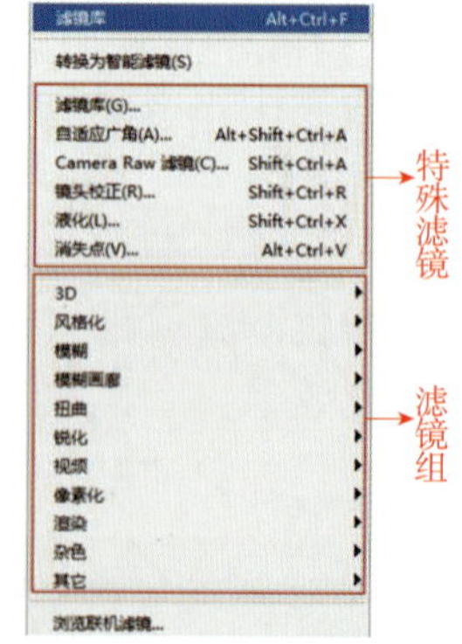

图 1-3-144　滤镜对话框

滤镜菜单的第一大部分的几个滤镜通常称为“特殊滤镜”，因为这些滤镜的功能比较强大，有些类似独立软件，使用方法各不相同，在后面会逐个进行讲解。

滤镜菜单的第二大部分为“滤镜组”，“滤镜组”的每个菜单命令下都包含多个滤镜效果，这些滤镜大多使用方法简单，只需要执行相应的命令或调整参数就能得到有趣的效果。

滤镜菜单的第三大部分为“外挂滤镜”，Photoshop 支持使用第三方开发的滤镜，这种滤镜通常被称为“外挂滤镜”。外挂滤镜的种类非常多，如照片调色滤镜、降噪滤镜、材质模拟滤镜等。这部分外挂滤镜没有在菜单中显示，是因为尚未安装。

（1）滤镜库

“滤镜库”中集合了多种滤镜，虽然滤镜效果风格迥异，但使用方法非常相似。在滤镜库中不仅能够添加单一滤镜，还可以叠加使用多个滤镜，制作多种滤镜混合的效果。

打开一张图片（图 1-3-145），执行“滤镜”/“滤镜库”命令，打开“滤镜库”窗口，在中间的滤镜列表中选择一个滤镜组，单击即可展开，然后在该滤镜组中选择一个滤镜，单击即可为当前画面应用滤镜效果，在右侧适当调节参数，即可在左侧预览图中观察到滤镜效果。设置完成后单击“确定”按钮（图 1-3-146）。

如果要制作两个滤镜叠加的效果，可以单击窗口右下角的“新建效果图层”按钮，然后选择合适的滤镜并进行参数设置（图 1-3-147）。设置完成后单击“确定”按钮，效果如图 1-3-148 所示。

图 1-3-145　原图

图 1-3-146　滤镜库对话框

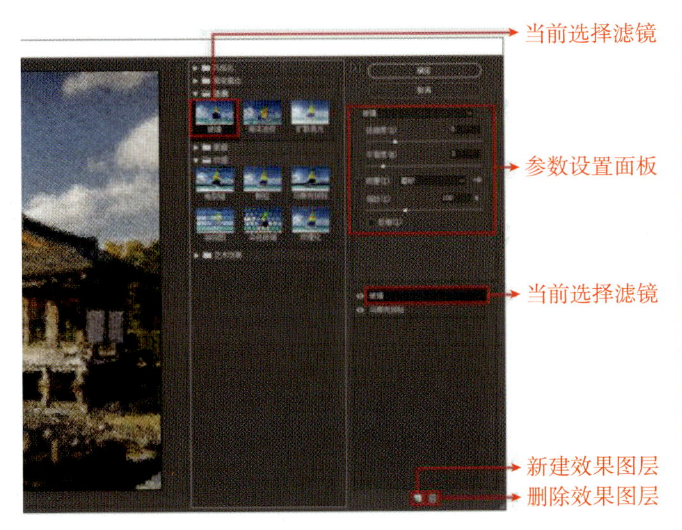

图 1-3-147　滤镜叠加

图 1-3-148　滤镜叠加效果

（2）自适应广角

“自适应广角滤镜”可对广角、超广角、鱼眼效果进行变形校正。打开一张图片，可以发现该图片中楼体发生了变形（图 1-3-149）。执行“滤镜”/“自适应广角”命令，在校正下拉列表中可以选择校正的类型，包含鱼眼、透视、自动、完整球面。选择相应的校正方式，即可对图像进行自动校正（图 1-3-150）。

图 1-3-149　原图

图 1-3-150　自适应广角对话框

设置“校正”为“透视”，然后向右拖曳“焦距”滑块，单击“约束工具”，在楼的左侧按住鼠标左键拖曳绘制约束线，此时楼变成垂直效果（图 1-3-151），单击“确定”按钮，效果如图 1-3-152 所示。此外，还可以通过多种工具对图片进行调整（图 1-3-153）。

图 1-3-151　约束工具

图 1-3-152　约束工具效果

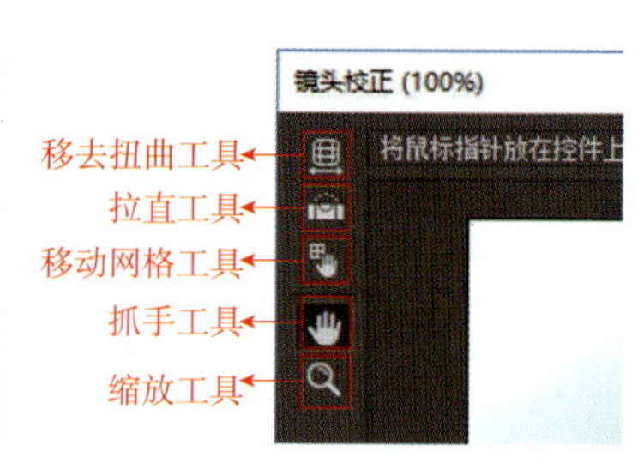

图 1-3-153　其他工具

约束工具　单击图像或拖动端点可添加或编辑约束，按住 Shift 键单击可添加“水平 / 垂直约束”，按住 Alt 键单击可删除约束。

多边形约束工具　单击图像或拖动端点可添加或编辑约束，单击初始起点可结束约束，按住 Alt 键单击可删除约束。

移动工具　拖动以在画布中移动内容。

抓手工具　放大窗口的显示比例后，可以使用该工具移动画面。

缩放工具　单击即可放大窗口的显示比例，按住 Alt 键单击即可缩小显示比例。

（3）镜头校正

在使用相机拍摄照片素材时，可能会出现扭曲、歪斜、四角失光等现象，使用“镜头校正”滤镜可校正这些问题。

打开一张有问题的照片，在该图片中可以看到地面水平线倾斜（图 1-3-154）。执行

“滤镜”/“镜头校正”命令，打开“镜头”/“校正”窗口，由于现在画面有些变形，单击“自定”按钮切换到“自定”选项卡中，然后向左拖曳“移去扭曲”滑块或输入相应的数字。此时可以在左侧的预览窗口中查看效果，如图 1-3-155 所示。

图 1-3-154 原图

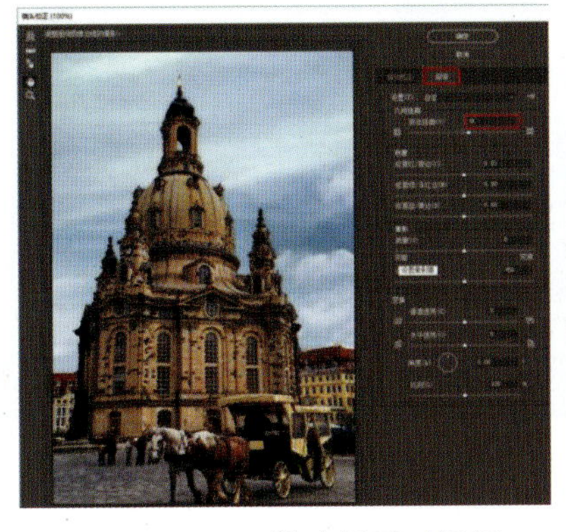

图 1-3-155 镜头矫正对话框

图 1-3-156 四角提亮

设置“数量”为 50，此时图片四角的亮度提高（图 1-3-156）。设置完成后单击“确定”按钮，效果如图 1-3-157 所示。

移去扭曲工具 该工具可以校正镜头的桶形失真或枕形失真（图 1-3-158）。

拉直工具 绘制一条直线可将图像拉直到新的横轴或纵轴。

移动网格工具 该工具可以移动网格，以将其与图像对齐。

抓手工具 / 缩放工具 这两个工具的使用方法与“工具箱”中的相应工具完全相同。

在窗口右侧单击“自定”按钮，打开“自定”选项卡，如图 1-3-159 所示。

图 1-3-157 四角提亮效果

镜头校正 (100%)
移去扭曲工具
拉直工具
移动网格工具
抓手工具
缩放工具
将鼠标指针放在控件上可获

图 1-3-158 移去扭曲工具

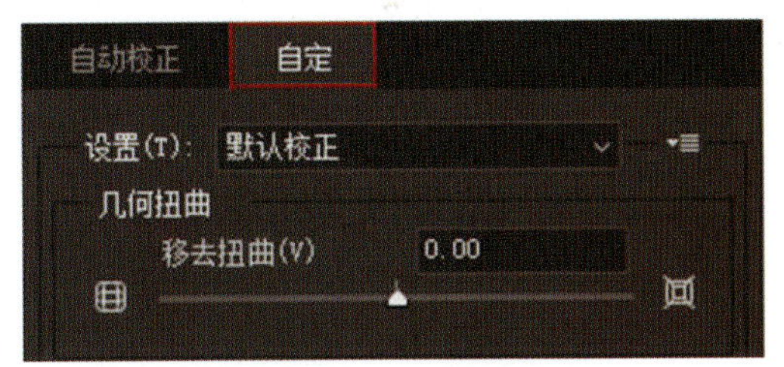

图 1-3-159 自定选项卡

几何扭曲 “移去扭曲”选项主要用来校正镜头的桶形失真或枕形失真，数值为正时，图像将向外扭曲（图 1-3-160）；数值为负时，图像将向中心扭曲（图 1-3-161）。

色差 用于校正色边。

晕影 校正由于镜头缺陷或镜头遮光处理不当而导致边缘较暗的图像。“数量”选项用于设置沿图像边缘变亮或变暗的程度；“中点”选项用来指定受“数量”数值影响的区域的宽度。

变换 “垂直透视”选项用于校正由于相机向上或向下倾斜而导致的图像透视错误；“水平透视”选项用于校正图像在水平方向上的透视效果；“角度”选项用于旋转图像，以针对相机歪斜加以校正；“比例”选项用来控制镜头校正的比例。

图 1-3-160　移去扭曲正值效果　图 1-3-161　移去扭曲负值效果

（4）消失点

如果想要对图片中某个部分的细节进行去除或在某个位置添置一些内容，不带透视感的图像直接使用“仿制图章”“修补工具”等修饰工具即可。而要修饰的部分具有明显透视感时，这些工具就不太适用了。而“消失点”滤镜则可在包含透视平面的图像中进行细节的修补。

打开一张带有透视关系的图片（图 1-3-162），执行“滤镜”/“消失点”命令，在修补之前首先要知道图像的透视方式。单击“创建平面工具”按钮，在要修饰对象所在的透视平面的一角处单击，然后将光标移动到下一个位置单击（图 1-3-163）。

图 1-3-162　原图

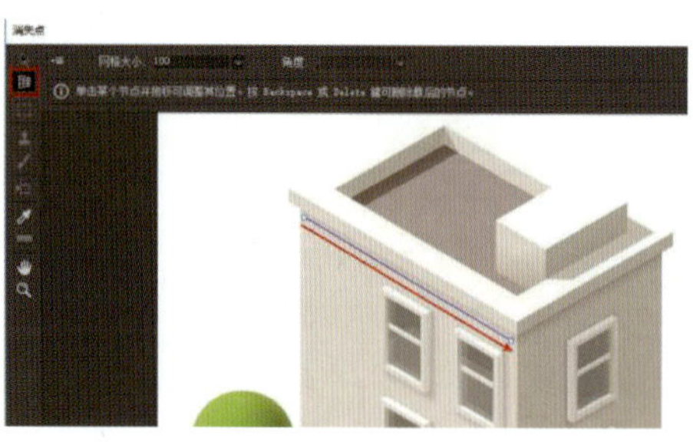

图 1-3-163　消失点对话框

图 1-3-164　透视网格

继续沿着透视平面对象边缘位置单击绘制出带有透视的网格，如图 1-3-164 所示。绘制的过程中若有错误操作，可以按 Backspace 键删除控制点，也可单击工具箱中的“编辑平面工具”，拖曳控制点调整网格形状（图 1-3-165）。

单击“选框工具”，这里的选框工具是用于限定修补区域的工具。在网格中按住鼠标左键拖曳绘制选区，绘制出的选区也带有透视效果（图 1-3-166）。

单击“图章工具”，在需要仿制的位置按住 Alt 键单击进行拾取，然后在空白位置按住鼠标左键拖曳，可以看到绘制出的内容与当前平面的透视相符合（图 1-3-167）。继续进行涂抹，制作完成后，单击“确定”按钮，效果如图 1-3-168 所示。

以下是“消失点”滤镜多种工具使用的介绍，如图 1-3-169 所示。

图 1-3-165 控制点调整

图 1-3-166 选框工具

图 1-3-167 图章工具

图 1-3-168 绘制完成效果

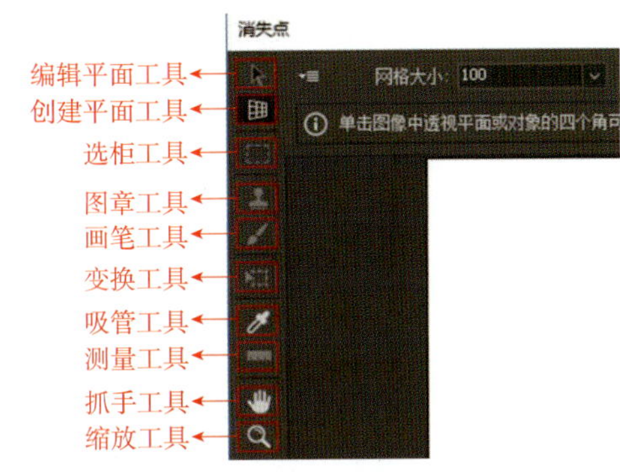

图 1-3-169 其他工具

编辑平面工具　用于选择、编辑、移动平面的节点以及调整平面的大小。

创建平面工具　用于定义透视平面的 4 个角节点。创建好 4 个角节点以后，可以使用该工具对节点进行移动、缩放等操作。如果按住 Ctrl 键拖曳边节点，可以拉出一个垂直平面。另外，如果节点的位置不正确，可以按 Backspace 键删除该节点。

选框工具　使用该工具可以在创建好的透视平面上绘制选区，以选中平面上的某个区域。建立选区以后，将光标放置在选区内，按住 Alt 键拖曳选区可以复制图像（图 1-3-170）。如果按住 Ctrl 键拖曳选区，则可以用源图像填充该区域（图 1-3-171、图 1-3-172）。

测量工具　使用该工具可以在透视平面中测量项目的距离和角度。

抓手工具、缩放工具　这两个工具的使用方法与“工具箱”中的相应工具完全相同。

图 1-3-170 选框工具

图 1-3-171 选区建立

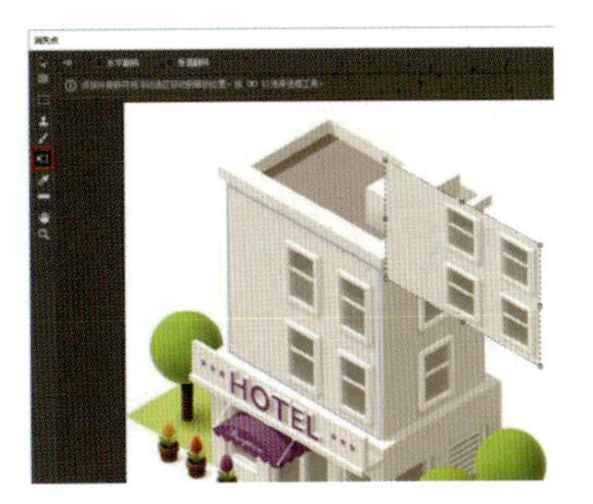

图 1-3-172 源图像填充

3.3.2　模糊滤镜组

“模糊滤镜组”能够使图像内容变得柔和，并能淡化边界的颜色。使用模糊滤镜组中的滤镜可以进行磨皮、制作景深效果或者模拟高速摄像机跟拍效果。执行“滤镜”/“模糊”命令，可以在子菜单中看到多种用于模糊图像的滤镜（图 1-3-173）。

图 1-3-173　模糊滤镜组

（1）表面模糊

“表面模糊”滤镜常用于将接近的颜色融合为一种颜色，从而减少画面的细节或降噪。打开一张图片（图 1-3-174），执行“滤镜”/“模糊”/“表面模糊”命令（图 1-3-175），此时，图像在保留边缘的同时模糊了图像（图 1-3-176）。

图 1-3-174　原图

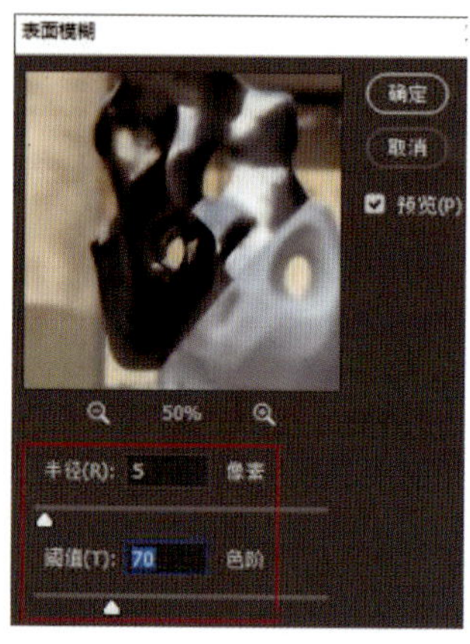

图 1-3-175　表面模糊

图 1-3-176　表面模糊效果

“半径”用于设置模糊取样区域的大小，图 1-3-177 为半径为 10 像素和半径为 30 像素的对比效果。

“阈值”用于控制相邻像素色调值与中心像素值相差多大时才能成为模糊的一部分。色调值差小于阈值的像素将被排除在模糊之外。图 1-3-178 所示为阈值 30 色阶和阈值 100 色阶的对比效果。

图 1-3-177　不同半径数值对比

图 1-3-178　不同阈值数值对比

（2）方框模糊

该滤镜能够以“方块”的形状对图像进行模糊处理。打开一张图片，如图1-3-179所示，执行“滤镜”/“模糊”/“方框模糊”命令（图1-3-180）。此时，软件基于相邻像素的平均颜色值来模糊图像，生成的模糊效果类似于方块的模糊感（图1-3-181）。“半径”数值用于调整用于计算指定像素平均值的区域大小。数值越大，产生的模糊效果越强，效果如图1-3-182所示。

图1-3-179　原图

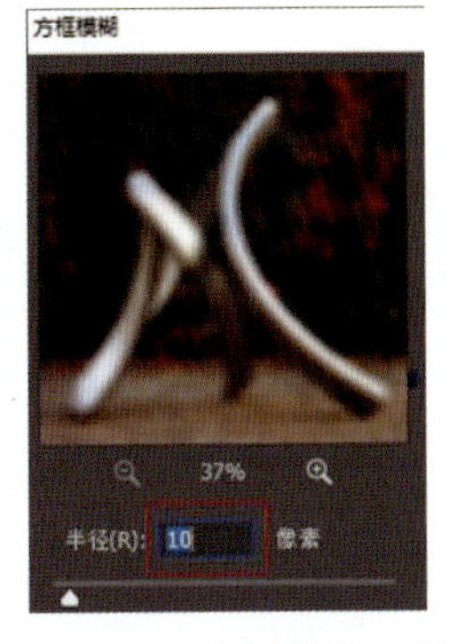

图1-3-180　方框模糊对话框

图1-3-181　方框模糊效果

半径：10

半径：30

图1-3-182　不同半径数值对比

图1-3-183　原图

图1-3-184　进一步模糊效果

（3）进一步模糊

“进一步模糊”的模糊效果比较弱，也没有参数设置窗口。打开一张图片，如图1-3-183所示，执行“滤镜”/“模糊”/“进一步模糊”，画面效果如图1-3-184所示。该滤镜可以平衡已定义的线条和遮蔽区域的清晰边缘旁边的像素，使变化显得柔和。“进一步模糊”滤镜生成的效果比“模糊”滤镜强3～4倍。

（4）镜头模糊

“镜头模糊”滤镜能模仿出非摄影中浅景深效果。该滤镜可通过“通道”或“蒙版”中的黑白信息为图像中的不同部分施加不同程度的模糊，而“通道”和“蒙版”中的信息则是可以轻松控制的。打开一张图片，然后制作出需要进行模糊的选区（图1-3-185）。进入到“通道”面板中，新建“Alpha1”通道。由于需要模糊的部分为铁轨以外的部分，所以可以将铁轨部分在通道中填充为黑色。铁轨以外的部分需要按照远近关系进行填充。此处为铁轨以外的部分按照远近填充由白色到黑色的渐变（图1-3-186）。在通道中白色的区域

图 1-3-185　原图

图 1-3-186　镜头模糊对话框

为被模糊的区域，所以天空位置为白色，地平线的位置为灰色，而且前景为黑色。

单击“RGB”复合通道，使用快捷键 Ctrl+D 取消选区的选择。回到图层面板中，选择风景图层。执行“滤镜”/“模糊”/“镜头模糊”命令，在弹出窗口中，先设置“源”为 Alphal，“模糊焦距”为 20，“半径”为 50，设置完成后单击“确定”按钮，景深效果如图 1-3-187 所示。

图 1-3-187　镜头模糊

（5）模糊

该滤镜比较轻柔，主要应用于为显著颜色变化的地方消除杂色。打开一张图片，如图 1-3-188 所示，执行“滤镜”/“模糊”/“模糊”命令，画面效果如图 1-3-189 所示。该滤镜没有对话框。“模糊”滤镜与“进一步模糊”滤镜都属于轻微模糊滤镜。相比“进一步模糊”滤镜，“模糊”滤镜的模糊效果要弱 3～4 倍。

（6）特殊模糊

该滤镜常用于模糊画面中的褶皱、重叠的边缘，还可以进行图片“降噪”处理。如图 1-3-190 所示，可以看到有轻微噪点。执行“滤镜”/“模糊”/“特殊模糊”命令，在弹出窗口中进行参数设置（图 1-3-191）。设置后单击“确定”按钮，效果如图 1-3-192 所示。“特殊模糊”滤镜只对有微弱颜色变化的区域进行模糊，模糊效果细腻，添加该滤镜后既能够最大限度地保留画面内容的真实形态，又能够使小的细节变得柔和。

半径　用来设置要应用模糊的范围。

图 1-3-188 原图　　图 1-3-189 模糊效果

图 1-3-190 原图　　图 1-3-191 特殊模糊对话框　　图 1-3-192 特殊模糊滤镜效果

阈值　用来设置像素具有多大差异后才会被模糊处理。图 1-3-193 为数值为 30 与 60 的对比效果。

品质　设置模糊效果的质量，包含“低”“中等”和“高”三种。

模式　选择“正常”选项，不会在图像中添加任何特殊效果，如图 1-3-194 所示；选

阈值：30

阈值：60

图 1-3-193 不同阈值数值对比　　图 1-3-194 模式“正常”选项效果

择“仅限边缘”选项，将以黑色显示图像，以白色描绘出图像边缘像素亮度值变化强烈的区域，如图 1-3-195 所示；选择“叠加边缘”选项，将以白色描绘出图像边缘像素亮度值变化强烈的区域，如图 1-3-196 所示。

图 1-3-195　仅限边缘选项

图 1-3-196　叠加边缘选项

（7）形状模糊

该滤镜能够以特定的“图形”对画面进行模糊化处理。选择一张需要模糊的图片，如图 1-3-197 所示，执行“滤镜”/“模糊”/“形状模糊”命令，在弹出窗口中选择一个合适的形状，设置“半径”数值，单击“确定”按钮，如图 1-3-198 和图 1-3-199 所示。

半径　用来调整形状的大小；数值越大，模糊效果越好。

形状列表　在形状列表中选择一个形状，可以使用该形状来模糊图像。

图 1-3-197　原图

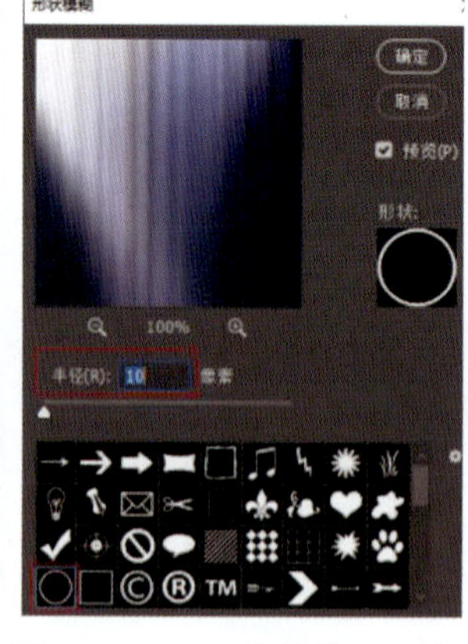

图 1-3-198　形状模糊对话框

图 1-3-199　形状模糊效果

3.3.3　模糊画廊

该滤镜组中的滤镜主要用于为数码照片制作特殊的模糊效果，如模糊景深效果、旋转模糊、移轴摄影、微距摄影等。

（1）场景模糊

“场景模糊”滤镜可以在画面中的不同位置添加多个控制点，并对每个控制点设置不同的模糊数值，这样就可以使画面中的不同部分产生不同的模糊效果。打开一张图片，如图1-3-200所示，执行“滤镜”/“模糊画廊”/“场景模糊”命令，打开“模糊画廊”，默认情况下，在画面的中央位置有一个“控制点”，这个控制点用来控制模糊位置，在窗口的右侧通过设置“模糊”数值控制模糊的强度（图1-3-201）。

控制点的位置可以进行调整，将光标移动至“控制点”的中央位置，按住鼠标左键拖曳即可移动。在画面中将控制点移动到船的位置，因为该位置不需要被模糊，所以设置“模糊”为0像素（图1-3-202）。将光标移动到需要模糊的位置单击即可添加“控制点”，然后设置合适的“模糊”参数。

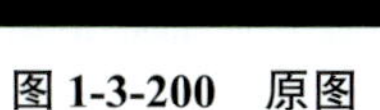

图 1-3-200　原图

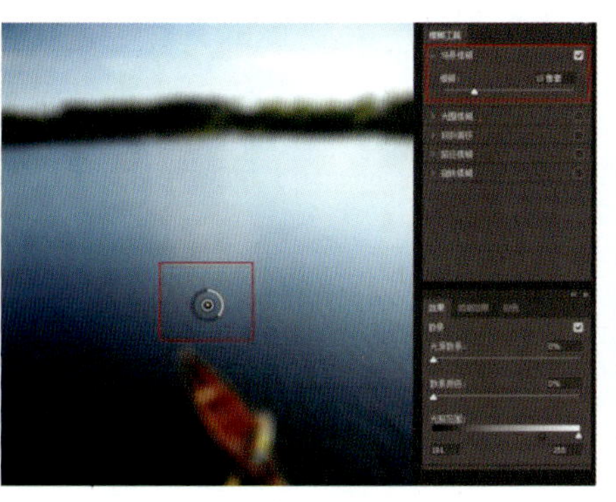

图 1-3-201　场景模糊控制点

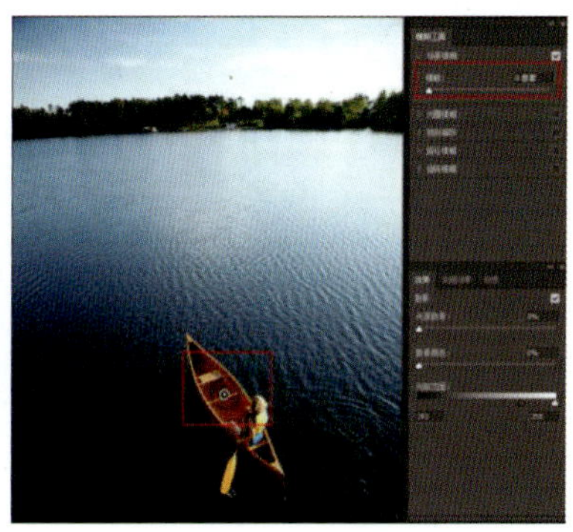

图 1-3-202　模糊设置

继续添加“控制点”，然后设置合适的模糊数值，需要注意“近大远小”的规律，越远的地方模糊程度应该越大。然后单击窗口上方的“确定”按钮（图1-3-203）。画面效果如图1-3-204所示。

光源散景　用于控制光照亮度，数值越大高光区域的亮度就越高。

散景颜色　通过调整数值控制散景区域颜色。

光照范围　通过调整滑块用色阶来控制散景的范围。

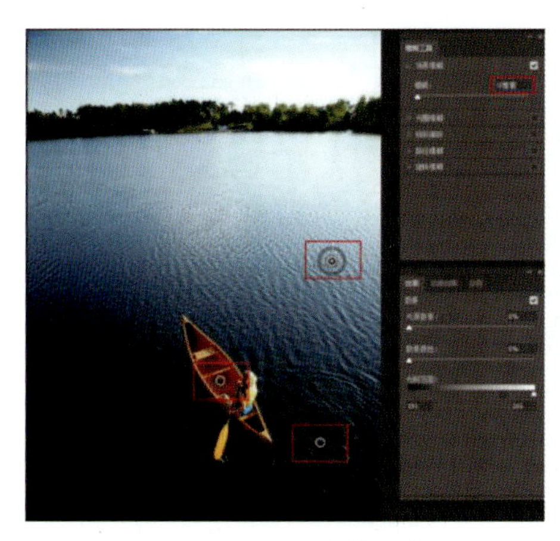

图 1-3-203　添加控制点

图 1-3-204　场景模糊效果

（2）光圈模糊

“光圈模糊”滤镜是一个单点模糊滤镜，使用该滤镜可以根据不同的要求而对焦点（画面中清晰的部分）的大小与形状、图像其余部分的模糊数量以及清晰区域与模糊区域之间的过渡效果进行相应的设置。打开一张图片（图 1-3-205），执行“滤镜”/“模糊画廊”/“光圈模糊”命令，打开“模糊画廊”。在该窗口中可以看到画面中带有一个控制点并且带有控制框，该控制框以外的区域为被模糊的区域。在窗口的右侧可以设置“模糊”选项控制模糊的程度（图 1-3-206）。

图 1-3-205　原图

图 1-3-206　光圈模糊对话框

光圈模糊操作视频

拖曳控制框右上角的控制点即可改变控制框的形状（图 1-3-207）。拖曳控制框内侧的圆形控制点可以调整模糊过渡的效果（图 1-3-208）。

拖曳控制框上的控制点可以将控制框进行旋转，拖曳“中心点”可以调整模糊的位置。设置完成后，单击“确定”按钮，效果如图 1-3-209 所示。

图 1-3-207　调整控制框

图 1-3-208　调整模糊过渡效果

图 1-3-209　光圈模糊效果

（3）移轴模糊

移轴摄影，即移轴镜摄影，泛指利用移轴镜头创作的作品，是一种特殊的摄影类型，从画面上看所拍摄的照片效果就像是缩微模型一样，非常特别（图 1-3-210、图 1-3-211）。

图 1-3-210 移轴摄影作品

图 1-3-211 移轴摄影作品

没有“移轴镜头”想要制作移轴效果，可在 Photoshop 中使用“移轴模糊”滤镜轻松地模拟。

打开一张图片（图 1-3-212），执行“滤镜”/“模糊画廊”/“移轴模糊”命令，打开“模糊画廊”窗口，在其右侧控制模糊的强度（图 1-3-213）。

图 1-3-212 原图

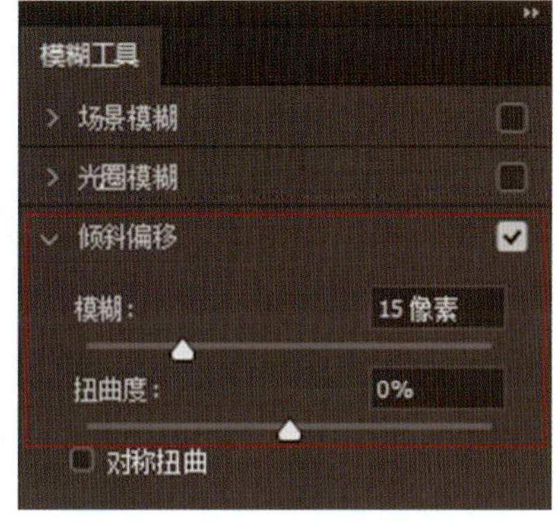

图 1-3-213 移轴模糊对话框

移轴模糊操作视频

如果要调整画面中清晰区域的范围，可以按住并拖曳“中心点”的位置（图 1-3-214）。拖曳上下两端的“虚线”可以调整清晰和模糊范围的过渡效果（图 1-3-215）。

按住鼠标左键拖曳实线上圆形的控制点可以旋转控制框，参数调整完成后单击“确定”按钮，效果如图 1-3-216 所示。

图 1-3-214 调整清晰区域范围

图 1-3-215 调整模糊过渡效果

图 1-3-216 移轴模糊效果

（4）旋转模糊

“旋转模糊”滤镜与“径向模糊”较为相似，但是“旋转模糊”比“径向模糊”滤镜功能更加强大。“旋转模糊”滤镜可以一次性在画面中添加多个模糊点，还能够随意控制每个模糊点的模糊的范围、形状与强度。“旋转模糊”滤镜可以用于模拟拍照时旋转相机时所产生的模糊效果，以及旋转的物体产生的模糊效果。比如模拟运动中的车轮，或者模拟旋转的视角。

打开一张图片（图 1-3-217），执行“滤镜”/“模糊画廊”/“旋转模糊”命令，打开“模糊画廊”窗口。在该窗口中，画面中央位置有一个“控制点”用来控制模糊的位置，在窗口的右侧调整“模糊”数值用来调整模糊的强度（图 1-3-218）。

图 1-3-217　原图

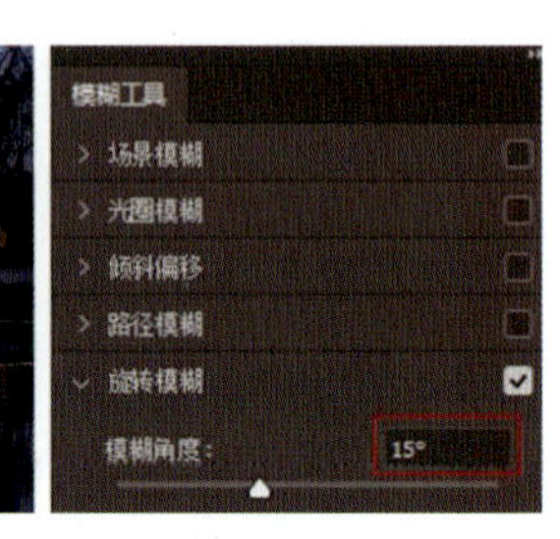

图 1-3-218　旋转模糊对话框

接着拖曳外侧圆形控制点调整控制框的形状大小，如图 1-3-219 所示。拖曳内侧圆形控制点可以调整模糊的过渡效果，如图 1-3-220 所示。

在画面中继续单击即可添加控制点，并进行参数调整（图 1-3-221）。设置完成后单击“确定”按钮。

图 1-3-219　调整控制框形状

图 1-3-220　调整模糊过度效果

图 1-3-221　旋转模糊效果

3.3.4　扭曲滤镜组

执行“滤镜”/“扭曲”命令，在子菜单中可以看到多种滤镜（图 1-3-222）。

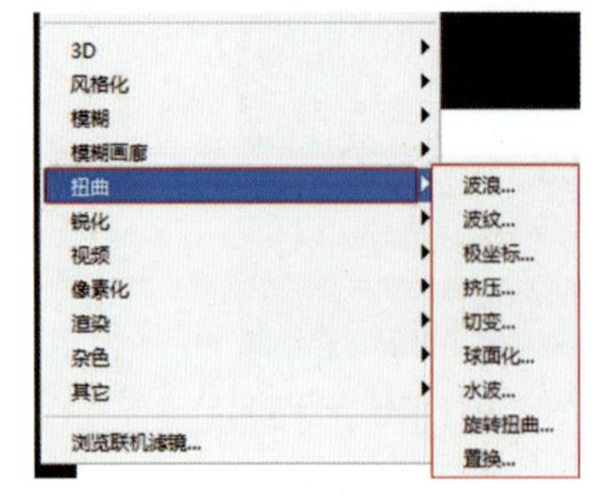

图 1-3-222　扭曲滤镜组

（1）挤压

“挤压”滤镜可以将选区内的图像或整个图像向外或向内挤压，与“液化”滤镜中的“膨胀工具”与“收缩工具”类似。打开一张图片（图 1-3-223），执行“滤镜”/“扭曲”/“挤压”命令，在弹出的“挤压”窗口进行参数的设置（图 1-3-224）。然后单击“确定”按钮完成挤压变形操作，效果如图 1-3-225 所示。

数量　用来控制挤压图像的程度。当数值为负值时，图像会向外挤压（图 1-3-226）。当数值为正值时，图像会向内挤压（图 1-3-227）。

图 1-3-223　原图

图 1-3-224　挤压滤镜对话框

图 1-3-225　挤压滤镜效果

图 1-3-226　数值负值效果

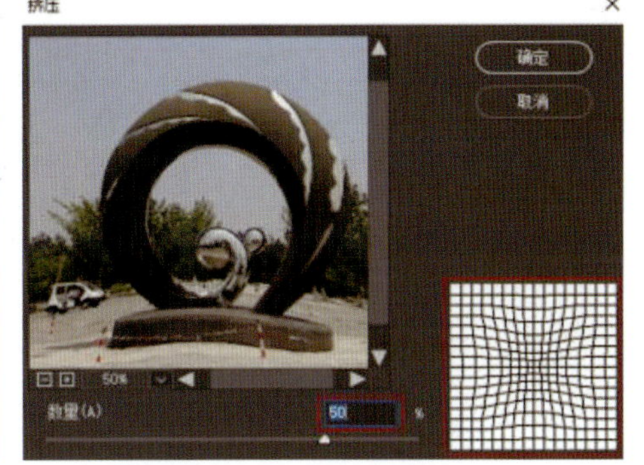

图 1-3-227　数值正值效果

（2）球面化

“球面化”滤镜可将选区内的图像或整个图像向外“膨胀”成为球形。打开一张图像，（图 1-3-228）。执行“滤镜”/“扭曲”/“球面化”命令，在弹出的“球面化”窗口中进行数量和模式的设置（图 1-3-229）。效果如图 1-3-230 所示。

数量　用来设置图像球面化的程度。当设置为正值时，图像会向外凸起；为负值时，图像会向内收缩，其效果与挤压滤镜相似。

图 1-3-228　原图

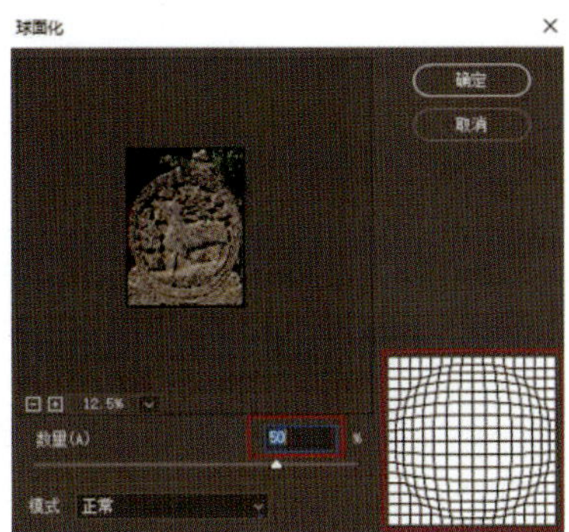

图 1-3-229　球面化对话框

图 1-3-230　球面化效果

模式　用来选择图像的挤压方式。包含“正常”“水平优先”和“垂直优先”三种方式。

（3）水波

“水波”滤镜可以制作水面涟漪效果。打开一张图片（图 1-3-231），执行“滤镜”/“扭曲”/“水波”命令，在打开的“水波”窗口中进行参数的设置（图 1-3-232）。设置完成后单击“确定”按钮，效果如图 1-3-233 所示。

图 1-3-231　原图

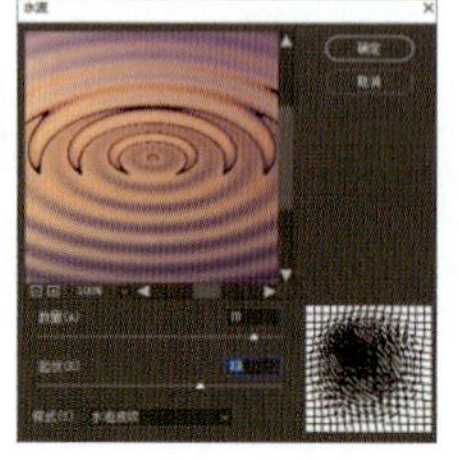

图 1-3-232　水波对话框

图 1-3-233　水波效果

数量　用来设置波纹的数量。当设置为负值时，将产生下凹的波纹（图 1-3-234）；当设置为正值时，将产生上凸的波纹，如图 1-3-235 所示。

起伏　用来设置波纹的数量。数值越大，波纹越多。

图 1-3-234　水波数量负值

图 1-3-235　水波数量正值

样式　用来选择生成波纹的方式。选择“围绕中心”选项时，可以围绕图像或选区的中心产生波纹（图 1-3-236）；选择“从中心向外”选项时，波纹将从中心向外扩散（图 1-3-237）；选择“水池波纹”选项时，可以产生同心圆形状的波纹（图 1-3-238）。

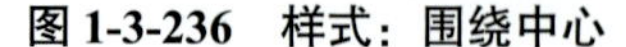

图 1-3-236　样式：围绕中心

图 1-3-237　样式：从中心向外

图 1-3-238　样式：水池波纹

（4）旋转扭曲

滤镜可以围绕图像的中心进行顺时针或逆时针的旋转。打开一张图片（图 1-3-239），执行“滤镜”/“扭曲”/“旋转扭曲”命令，在打开的“旋转扭曲”窗口进行参数设置，如图 1-3-240 所示，效果如图 1-3-241 所示。调整“角度”选项，当设置为正值时，会沿顺时针方向进行扭曲；当设置为负值时，会沿逆时针方向进行扭曲。

图 1-3-239 原图

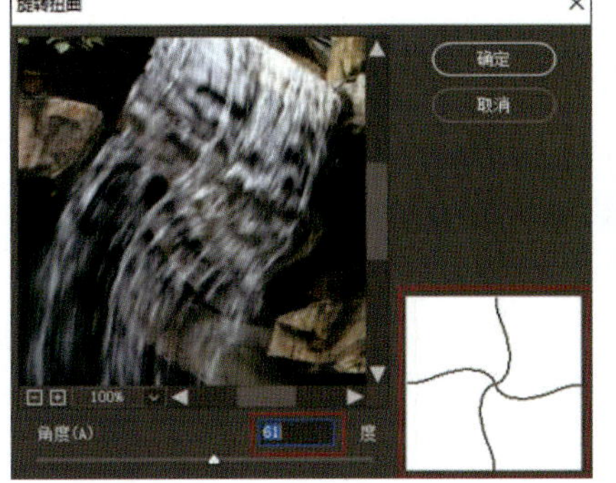

图 1-3-240 旋转扭曲对话框

图 1-3-241 旋转扭曲效果

3.3.5 锐化滤镜组

在 Photoshop 中“锐化”与“模糊”是相反的关系。“锐化”就是使图像“看起来更清晰”，而这里所说的“看起来更清晰”并不是增加了画面的细节，而是使图像中像素与像素之间的颜色反差增大、对比增强，从而产生一种“锐利”的视觉感受。“锐化”操作能够增强颜色边缘的对比，使模糊的图形变得清晰。但是过度的锐化会造成噪点、色斑的出现，所以锐化的数值要适当使用。执行“滤镜”/“锐化”命令，可以在子菜单中看到多种用于锐化的滤镜（图 1-3-242）。

图 1-3-242 锐化滤镜组

（1）USM 锐化

该滤镜可以查找图像中颜色差异明显的区域，然后将其锐化。这种锐化方式能够在锐化画面的同时，不增加过多的噪点。打开一张图片（图 1-3-243），执行“滤镜”/“锐化”/“USM 锐化”命令，并在弹出窗中设置相应参数（图 1-3-244）。单击“确定”按钮，效果如图 1-3-245 所示。

图 1-3-243 原图

图 1-3-244 USM 锐化对话框

图 1-3-245 USM 锐化效果

数量　用来设置锐化效果的精细程度。

半径　用来设置图像锐化的半径范围大小。

阈值　只有相邻像素之间的差值达到所设置的“阈值”数值时才会被锐化，该值越高，被锐化的像素就越少。

USM 锐化操作视频

（2）进一步锐化

该滤镜没有参数设置窗口，效果也比较弱，适合只有轻微模糊的图片。打开一张图片（图 1-3-246），执行“滤镜”/“锐化”/“进一步锐化”命令，如果锐化效果不明显，那么使用快捷键 Ctrl+Shift+F 多次进行锐化，图 1-3-247 所示为应用三次“进一步锐化”滤镜的效果。

图 1-3-246　原图

图 1-3-247　进一步锐化效果

（3）锐化

该滤镜没有参数设置窗口，其锐化效果比“进一步锐化”滤镜更弱一些，执行“滤镜”/“锐化”/“锐化”命令，即可应用该滤镜。

（4）锐化边缘

对于画面内容色彩清晰、边界分明、颜色区分强烈的图像，使用“锐化边缘”滤镜就可以轻松进行锐化处理。打开一张图片（图 1-3-248），执行“滤镜”/“锐化”/“锐化边缘”命令，即可看到锐化效果（图 1-3-249）。

图 1-3-248　原图

图 1-3-249　锐化边缘效果

（5）智能锐化

该滤镜可以设置锐化算法，或控制在阴影和高光区域中的锐化量，而且能避免“色晕”等问题。打开一张图片（图 1-3-250），执行“滤镜”/“锐化”/“智能锐化”命令，在弹出

窗口中设置“数量”增加锐化强度，使效果看起来更加锐利；接着设置“半径”，该选项用来设置边缘像素受锐化影响的锐化数量，预览效果如图1-3-251所示。

设置“减少杂色”，该选项数值越高，画面越柔和。设置“移去”，该选项用来区别影像边缘与杂色噪点，重点在于提高中间调的锐度和分辨率，如图1-3-252所示。设置完成后单击“确定”按钮，锐化前后的对比效果如图1-3-253所示。

图1-3-250　原图

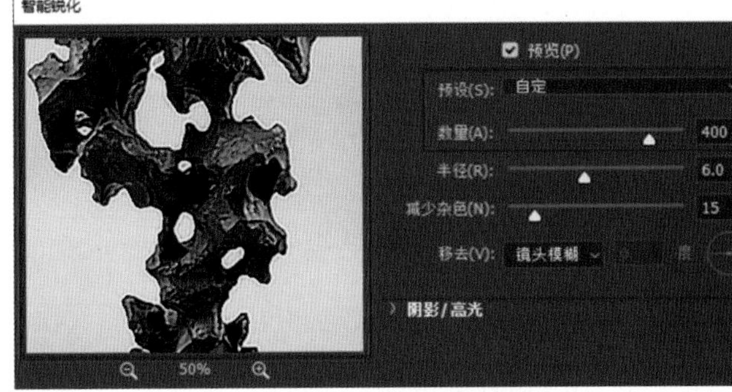

图1-3-251　智能锐化对话框

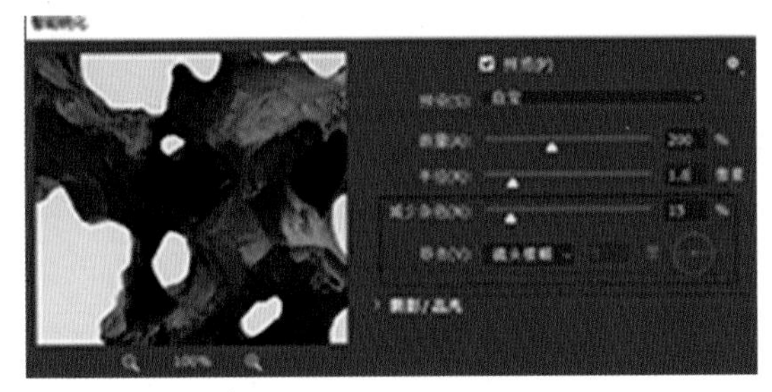

图1-3-252　减少杂色

图1-3-253　锐化前后效果对比

数量　用来设置锐化的精细程度。数值越高，越能强化边缘之间的对比度。图1-3-254和图1-3-255分别是设置“数量”为100%和400%时的锐化效果。

图1-3-254　数量100%

图1-3-255　数量400%

智能锐化
操作视频

半径　用来设置受锐化影响的边缘像素的数量。数值越高，受影响的边缘就越宽，锐化的效果也越明显。图 1-3-256 和图 1-3-257 分别是设置“半径”为 3 像素和 6 像素时的锐化效果。

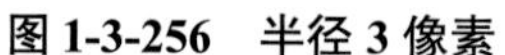

图 1-3-256　半径 3 像素

图 1-3-257　半径 6 像素

移去　选择锐化图像的算法。选择“高斯模糊”选项，可以使用“USM 锐化”滤镜的方法锐化图像；选择“镜头模糊”选项，可以查找图像中的边缘和细节，并对细节进行更加精细的锐化，以减少锐化的光晕；选择“动感模糊”选项，可以激活下面的“角度”选项，通过设置“角度”值可以减少由于相机或对象移动而产生的模糊效果。

渐隐量　用于设置阴影或高光中的锐化程度。

色调宽度　用于设置阴影和高光中色调的修改范围。

半径　用于设置每个像素周围区域的大小。

3.3.6　渲染滤镜组

（1）光照效果

“光照效果”滤镜可以在 2D 的平面世界中添加灯光，并且通过参数的设置制作出不同效果的光照。此外，还可以使用灰度文件作为凹凸纹理图，制作出类似 3D 的效果。

选择需要添加滤镜的图层（图 1-3-258，在此加入的文字图层须栅格化为普通图层）。执行“滤镜”/“渲染”/“光照效果”命令，弹出窗口，默认情况下会显示一个“聚光灯”光源的控制框（图 1-3-259）。

以这一盏灯的操作为例。按住鼠标左键拖曳控制点可以更改光源的位置、形状，如图 1-3-260 所示。配合窗口右侧的“属性”面板可以对光源的颜色、强度等选项进行调整（图 1-3-261）。

图 1-3-258　光照效果窗口

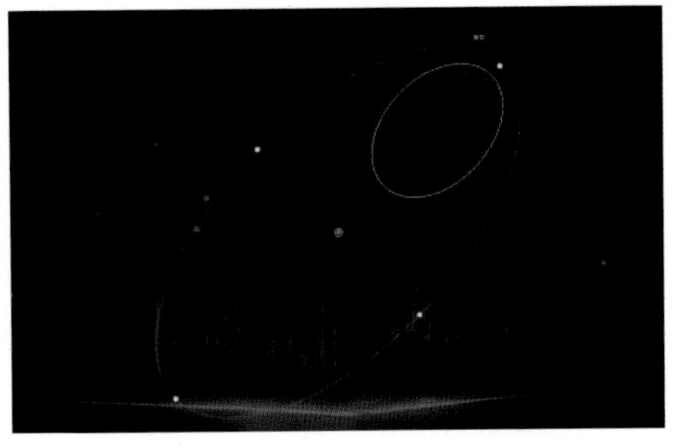

图 1-3-259　聚光灯光源控制框

颜色　控制灯光的颜色。

强度　控制灯光的强弱。

聚光　控制灯光的光照范围。

着色　单击以填充整体光照。

曝光度　控制光照的曝光效果。数值为负时，可减少光照；数值为正时，可增加光照。

光泽　设置灯光的反射强度。

金属质感　设置反射的光线是光源色彩，还是图像本身的颜色。该数值越高，反射光越接近反射体本身的颜色；该值越低，反射光越接近光源颜色。

环境　漫射光，使该光照如同与室内的其他光照相结合一样。

纹理　在下拉列表中选择通道，为图像应用纹理通道。

高度　启用“纹理”后，该选项可以用。可以控制应用纹理后凸起的高度。

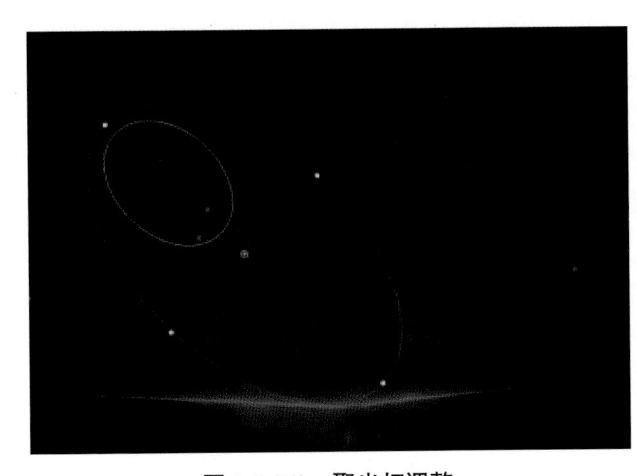

图 1-3-260　聚光灯调整

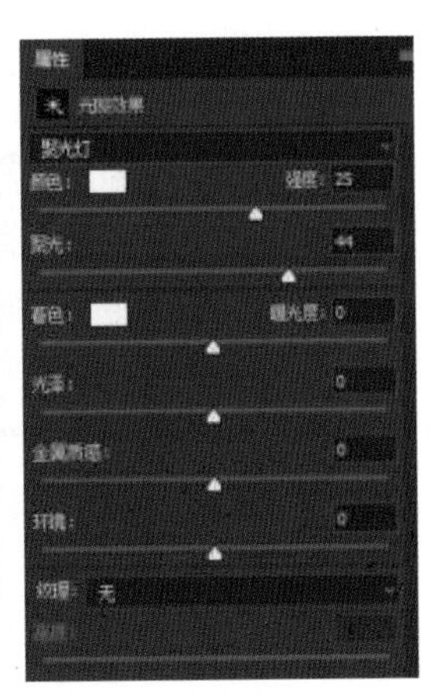

图 1-3-261　属性面板

在选项栏中的“预设”下拉列表中包含多种预设的光照效果（图 1-3-262）。选中某一项即可更改当前画面效果，如图 1-3-263 所示为“蓝色全光源”效果。

储存　若要存储预设，需要单击下拉列表中的“存储”，在弹出的窗口中选择储存位置并命名该样式，然后单击“确定”。存储的预设包含每种光照的所有设置，并且无论何时打开图像，存储的预设都会出现在“样式”菜单中。

载入　若要载入预设，需要单击下拉列表中的“载入”，在弹出的窗口中选择文件并单击“确定”即可。

删除　若要删除预设，需要选择该预设并单击下拉列表中的“删除”。

自定　若要创建光照预设，需要从“预设”下拉列表中选择“自定”，然后单击“光照”图标以添加点光、点测光和无限光类型。按需要重复，最多可获得 16 种光照。

在选项栏中单击“光源”右侧的按钮即可在画面中快速添加光源，单击“重置当前光照”按钮即可对当前光源进行重置。

在“光源”面板（执行“窗口”/“光源”命令，打开“光源”面板）中可以看到当前场景中创建的光源。当然也可以使用“回收站”图标删除不需要的光源（图 1-3-264）。

图 1-3-262　光照预设

图 1-3-263　预设效果

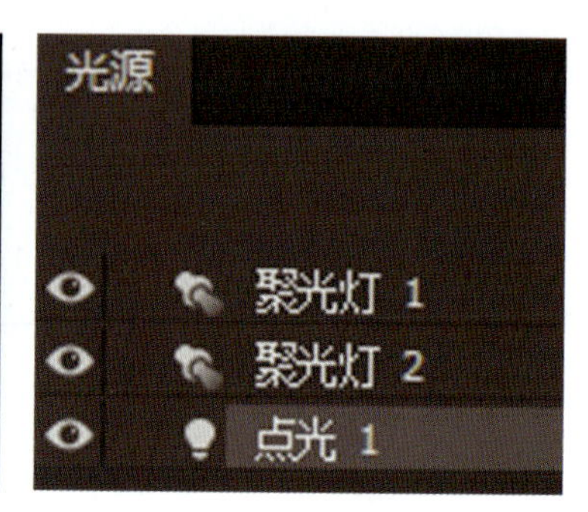

图 1-3-264　光源面板

聚光灯　投射一束椭圆形的光柱。预览窗口中的线条定义光照方向和角度，而手柄定义椭圆边缘。若要移动光源需要在外部椭圆内拖动光源。若要旋转光源需要在外部椭圆外拖动光源。若要更改聚光角度需要拖动内部椭圆的边缘。若要扩展或收缩椭圆需要拖动 4 个外部手柄中的一个；按住 Shift 键并拖动，使角度保持不变而只更改椭圆的大小；按住 Ctrl 键并拖动可保持大小不变并更改点光的角度或方向。若要更改椭圆中光源填充的强度，请拖动中心部位强度环的白色部分。

点光　像灯泡一样使光在图像正上方向的各个方向照射。若要移动光源，需要将光源拖动到画布上的任何地方。若要更改光的分布，需要拖动中心部位强度环的白色部分。

无限光　像太阳一样使光照射在整个平面上。若要更改方向需要拖动线段末端的手柄，若要更改亮度需要拖动光照控件中心部位强度环的白色部分。

（2）镜头光晕

“镜头光晕”滤镜常用于模拟由于光照射到相机镜头产生的折射，在画面中实现眩光的效果。打开一张图片（图 1-3-265），因该滤镜直接作用于画面，会给原图造成破坏。所以我们可以新建一个图层，并填充为黑色（图 1-3-266），然后将黑色图层“混合模式”设置为“滤色”，即可完美去除黑色部分，且不会对原始画面带来损伤。

选择黑色的图层，执行“滤镜”/“渲染”/“镜头光晕”命令，弹出窗口。在缩览图中拖曳“十”字标志的位置，即可调整光源的位置。在窗口的下方调整光源的亮度、类型，然后单击“确定”按钮（图 1-3-267）。设置黑色图层“混合模式”为“滤色”，此时画面效果如图 1-3-268 所示。如果此时觉得效果不满意可以在黑色图层上进行位置或缩放比例的修改，同时避免了对原图层的破坏。

图 1-3-265　原图

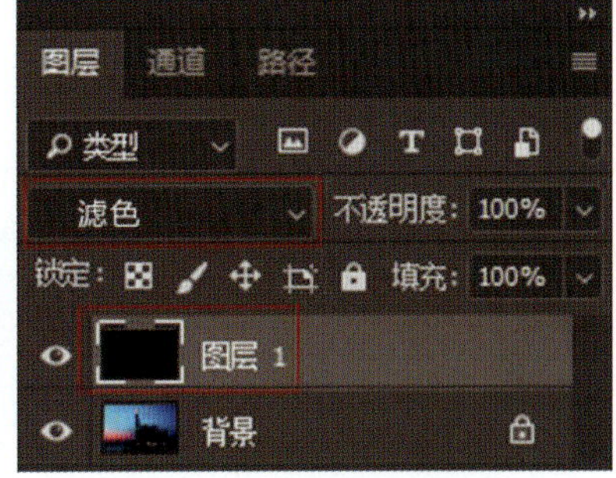

图 1-3-266　新建图层

图 1-3-267　镜头光晕对话框

图 1-3-268　镜头光晕效果

预览窗口　在该窗口中可以通过拖曳“十”字标志来调节光晕的位置。

亮度　用来控制镜头光晕的亮度，其取值范围为 10%～300%，数值越大亮度越高。

镜头类型　用来选择镜头光晕的类型，包括“50～300 毫米变焦”“35 毫米聚焦”“105 毫米聚焦”和“电影镜头”四种类型。

（3）云彩

“云彩”滤镜常用于制作园林景观效果图中云彩、薄雾的效果，可根据前景色和背景色随机生成云彩图案。打开一张图片，新建一个图层。分别设置前景色与背景色为黑与白（因为黑色部分可以通过图层的“滤色”混合模式去掉，而别的颜色则不行）（图 1-3-269）。执行“滤镜”/“渲染”/“云彩”命令（该滤镜没有参数设置窗口），此时画面效果如图 1-3-270 所示。

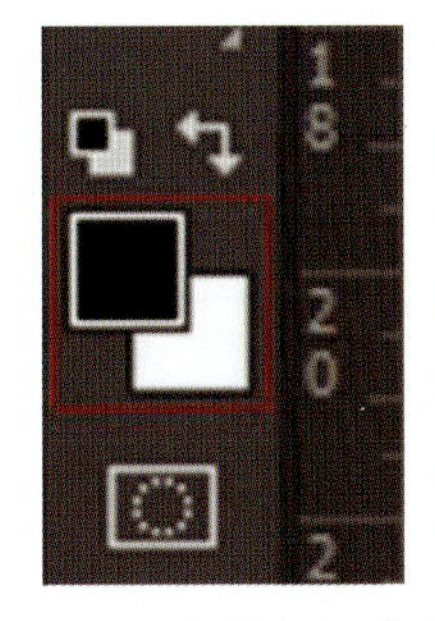

图 1-3-269　前景色与背景色

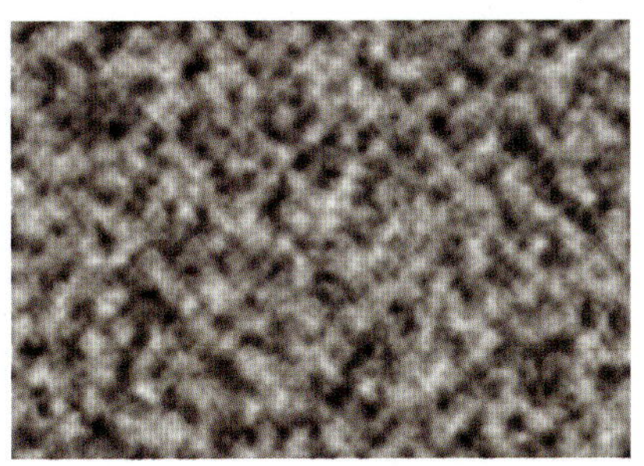

图 1-3-270　云彩滤镜

设置该图层的“混合模式”为“滤色”，此时画面中只保留了白色的“雾气”。为了让“雾气”更加自然可以适当降低“不透明度”，如图 1-3-271 所示。最后可以使用“橡皮擦工具”擦除挡住主体物的“雾气”，画面效果如图 1-3-272 所示。

图 1-3-271　云彩图层设置

图 1-3-272　云彩效果

3.3.7　其他滤镜组

（1）位移

“位移”滤镜常用于制作无缝拼接的图案。该命令能够在水平或垂直方向上偏移图像。打开一张图片（图 1-3-273），执行“滤镜”/“其他”/“位移”命令，在弹出窗口中设置参数（图 1-3-274）。完成后单击“确定”按钮，画面效果如图 1-3-275 所示。如果将该图像定义为“图案”，并使用“油漆桶工具”“填充”命令或“图案叠加”图层样式进行填充，则会实现无缝对接。

图 1-3-273　原图

图 1-3-274　位移滤镜对话框

图 1-3-275　位移效果

水平　用来设置图像像素在水平方向上的偏移距离。数值为正值时，图像会向右偏移，同时左侧会出现空缺。

垂直　用来设置图像像素在垂直方向上的偏移距离。数值为正值时，图像会向下偏移，同时上方会出现空缺。

未定义区域　用来选择图像发生偏移后填充空白区域的方式。

3.4　通道

本节介绍通道的相关知识。通道的部分操作在前文中也有涉及，例如，调色时对个别通道进行调整、利用通道进行抠图等。下面重点了解通道的原理；掌握通道与选区之间的转换；掌握专色通道的创建与编辑方法；可以应用于园林景观效果图制作的通道使用技巧。

3.4.1 认识通道

一张RGB颜色模式的彩色图像是由R（红）、G（绿）、B（蓝）三种颜色构成的。每个颜色以特定的数量通过一定的模式进行混合，得到彩色的图像。而每种颜色所占的比例则由黑白灰在通道中体现（图1-3-276）。

图1-3-276 R（红）、G（绿）、B（蓝）通道

“通道”用于储存颜色信息和选区信息。在Photoshop中有三种类型的通道：颜色通道、专色通道和Alpha通道。其中，颜色通道、专色通道是用于储存颜色信息，而Alpha通道则是用于储存选区。执行“窗口”/“通道”命令，打开“通道”面板，在“通道”面板中可以看到一个彩色的缩览图和几个灰色的缩览图，这些就是通道。“通道”面板主要用于创建、存储、编辑和管理通道（图1-3-277）。

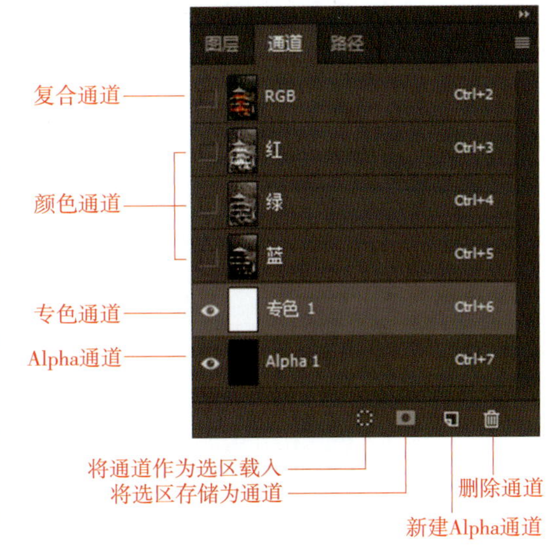

图1-3-277 通道面板

复合通道　用来记录图像的所有颜色信息。

颜色通道　用来记录图像颜色信息。不同颜色模式的图像显示的颜色通道个数不同，例如，RGB图像显示红通道、绿通道和蓝通道三个颜色通道；而CMYK则显示青色、洋红、黄色、黑色四个通道。

Alpha通道　用来保存选区的通道，可以在Alpha通道中绘画、填充颜色、填充渐变、应用滤镜等。在Alpha通道中白色部分为选区内部，黑色部分为选区外部，灰色部分则为半透明的选区。

3.4.2 颜色通道

颜色通道是将构成整体图像的颜色信息整理并表现为单色图像。默认情况下显示为灰

度图像。默认情况下，打开一个图片，通道面板中显示的是颜色通道。这些颜色通道与图像的颜色模式是一一对应的。例如，RGB 颜色模式的图像，其通道面板显示着 RGB 通道、R 通道、G 通道和 B 通道（图 1-3-278）。RGB 通道属于复合通道，显示整个图像的全通道效果，其他三个颜色通道则控制着各自颜色在画面中显示的多少。根据图像颜色模式的不同，颜色通道的数量也不同。CMYK 颜色模式的图像有 CMYK、青色、洋红、黄色、黑色五个通道（图 1-3-279），而索引颜色模式的图像只有一个通道（图 1-3-280）。

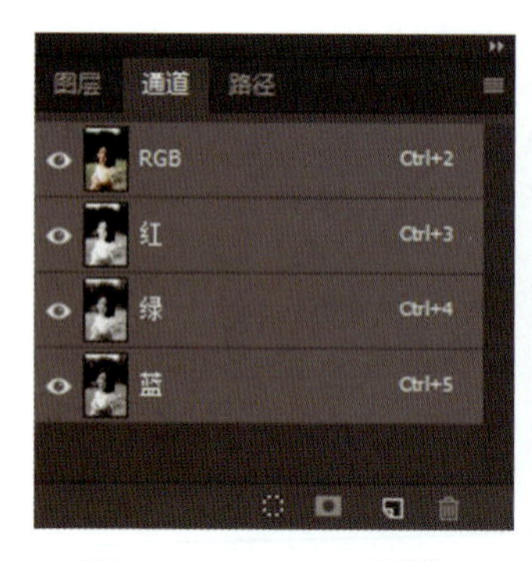

图 1-3-278 RGB 通道

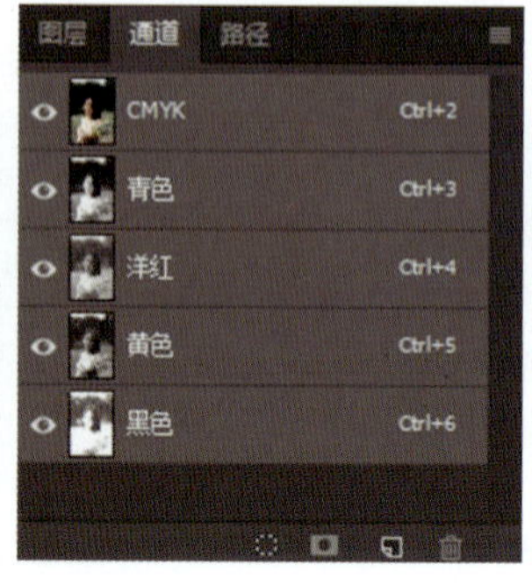

图 1-3-279 CMYK 颜色模式

图 1-3-280 索引颜色模式

（1）选择通道

在“通道”面板中单击即可选中某一通道（图 1-3-281），每个通道后面有对应的“Ctrl+ 数字”格式快捷键，如在图 1-3-282 中“红”通道后面有“Ctr1+3”快捷键，这就表示按“Ctr1+3”快捷键可以单独选择“红”通道，按住 Shift 键并单击可以加选多个通道。

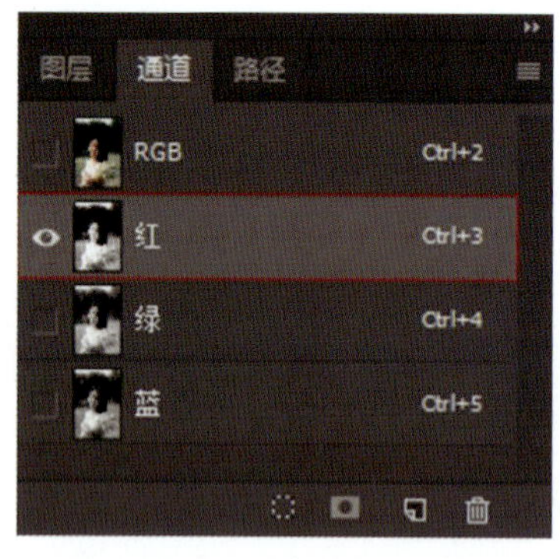

图 1-3-281 红色通道快捷键

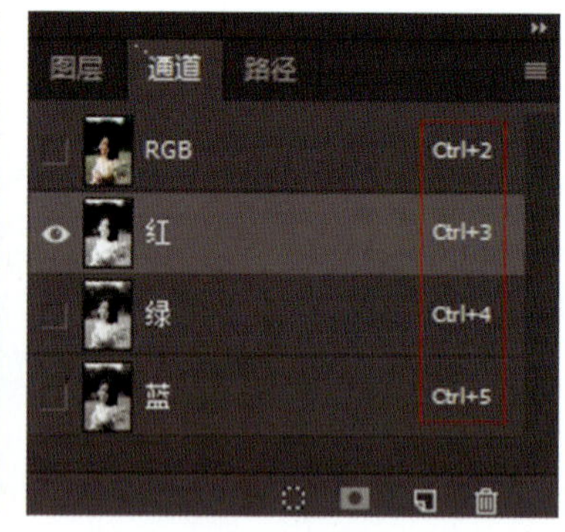

图 1-3-282 合并多个通道

（2）使用通道调整颜色

在前面章节中，我们学习了调色命令的使用，很多调色命令中都带有通道的设置，如曲线命令。如果针对 RGB 通道进行调整，则会影响画面整体的明暗和对比度，如果对“红”“绿”“蓝”通道进行调整，则会使画面的颜色倾向发生更改（图 1-3-283、图 1-3-284）。

例如，提亮“红”的曲线（图 1-3-285），就相当于使“红”通道的明度升高（图 1-3-286）。而“红”通道明度的升高就意味着画面中红色的成分被增多，所以画面会倾向于红色（图 1-3-287）。

图 1-3-283 原图

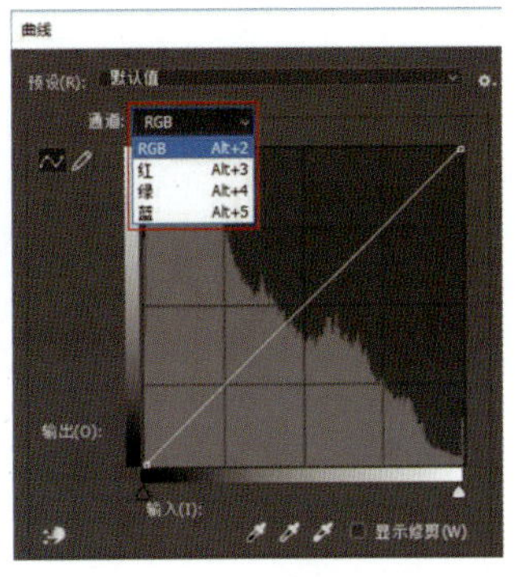

图 1-3-284 曲线对话框

使用通道调色操作视频

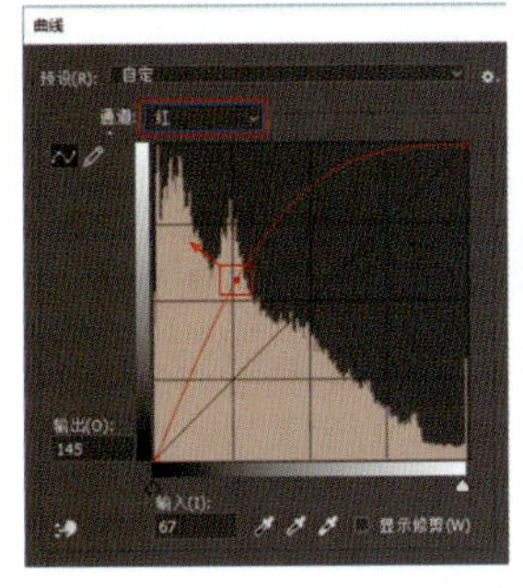

图 1-3-285 红色通道调整

图 1-3-286 红色通道提亮

如果压暗了“蓝”的曲线（图 1-3-288），就相当于使“蓝”通道的明度降低（图 1-3-289）。画面中蓝色的成分减少，反之红和绿的成分会增多，画面会更倾向于红绿相加的颜色，也就是黄色（图 1-3-290）。所以如果想要对图像的颜色倾向进行调整，也可以直接对通道中的明暗程度进行调整。

图 1-3-287 红色通道提亮效果

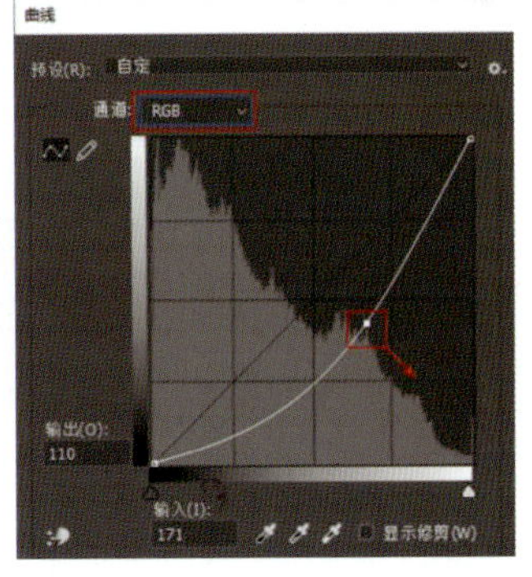

图 1-3-288 蓝色通道调整

（3）分离通道

在 Photoshop 中可以将图像以通道中的灰度图像为内容拆分为多个独立的灰度图像。以一张 RGB 颜色模式的图像为例（图 1-3-291）。在“通道”面板的菜单中执行“分离通道”命令（图 1-3-292），软件会自动将“红”“绿”“蓝”三个通道单独分离成三张灰度图像并关闭彩色图像（图 1-3-293）。

蓝色通道压暗 ——→

图 1-3-289　蓝色通道压暗

图 1-3-290　蓝色通道压暗效果

图 1-3-291　原图

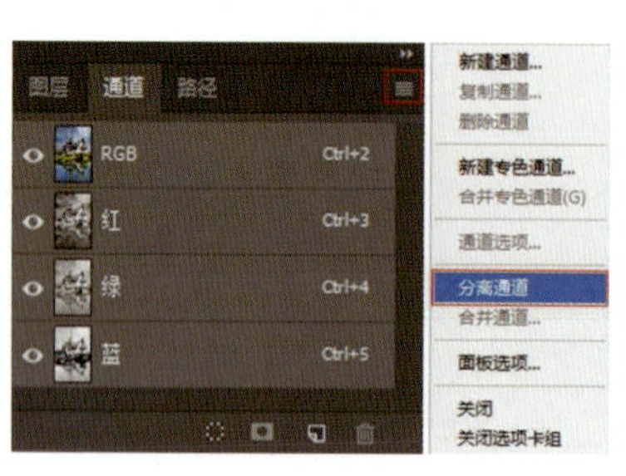

图 1-3-292　分离通道面板

图 1-3-293　分离通道图像

（4）合并通道

“合并通道”命令与“拆分通道”命令相反，合并通道可以将多个灰度图像合并为一个图像的通道。需要注意的是，要合并的图像必须满足以下几个条件：全部在 Photoshop 中打开，已拼合的图像灰度模式、像素尺寸相同，否则“合并通道”命令将不可用。图像的数量决定了合并通道时可用的颜色模式。如四张图像可以合并为一个 CMYK 图像，三张图像则能够合并出 RGB 模式图像。

打开三张尺寸相同的图像（图 1-3-294 至图 1-3-296），对三张图像分别执行“图像”/“模式”/“灰度”菜单命令。在弹出窗口中单击“扔掉”按钮，将图片全部转换为灰度图像（图 1-3-297）。

图 1-3-294　原图 1

图 1-3-295　原图 2

图 1-3-296　原图 3

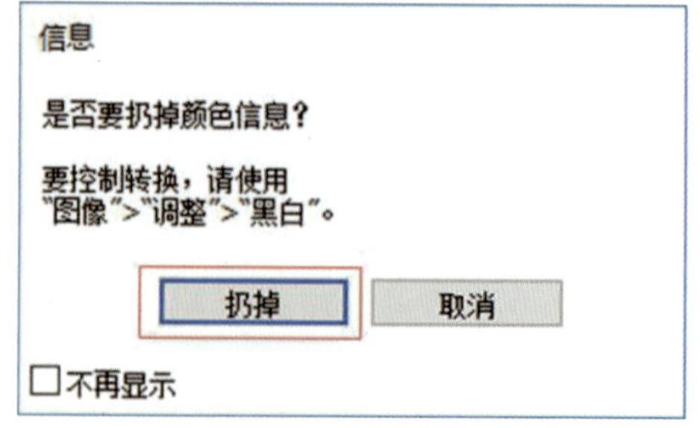

图 1-3-297　灰度窗口

图像全部变为灰度的效果，如图 1-3-298 至图 1-3-300 所示。然后在第一张图像的“通道”面板菜单中执行“合并通道”命令，如图 1-3-301 所示。在打开的“合并通道”窗口中设置“模式”为“RGB 颜色”，单击“确定”按钮，如图 1-3-302 所示。

图 1-3-298 灰度图像 1

图 1-3-299 灰度图像 2

图 1-3-300 灰度图像 3

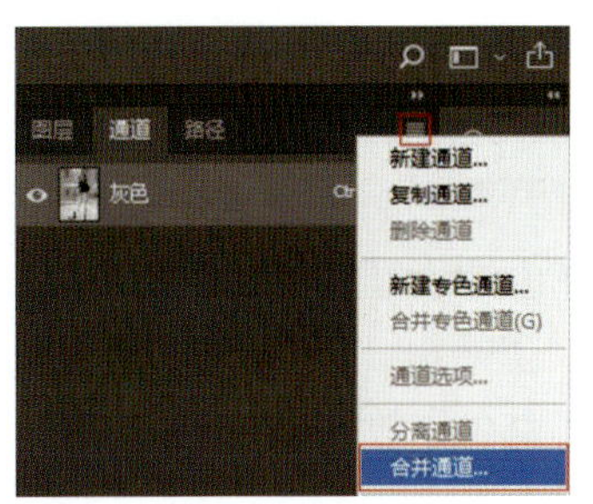

图 1-3-301 合并通道命令

随即会弹出“合并 RGB”通道窗口，在该窗口中可以指定哪个图像来作为红色、绿色、蓝色通道（图 1-3-303）。选择好通道图像以后单击“确定”按钮，此时在“通道”面板中会出现一个 RGB 颜色模式的图像（图 1-3-304）。

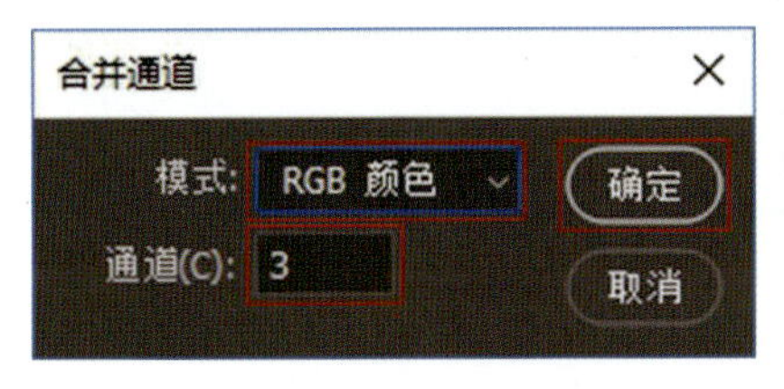

图 1-3-302 合并通道模式

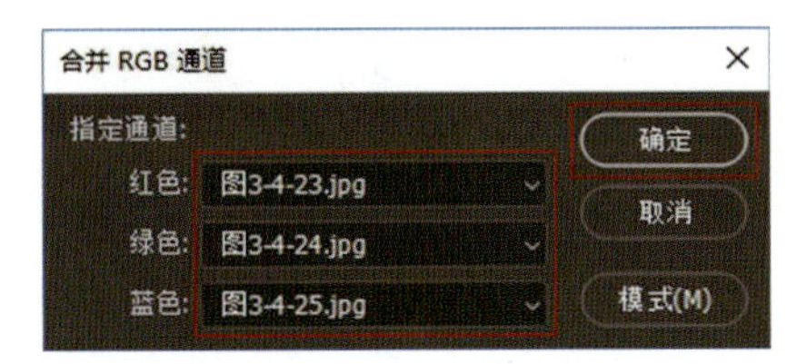

图 1-3-303 合并 RGB 通道

图 1-3-304 合并通道效果

3.4.3 专色通道

我们知道，彩色印刷品的印刷是通过将 C（青色）、M（洋红）、Y（黄色）、K（黑色）四种颜色的油墨以特定的比例混合形成各种各样的色彩。而“专色”则是指在印刷时，不通过 C、M、Y、K 四色合成的颜色，而是专门用一种特定的油墨印刷的颜色。使用专色可使颜色印刷效果更加精准。通过标准颜色匹配系统（如 Pantone 彩色匹配系统）的预印色样卡，能看到该颜色在纸张上的准确颜色。但并不是我们设置出来的“专色”都能够被印刷厂准确地调配出来，所以没有特殊要求的情况下不要轻易使用自己定义的专色。

什么时候适合使用专色印刷？例如，画面中只包含一种颜色，这种颜色想要通过四色印刷则需要两种颜色混合而成。而使用专色印刷只需要一个，不但色彩准确，而且成本也会降低。包装印刷中经常采用专色印刷工艺印刷大面积底色。

专色通道是什么？专色通道就是用来保存专色信息的一种通道。每个专色通道可以储存一种专色的颜色信息以及该颜色所处的范围。除位图模式无法创建专色通道外，其他色

彩模式的图像都可以建立专色通道。

创建通道之前，首先需要确定用于专色印刷区域的选区（图 1-3-305），打开“通道”面板，单击“面板菜单”按钮，执行“新建专色通道”命令（图 1-3-306）。

弹出“新建专色通道”窗口。在该窗口中可以设置专色通道的名称，然后单击“颜色”按钮，会弹出“拾色器”窗口，单击该窗口中的“颜色库”按钮（图 1-3-307），弹出“颜色库”窗口。在该窗口可以从色库列表中选择一个合适的色库。每个色库都有很多预设的颜色，选择一种颜色，单击“确定”按钮（图 1-3-308）。

图 1-3-305　原图

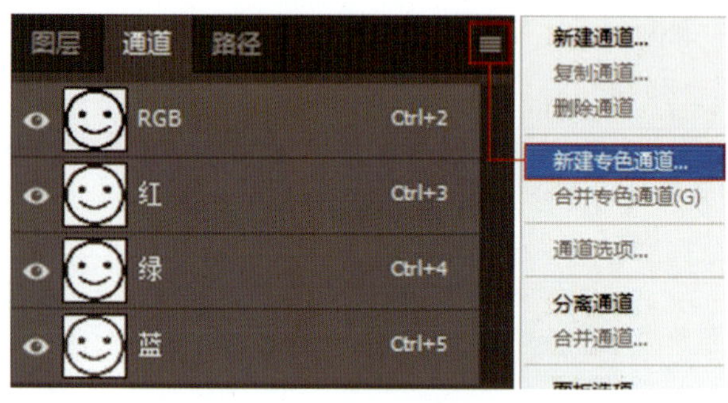

图 1-3-306　新建专色通道

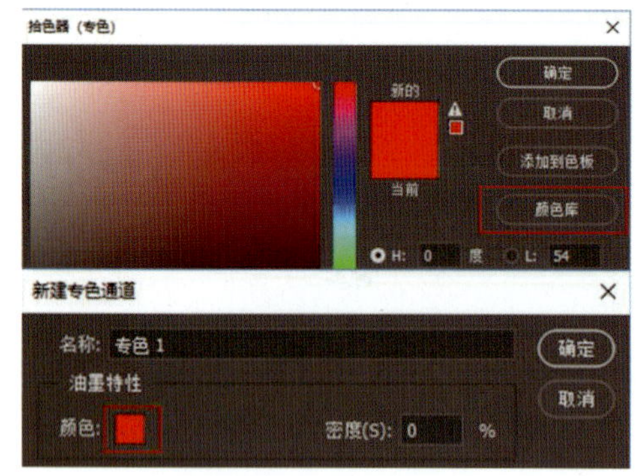

图 1-3-307　拾色器

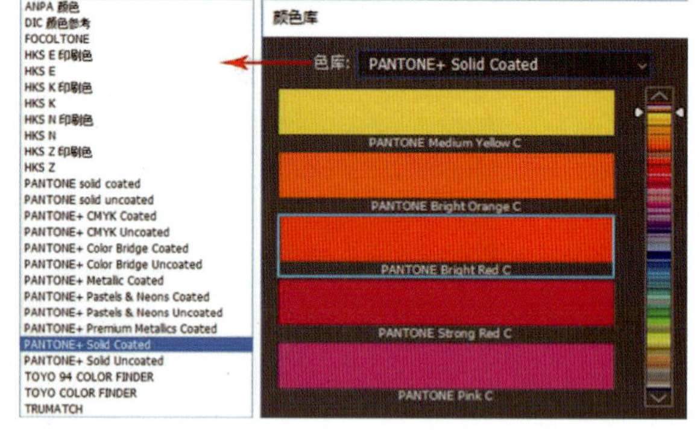

图 1-3-308　颜色库

然后在“新建专色通道”窗口中通过“密度”数值来设置颜色的浓度。单击“确定”按钮（图 1-3-309）。专色通道新建完成，此时画面效果如图 1-3-310 所示。

如果要修改专色通道的颜色设置，可以双击专色通道的缩览图，即可重新打开“专色通道选项”窗口，如图 1-3-311 所示。

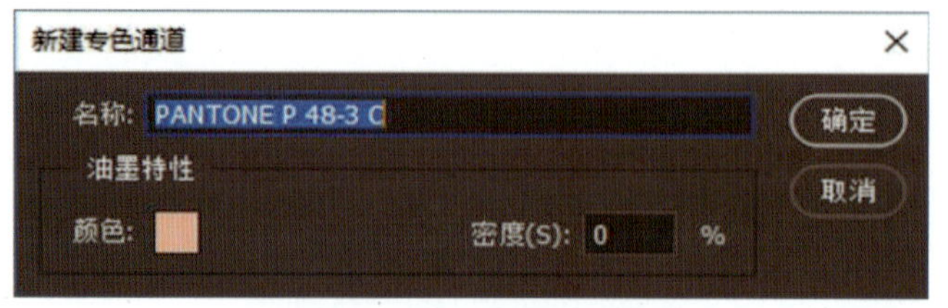

图 1-3-309　设置颜色浓度

图 1-3-310　专色通道新建完成

图 1-3-311 专色通道的缩览图

3.4.4 Alpha 通道

与其说 Alpha 通道是一种“通道”，不如说它是一个选区储存与编辑的工具。Alpha 通道能够以黑白图的形式储存选区，白色为选区内部，黑色为选区外部，灰色为羽化的选区。将选区以图像的形式进行表现，更方便我们进行形态的编辑。

（1）创建新的空白 Alpha 通道

单击“创建新通道”按钮，可以新建一个 Alpha 通道（图 1-3-312），此时的 Alpha 通道为纯黑色，没有任何选区。

接下来可以在 Alpha 通道中填充渐变、绘图等操作（图 1-3-313）。单击该 Alpha 通道，并单击面板底部的“将通道作为选区载入”按钮（图 1-3-314），得到选区（图 1-3-315）。要重命名 Alpha 通道或专色通道，可在“通道”面板中双击该通道的名称，激活输入框，输入新名称即可。默认的颜色通道的名称是不能进行重命名的。

图 1-3-312 创建新通道

图 1-3-313 Alpha 通道设置

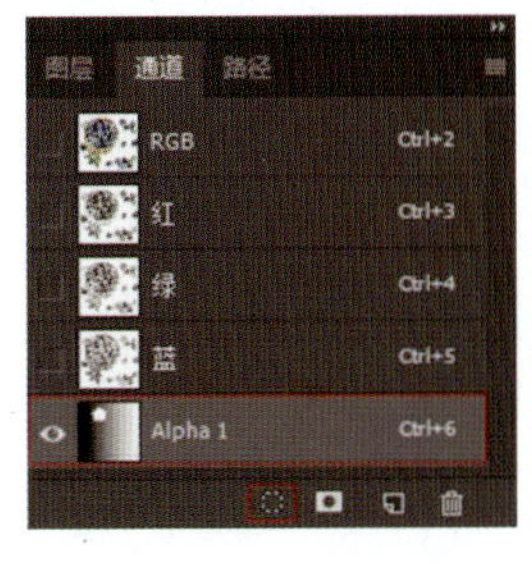

图 1-3-314 将通道作为选区载入

图 1-3-315 得到选区

（2）复制颜色通道得到 Alpha 通道

在图像编辑的过程中，经常需要制作一些选区，以限定图像编辑的区域。而有的选区非常复杂，几乎无法直接创建。但是我们知道，通道内容与选区是可以相互转换的。那么就可以尝试在“通道”面板中，通过对通道内容的黑白关系进行调整，来获取可以制作出合适选区的黑白图像，这就是通道抠图的基本思路。

对原有的颜色通道进行复制也可以得到新的 Alpha 通道。选择通道，单击鼠标右键，然后在弹出的菜单中选择“复制通道”命令（图 1-3-316），即可得到一个相同内容的 Alpha 通道（图 1-3-317）。接下来可以在这个 Alpha 通道中进行各种编辑，可将通道转换为选区，并进行抠图，或者图像编辑等操作。

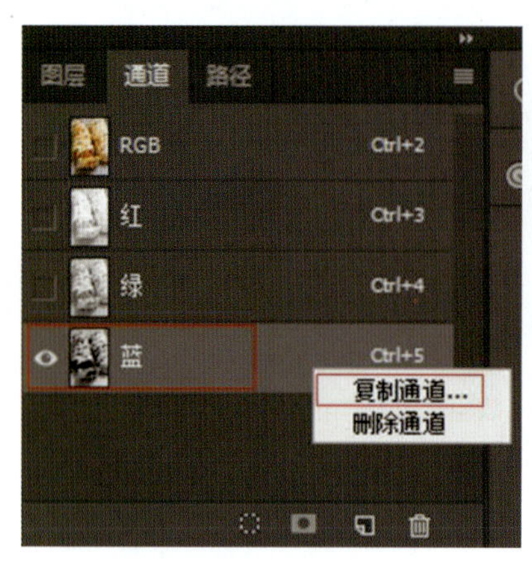

图 1-3-316　复制通道

图 1-3-317　拷贝通道

（3）以当前选区创建 Alpha 通道

以当前选区创建 Alpha 通道相当于将选区暂存在通道中，需要使用的时候可以随时调用。而且将选区创建 Alpha 通道后，选区变为了可见的灰度图像，对灰度图像进行编辑即可实现对选区形态编辑的目的。

当图像中包含选区时（图 1-3-318），单击“通道”面板底部的“将选区储存为通道”按钮（图 1-3-319），即可得到一个 Alpha 通道，其中选区内的部分填充为白色，选区外的部分填充为黑色（图 1-3-320）。

图 1-3-318　原图选取

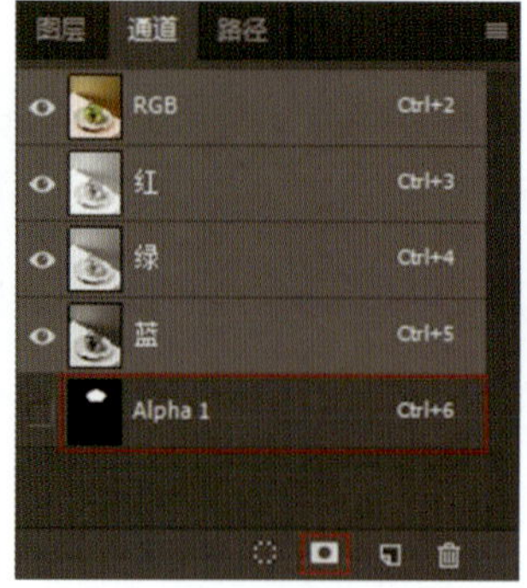

图 1-3-319　将选区储存为通道

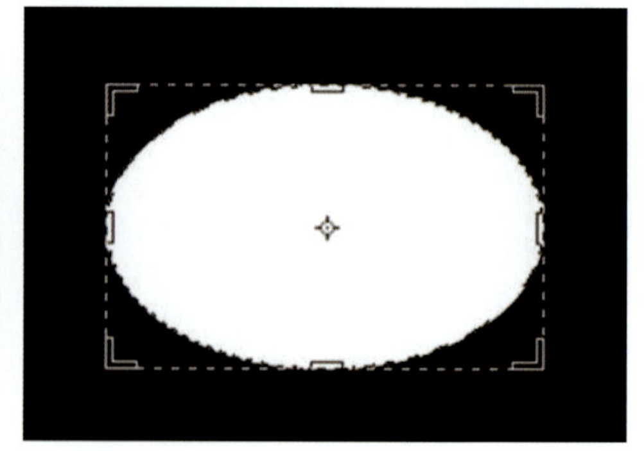

图 1-3-320　选区填充

取消选区后，可以对 Alpha 通道的内容进行绘制编辑（图 1-3-321）。选择这个 Alpha 通道，单击底部的“将通道作为选区载入”按钮（图 1-3-322），此时可以得到编辑后的选区，如图 1-3-323 所示。

图 1-3-321 Alpha 通道编辑

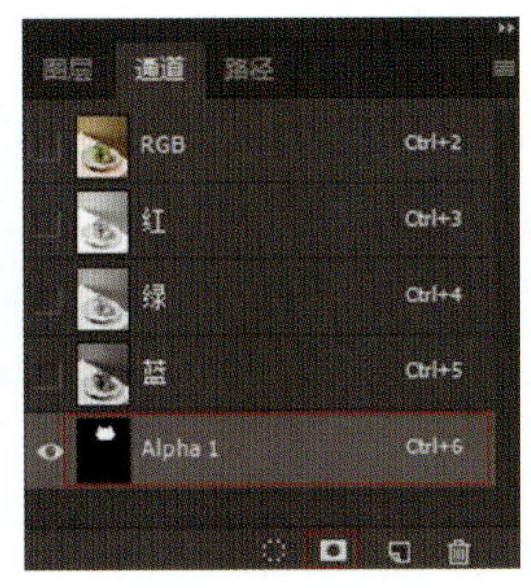

图 1-3-322 将通道作为选区载入

图 1-3-323 编辑后的选区

（4）应用图像

图层之间可以通过图层的混合模式来进行混合，通道之间可以通过“应用图像”窗口进行混合。打开一张图片（图 1-3-324），执行“图像”/“应用图像”命令，打开“应用图像”窗口（图 1-3-325）。

图 1-3-324 原图

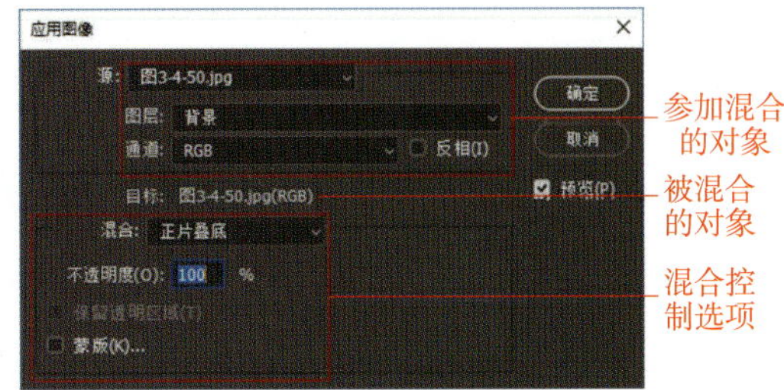

图 1-3-325 应用图像窗口

源 用来设置参与混合的文件，默认为当前文件，也可以选择使用其他文件来与当前图像进行混合，但是该文件必须是打开的，并且与当前文件具有相同尺寸和分辨率。

图层 用来选择一个图层进行混合，当文件中有多个图层，并且需要将所有图层进行混合时可以选择“合并图层”。

通道 用来设置源文件中参与混合的通道。

反相 可将通道反相后再进行混合。

混合 在下拉列表中包含多种混合模式。

不透明度 控制混合的强度，数值越高混合强度越大。

保留透明度区域 当勾选该选项后将混合效果限定在图层的不透明区域内。

蒙版 当勾选“蒙版”后会显示隐藏的选项，然后选择保护蒙版的图像和图层。

进行参数设置，将“源”设置为本文档，单击“通道”按钮，在下拉列表中选择“红通道”，然后设置“混合”为“滤色”，为了让混合效果不那么强烈，可以适当地降低“不透明度”（图 1-3-326）。设置完成后单击“确定”按钮，效果如图 1-3-327 所示。

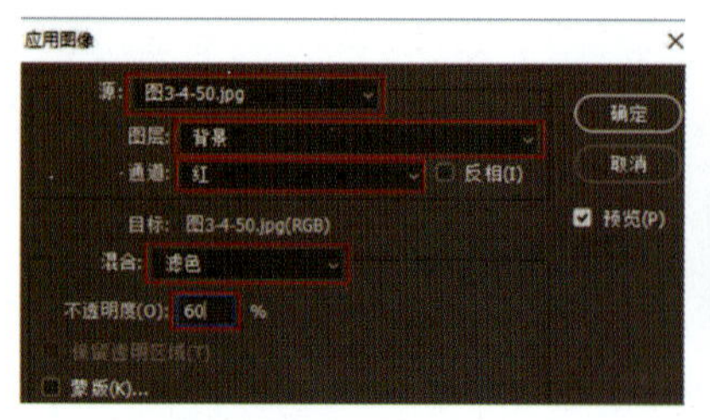

图 1-3-326　参数设置

图 1-3-327　应用图像设置效果

3.5　蒙版与合成

“蒙版”原本是摄影术语，是指用于控制照片不同区域曝光的传统暗房技术。Photoshop 中共有四种蒙版：剪贴蒙版、图层蒙版、矢量蒙版和快速蒙版。这四种蒙版的原理与操作方式各不相同，本节主要学习在园林景观效果图中常用的剪贴蒙版、图层蒙版、矢量蒙版。

3.5.1　什么是“蒙版”

Photoshop 中的蒙版主要用于画面的修饰与合成。什么是“合成”呢？“合成”这个词的含义是由部分组成整体。如一张景观效果图就是由很多原本不在一张图像上的内容，通过一系列的手段进行组合拼接，呈现出一张新的图像（图 1-3-328）。

图 1-3-328　合成的景观效果图

在“合成”的过程中，经常需要将图片的某些部分隐藏，以显示出特定内容。直接擦掉或者删除多余的部分是一种“破坏性”的操作，被删除的像素无法复原。而借助蒙版功能则能够轻松地隐藏或恢复显示部分区域。

Photoshop 中共有四种蒙版：剪贴蒙版、图层蒙版、矢量蒙版和快速蒙版。这四种蒙版的原理与操作方式各不相同，下面简单了解一下各种蒙版的特性。

剪贴蒙版　以下层图层的“形状”控制上层图层显示的“内容”。常用于合成中为某个图层赋予另外一个图层中的内容。

图层蒙版　通过“黑白”来控制图层内容的显示和隐藏。图层蒙版是经常使用的功能，

常用于合成中图像某部分区域的隐藏。

矢量蒙版　以路径的形态控制图层内容的显示和隐藏。路径以内的部分被显示，路径以外的部分被隐藏。由于以矢量路径进行控制，所以可以实现蒙版的无损缩放。

快速蒙版　以“绘图”的方式创建各种随意的选区。

3.5.2　剪贴蒙版

剪贴蒙版需要至少两个图层才能够使用。其原理是通过使用处于下方图层的形状，限制上方图层的显示内容。也就是说“基底图层”的形状决定了形状，而“内容图层”则控制显示的图案。如图 1-3-329 和图 1-3-330 所示为一个剪贴蒙版组。

图 1-3-329　剪贴蒙版效果

图 1-3-330　剪贴蒙版组

在剪贴蒙版组中，基底图层只能有一个，而内容图层则可以有多个。如果对基底图层的位置或大小进行调整，则会影响剪贴蒙版组的形态（图 1-3-331）。而对内容图层进行增减或者编辑，则只会影响显示内容。如果内容图层小于基底图层，那么露出来的部分则显示为基底图层（图 1-3-332、图 1-3-333）。

图 1-3-331　基底图层调整

图 1-3-332　基底图层编辑

图 1-3-333　基底图层编辑

剪贴蒙版常用于为图层内容表面添加特殊图案，以及调色中只对某个图层应用调整图层（图 1-3-334、图 1-3-335）。

（1）创建剪贴蒙版

创建剪贴蒙版必须有两个或两个以上的图层，一个作为基底图层，其他的图层可作为内容图层。打开一个包含多个图层的文档（图 1-3-336），接着在上方的用作“内容图层”

图 1-3-334　剪贴蒙版使用 1

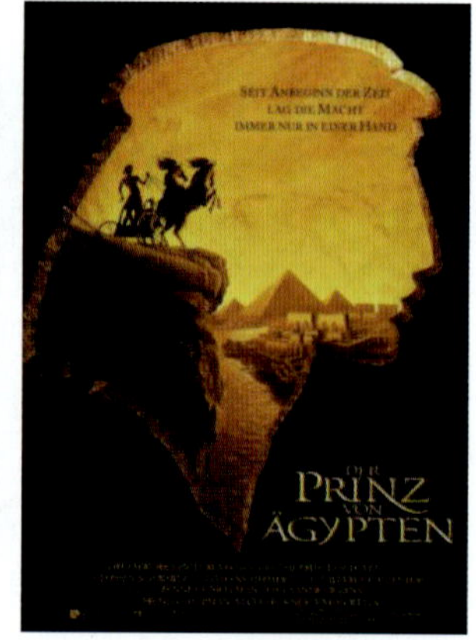

图 1-3-335　剪贴蒙版使用 2

图 1-3-336　多图层文档

单击右键创建剪贴蒙版

图 1-3-337　创建剪贴蒙版

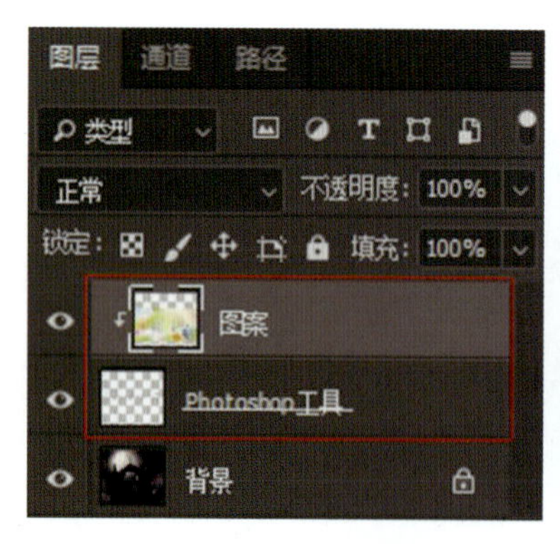

图 1-3-338　剪贴蒙版

图 1-3-339　剪贴蒙版效果

的图层上单击鼠标右键，执行“创建剪贴蒙版”命令（图 1-3-337）。

内容图层前方出现了向下蒙版符号，表明此时已经为下方的图层创建了剪贴蒙版（图 1-3-338）。此时内容图层只显示了下方文字图层中的部分（图 1-3-339）。

如果有多个内容图层，可以将这些内容图层全部放在基底图层的上方，然后在图层面板中选中，单击鼠标右键执行“创建剪贴蒙版”命令，如图 1-3-340 所示。拉长文字图层，多个内容图层的层次更加明显，效果如图 1-3-341 所示。

图 1-3-340　创建多图层剪贴蒙版

图 1-3-341　多图层剪贴蒙版效果

如果想要使剪贴蒙版组上出现图层样式，那么需要为“基底图层”添加图层样式（图 1-3-342、图 1-3-343），否则附着于内容图层的图层样式可能无法显示。

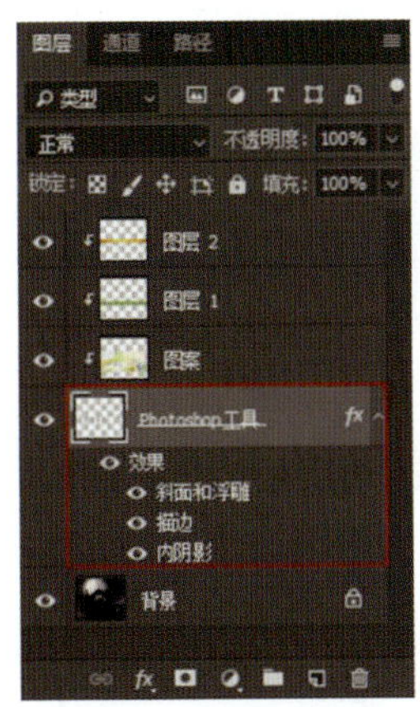

图 1-3-342　添加图层样式

图 1-3-343　图层样式效果

当对内容图层的“不透明度”和“混合模式”进行调整时，只有与基底图层混合效果发生变化，不会影响到剪贴蒙版中的其他图层（图 1-3-344）。当对基底图层的“不透明度”和“混合模式”进行调整时，整个剪贴蒙版中的所有图层都会以设置不透明度数值以及混合模式进行混合（图 1-3-345）。

图 1-3-344　设置图层样式

图 1-3-345　图层样式调整效果

（2）释放剪贴蒙版

如果要去除剪贴蒙版，可以在剪贴蒙版组中最底部的内容图层上单击鼠标右键，然后在弹出的菜单中选择“释放剪贴蒙版”命令（图 1-3-346），即可释放整个剪贴蒙版组，如图 1-3-347 所示。如果在包含多个内容图层时，想要释放某一个内容图层，可以在图层面板中拖曳该内容图层到基底图层的下方（图 1-3-348），就相当于释放剪贴蒙版操作（图 1-3-349）。

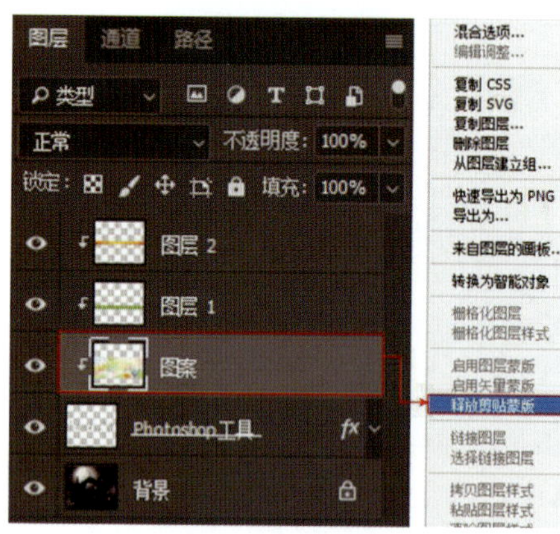

图 1-3-346　释放剪贴蒙版对话框

图 1-3-347　释放剪贴蒙版

图 1-3-348　图层位置调整

图 1-3-349　释放剪贴蒙版效果

3.5.3 图层蒙版

“图层蒙版”是设计制图中常用的一项工具。该功能常用于隐藏图层的局部内容，对画面局部修饰或者制作合成作品。这种隐藏而非删除的编辑方式是一种非常方便的非破坏性编辑方式。如图 1-3-350、图 1-3-351 所示为使用图层蒙版制作的作品。

与“剪贴蒙版”的原理不同，图层蒙版只应用于一个图层上。为某个图层添加“图层蒙版”后，可以通过在图层蒙版中绘制黑色或者白色来控制图层的显示与隐藏。在图层蒙版中显示黑色的部分，其图层中的内容会变为透明，灰色部分变为半透明，白色则是完全不透明（图 1-3-352）。

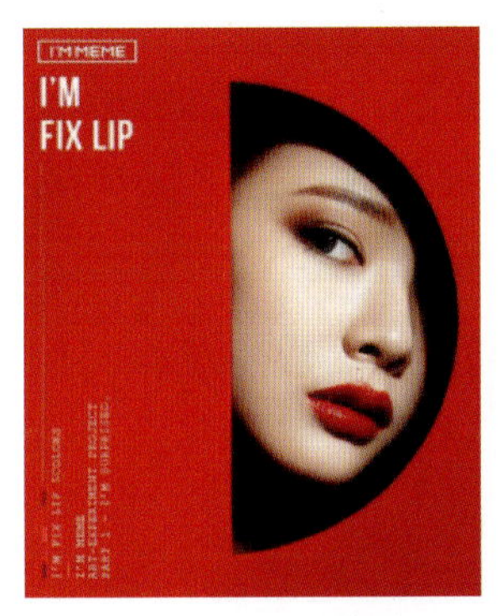

图 1-3-350　图层蒙版应用 1

图 1-3-351　图层蒙版应用 2

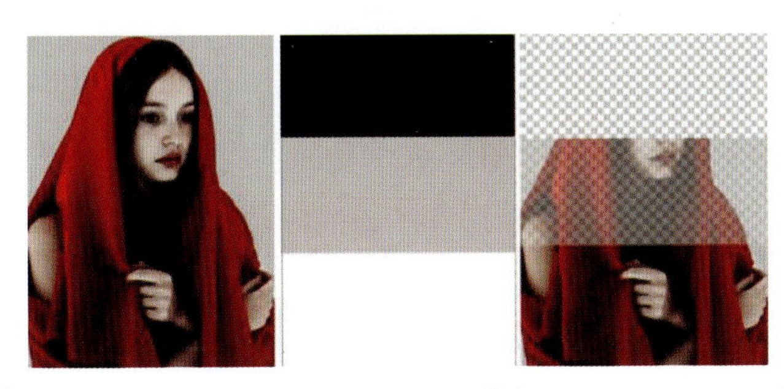

图 1-3-352　图层蒙版

（1）创建图层蒙版

创建图层蒙版有两种方式，在没有任何选区的情况下可以创建出空的蒙版，画面中的内容不会被隐藏。而在包含选区的情况下创建图层蒙版，选区内部的部分为显示状态，选区以外的部分会隐藏。

①直接创建图层蒙版　选择一个图层，单击图层面板底部的“创建图层蒙版”按钮即可为该图层添加图层蒙版（图 1-3-353）。该图层的缩览图右侧会出现一个图层蒙版缩览图的图标（图 1-3-354）。每个图层只能有一个图层蒙版，如果已有图层蒙版，再次单击该按钮创建出的是矢量蒙版。图层组、文字图层、3D 图层、智能对象等特殊图层都可以创建图层蒙版。

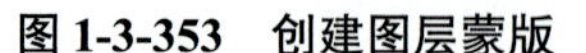

图 1-3-353　创建图层蒙版　　**图 1-3-354　图层蒙版创建完成**

单击图层蒙版缩览图，使用画笔工具在蒙版中进行涂抹。在蒙版中只能使用灰度颜色进行绘制。蒙版中被绘制了黑色的部分，图像会隐藏（图 1-3-355）。蒙版中被绘制了白色的部分，图像相应的部分会显示（图 1-3-356）。图层蒙版中绘制了灰色的区域，图像相应的位置会以半透明的方式显示（图 1-3-357）。

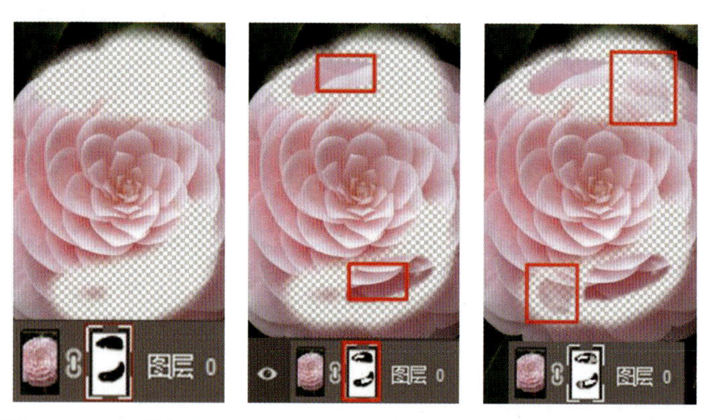

图 1-3-355　黑色绘制 图 1-3-356　白色绘制 图 1-3-357　灰色绘制

还可以使用“渐变工具”或“油漆桶工具”对图层蒙版进行填充。单击图层蒙版缩览图，使用“渐变工具”在蒙版中填充从黑到白的渐变，白色部分显示，黑色部分隐藏。灰度的部分为半透明的过渡效果（图 1-3-358）。使用“油漆桶工具”，在选项栏中设置填充类型为“图案”，然后选中一个图案，在图层蒙版中进行填充，图案内容会转换为灰度（图 1-3-359）。

②基于选区添加图层蒙版　如果当前画面中包含选区，单击选中需要添加图层蒙版的图层，单击图层面板底部的“添加图层蒙版”按钮，选区以内的部分显示，选区以外的图像将被图层蒙版隐藏（图 1-3-360、图 1-3-361）。

（2）编辑图层蒙版

对于已有的图层蒙版，可以暂时停用蒙版、删除蒙版、取消蒙版与图层之间的链接使图层、蒙版可以分别调整，还可以对蒙版进行复制或转移。图层蒙版的很多操作对于矢量蒙版同样适用。

①停用图层蒙版　在图层蒙版缩览图上单击鼠标右键，执行“停用图层蒙版”命令，即可停用图层蒙版，使蒙版效果隐藏，原图层内容全部显示出来（图 1-3-362、图 1-3-363）。

图 1-3-358 渐变工具填充

图 1-3-359 图案填充

图 1-3-360 基于选区添加图层蒙版

图 1-3-361 选区蒙版效果

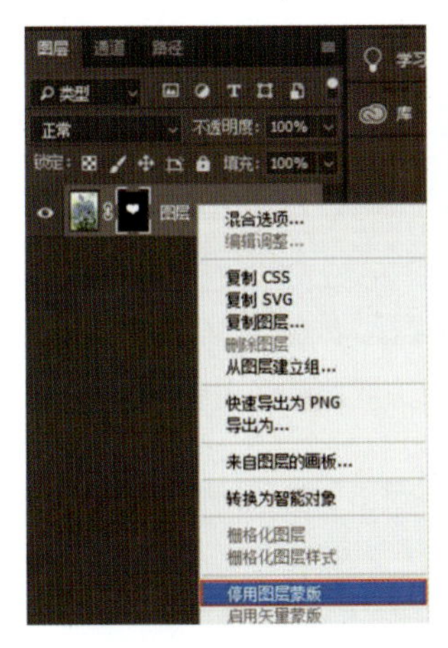

图 1-3-362 停用图层蒙版

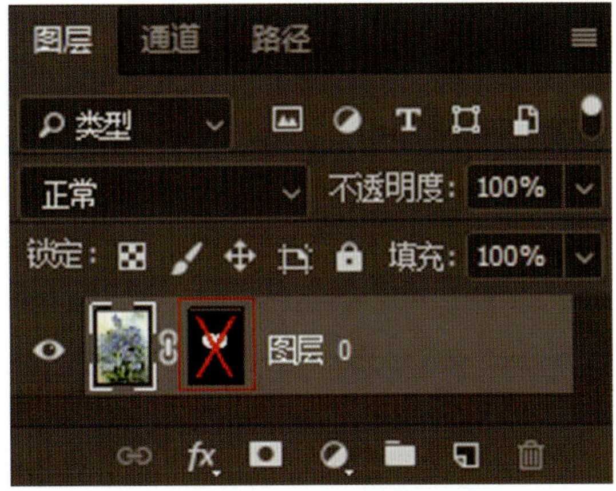

图 1-3-363 停用图层蒙版效果

按住 Shift 键单击该蒙版，即可快速将该蒙版停用。如果想启用蒙版，再按住 Shift 键单击该蒙版，即可快速启用蒙版。

②启用图层蒙版 在停用图层蒙版以后，如果要重新启用图层蒙版，可以在蒙版缩略图上单击鼠标右键，然后选择“启用图层蒙版”命令（图 1-3-364）。

③删除图层蒙版 如果要删除图层蒙版，可以在蒙版缩略图上单击鼠标右键，然后在弹出的菜单中选择“删除图层蒙版”命令（图 1-3-365）。

④链接图层蒙版 默认情况下，图层与图层蒙版之间带有一个黑色链接图标，此时移动变换原图层，蒙版也会发生变化。如果想在变换图层或蒙版时互不影响，可以单击链接上的图标取消链接。如果要恢复链接，可以在取消链接的地方单击鼠标左键（图 1-3-366、图 1-3-367）。

⑤应用图层蒙版 可以将蒙版效果应用于原图层，并且删除图层蒙版。图像中对应蒙版中的黑色区域删除，白色区域保留下来，而灰色区域将呈半透明效果。在图层蒙版缩略图上单击鼠标右键，选择“应用图层蒙版”命令即可完成操作（图 1-3-368、图 1-3-369）。

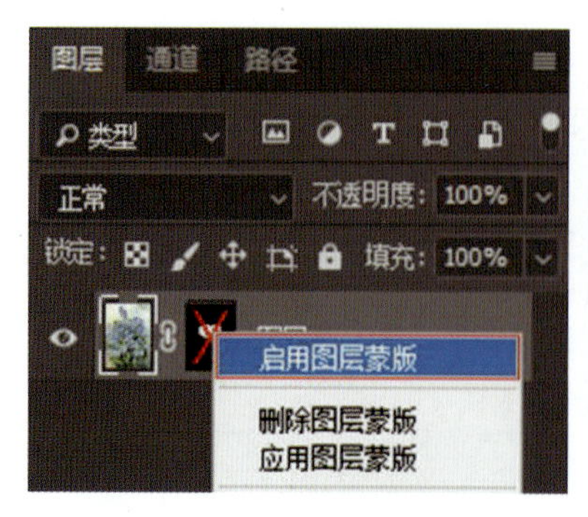

图 1-3-364　启用图层蒙版

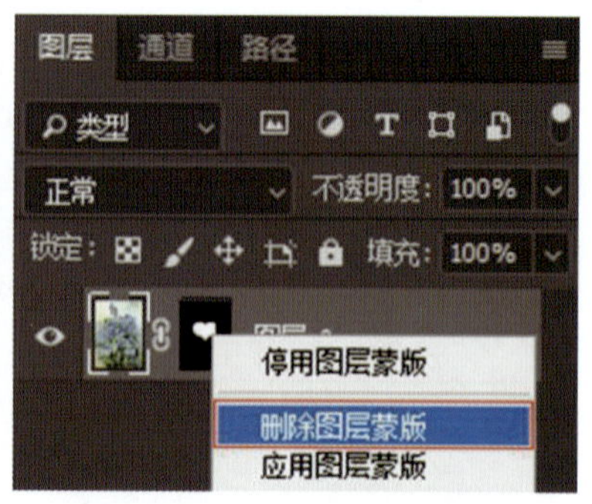

图 1-3-365　删除图层蒙版

图 1-3-366　链接图标

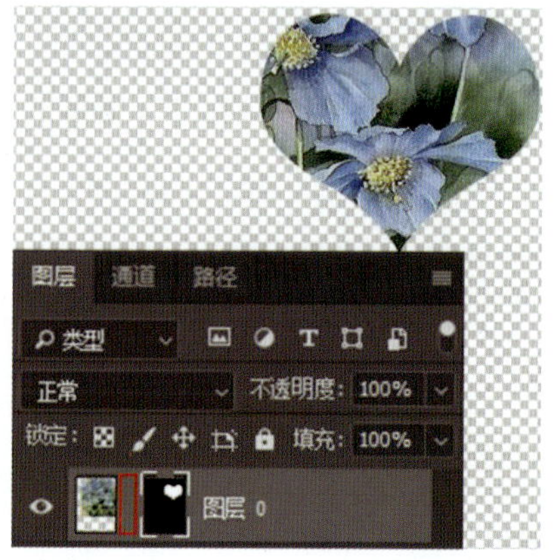

图 1-3-367　取消链接图层蒙版

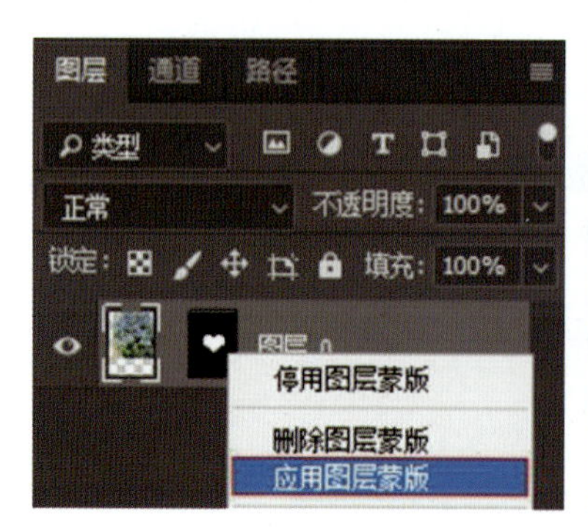

图 1-3-368　应用图层蒙版

图 1-3-369　应用图层蒙版效果

⑥转移图层蒙版　“图层蒙版”是可以在图层之间转移的。在要转移的图层蒙版缩略图上按住鼠标左键并将其拖曳到其他图层上（图 1-3-370）。松开鼠标后即可将该图层的蒙版转移到其他图层上（图 1-3-371）。

⑦替换图层蒙版　如果将一个图层蒙版移动到另外一个带有图层蒙版的图层上，则可以替换该图层的图层蒙版（图 1-3-372 至图 1-3-374）。

⑧复制图层蒙版　如果要将一个图层的蒙版复制到另外一个图层上，可以在按住 Alt 键的同时，将图层蒙版拖曳到目标图层上（图 1-3-375、图 1-3-376）。

图 1-3-370　转移图层蒙版

图 1-3-371　转移图层蒙版效果

图 1-3-372　替换图层蒙版

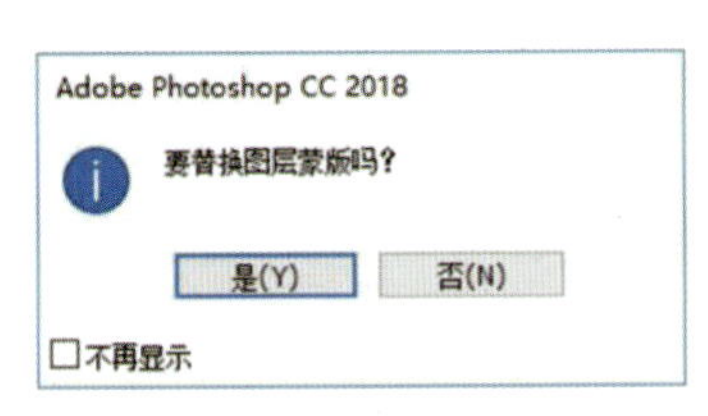

图 1-3-373　替换图层蒙版命令

图 1-3-374　替换图层蒙版效果

图 1-3-375　复制图层蒙版

⑨载入蒙版的选区　蒙版可以转换为选区。在按住 Ctrl 键的同时单击图层蒙版缩览图，蒙版中白色的部分为选区以内，黑色的部分为选区以外，灰色的部分为羽化的选区。

⑩图层蒙版与选区相加减　图层蒙版与选区可以相互转换，已有的图层蒙版可以被当作选区，与其他选区进行选区运算。如果当前图像中存在选区，在图层蒙版缩略图上单击鼠标右键，可以看到三个关于蒙版与选区运算的命令（图 1-3-377），执行其中某一项命令，即可以添加图层蒙版到选区，与现有选区进行交叉，如图 1-3-378 所示。

图 1-3-376　复制图层蒙版效果

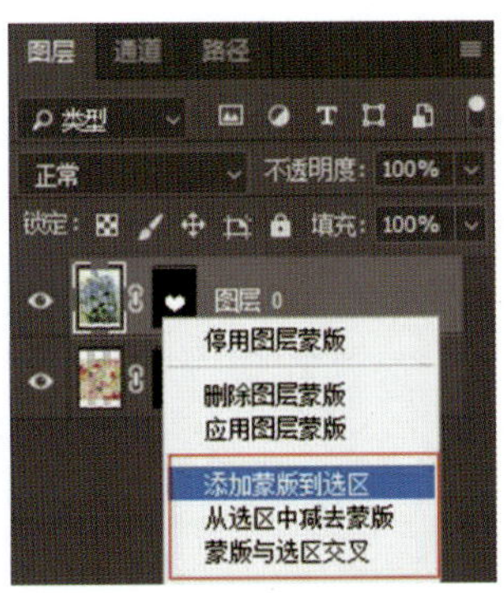

图 1-3-377　蒙版与选区命令

图 1-3-378　添加图层蒙版到选区

3.5.4 矢量蒙版

矢量蒙版与图层蒙版较为相似，都是依附于某一个图层或图层组，差别在于矢量蒙版是通过路径形状控制图像的显示区域。显示路径范围以内的区域，隐藏路径范围以外的区域。矢量蒙版可以说是一款矢量工具，可以使用钢笔或形状工具在蒙版上绘制路径，来控制图像显示或隐藏，还可以方便地调整形态，从而制作出精确的蒙版区域。

由于是使用路径控制图层的显示与隐藏，因此，在默认情况下，带有矢量蒙版的图层边缘处均为锐利的边缘。如果想要得到柔和的边缘，可以选中矢量蒙版，在“属性”面板中设置“羽化数值”。

（1）创建矢量蒙版

①以当前路径创建矢量蒙版　在画面中绘制一个路径（路径是否闭合均可），如图 1-3-379 所示。然后执行“图层”/“矢量蒙版”/“当前路径”菜单命令，即可基于当前路径为图层创建一个矢量蒙版。显示路径范围以内的部分，隐藏路径范围以外的部分（图 1-3-380）。

②创建新的矢量蒙版　按住 Ctrl 键，单击“图层”面板底部的蒙版按钮，可以为图层添加一个新的矢量蒙版（图 1-3-381）。当图层已有图层蒙版时，再次单击图层面板底部的蒙版按钮，则可以为该图层创建出一个矢量蒙版。第一个蒙版缩览图为图层蒙版，第二个蒙版缩览图为矢量蒙版（图 1-3-382）。

矢量蒙版与图层蒙版非常相似，都可以进行断开链接、停用、启用、转移复制蒙版、删除蒙版等操作，这些操作在“编辑图层蒙版”中已有介绍。

创建矢量蒙版以后，单击矢量蒙版缩览图，即可使用钢笔工具或形状工具在矢量蒙版中绘制路径（图 1-3-383）。针对矢量蒙版的编辑主要是对矢量蒙版中路径的编辑，除了可以使用钢笔、形状工具在矢量蒙版中绘制形状以外，还可以通过调整路径锚点的位置改变矢量蒙版的外形，或者通过变换路径调整其角度、大小等。

图 1-3-379　创建矢量蒙版

图 1-3-380　矢量蒙版效果

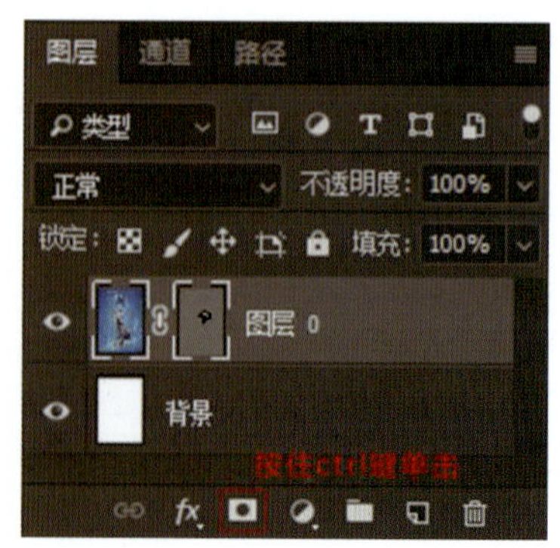

图 1-3-381　创建新的矢量蒙版

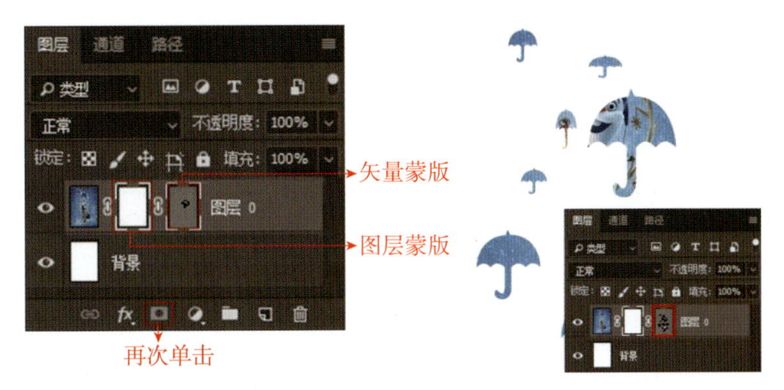

图 1-3-382　为图层蒙版创建矢量蒙版　　图 1-3-383　为矢量蒙版创建路径

（2）栅格化矢量蒙版

栅格化对于矢量蒙版而言，就是将矢量蒙版转换为图层蒙版，是一个从矢量对象栅格化为像素的过程。在“矢量蒙版”缩略图上单击鼠标右键，选择“栅格化矢量蒙版”命令（图 1-3-384），矢量蒙版即变成图层蒙版（图 1-3-385）。

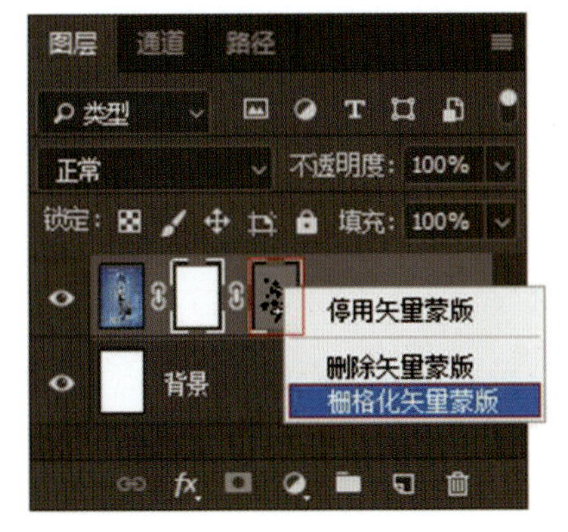

图 1-3-384　栅格化矢量蒙版

图 1-3-385　栅格化矢量蒙版效果

核心技能

项目1　绘制园林平面效果图素材

◇学习目标

【知识目标】

（1）掌握园林平面效果图素材的制作方法；

（2）掌握园林平面效果图素材的使用；

（3）熟练掌握 Photoshop 工具和命令的使用。

【技能目标】

（1）能制作各类园林平面效果图素材；

（2）能熟练使用 Photoshop 工具和命令。

任务1.1　绘制植物

◇任务目标

通过本次任务的学习，使学生能熟练掌握园林平面效果图植物素材处理的基本流程和方法，学习如何修改植物素材，实现变通，一个素材多个用途。

◇任务描述

本次任务学习使用 Photoshop 绘制园林彩色平面效果图中的乔木素材、灌木素材、花卉素材和草坪素材，以及制作相应的素材集，并学习如何运用制作好的素材。要求所制作的效果图的植物配置符合园林植物造景设计要求。

◇任务分析

针对本次任务，对彩色平面效果图进行植物配置的添加，将下载的乔木、灌木、花卉、草坪等植物素材导入 Photoshop 中对素材进行修改并添加阴影等特效。园林彩色平面图的效果风格种类不同，如果想更加贴合图纸所想表达的设计风格，就需要绘制不同风格的园林彩色平面图植物素材。

◇任务实施

绘制植物操作视频

1. 绘制乔木

（1）选择“色彩范围”命令处理（图 2-1-1）

①在 Photoshop 中打开素材文件“树例图片 _01”。

②选择“选择”/“色彩范围”命令。使用“吸管工具”选择白色区域，将“颜色容差”调至 50（这样可以避免遗留白边），单击“确定”。

③将图片导入 Photoshop 后，原始图层是无法编辑状态，单击图层右侧的“锁”图标，解锁图层，将图层改变为可编辑状态。然后按 Delete 键删除选中的白色区域。

④使用快捷键 Ctrl+D 键取消选区，将图片另存为 PNG 图片文件“树例图片 _01”。这样就完成了一个 PNG 格式的图例素材，可直接运用到彩色平面图的绘制中。

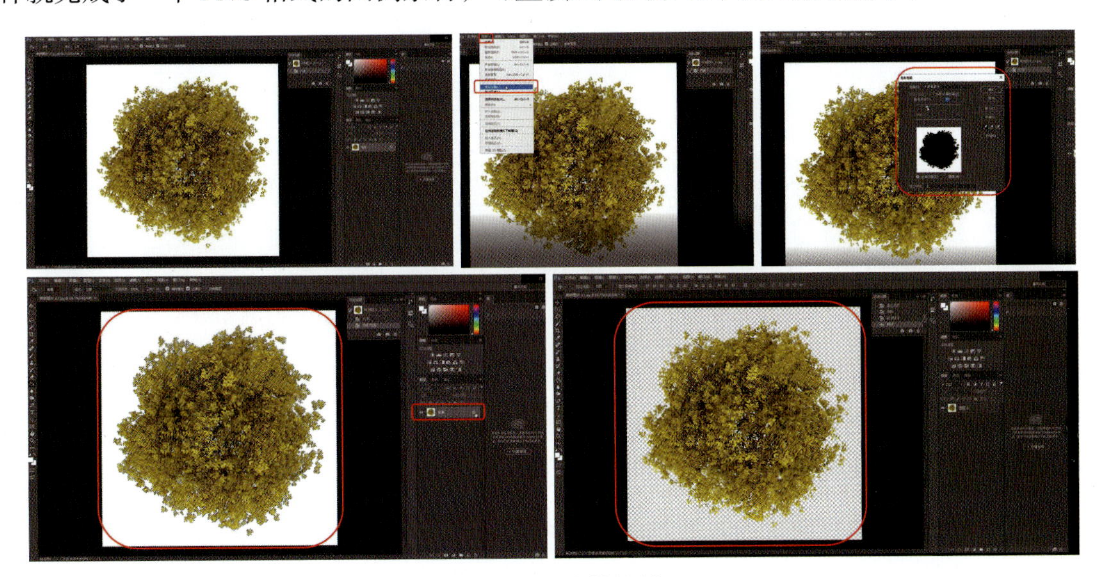

图 2-1-1　乔木的绘制 1

（2）选择“魔棒工具”处理（图 2-1-2）

①在 Photoshop 中打开素材文件“树例图片 _02”。

②选择“魔棒工具”，设置“容差”为 50，选取白色区域，鼠标移至选区内单击鼠标右键，选择“选取相似”，白色区域被选中。

③按 Delete 键删除白色区域，另存为 PNG 图片文件“树例图片 _02”。

（3）制作乔木素材集（图 2-1-3）

①用以上两种方法将“树例图片”03-07 同样处理为 PNG 图片文件。

②新建文件（快捷键 Ctrl+N），命名为“乔木素材集”，大小自定义，分辨率设定为 300 dpi。

③将处理好的素材导入 PSD 文件排列好，形成乔木素材集。

④保存文件为 PSD 格式。

图 2-1-2　乔木的绘制 2

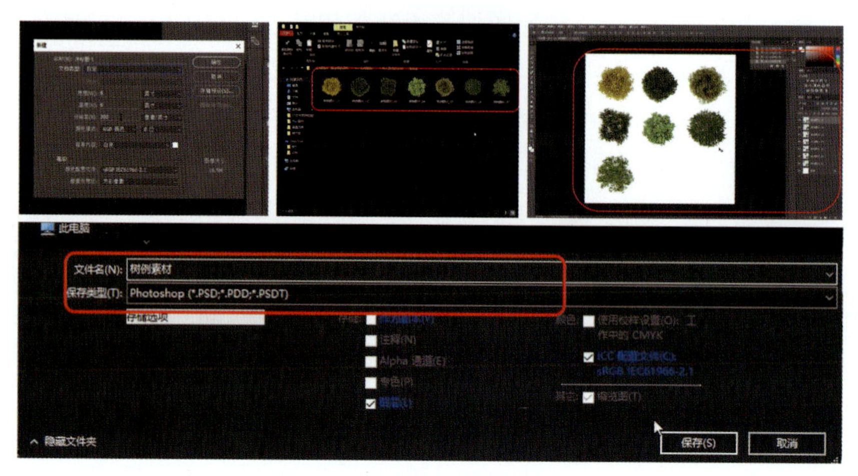

图 2-1-3　制作乔木素材集

（4）使用素材（图 2-1-4）

①打开保存的“乔木素材集”文件，在图层面板选择“树例图片 _07”，双击图标，打开图层对应素材的透明底文件。

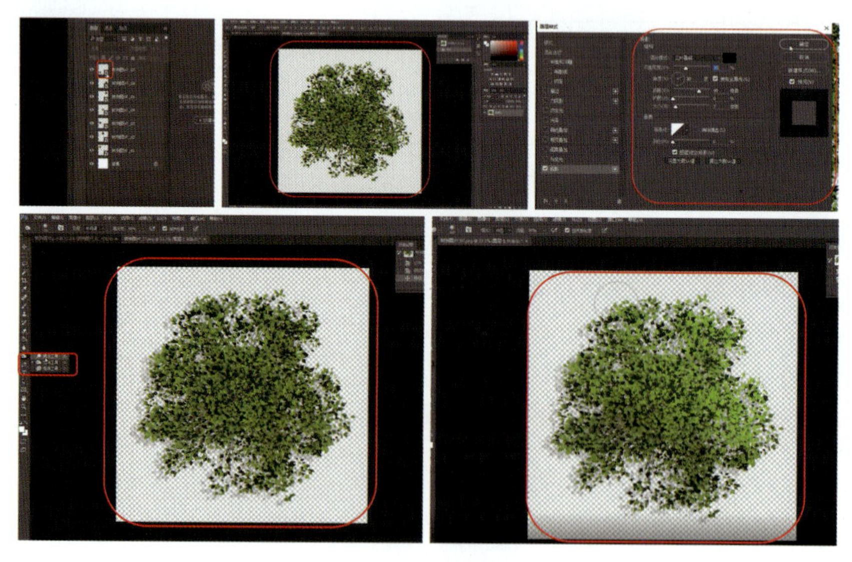

图 2-1-4　使用素材

②选择“图层”/“图层样式”/“投影”，角度、距离根据彩色平面图的具体情况设置。

③使用“加深”/“减淡工具”调整素材的明暗度，使其更加真实。经过处理的素材可以直接使用于彩色平面图的绘制中。

2. 绘制灌木

（1）修改素材图片（图2-1-5）

①在Photoshop中打开素材文件“灌木_01”。选择“选择”/“色彩范围”命令或使用“魔棒工具”选择白色区域并删除白色区域，只保留灌木图例部分，具体操作同“绘制乔木”。

②制作完成后将其另存为PNG图片文件“灌木_01”。

③新建文件（快捷键Ctrl+N），命名为“灌木素材集”，大小自定义，分辨率设定为300 dpi。将保存的PNG图片文件“灌木_01”导入其中，形成灌木素材文件。

 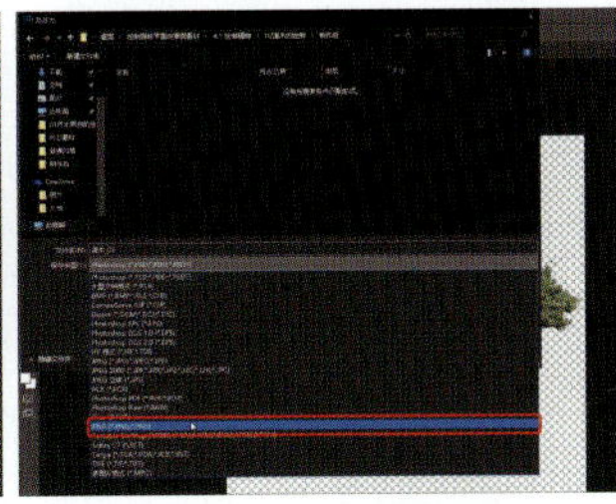 

图2-1-5　修改素材图片

（2）乔木素材拼接绘制

①导入之前制作的PNG图片文件“树例图片_02”，使用“移动工具”按住Alt键复制移动形成一个“L”形灌木带，合并复制形成的图层。

②使用“仿制图章工具”对边缘进行修改，使得连接处更加协调和自然（图2-1-6）。

图2-1-6　乔木素材拼接绘制1

③重复练习。导入“树例图片 _01”，使用“移动工具”按住 Alt 键复制移动形成一个矩形灌木带，使用“仿制图章工具”对边缘进行处理。

④为了防止素材组合利用时乔灌木素材的色调冲突，可选择“色相 / 饱和度”命令（快捷键 Ctrl+Shift+U），调整素材的颜色，形成色彩的对比。

⑤选择“图层”/“图层样式”/“投影”，使素材形成立体感。

⑥使用“加深”/“减淡工具”调整素材的明暗度（数据参数根据实际彩色平面图光影角度进行设置），如图 2-1-7 所示。

⑦反复练习，形成素材文件，如图 2-1-8 所示。

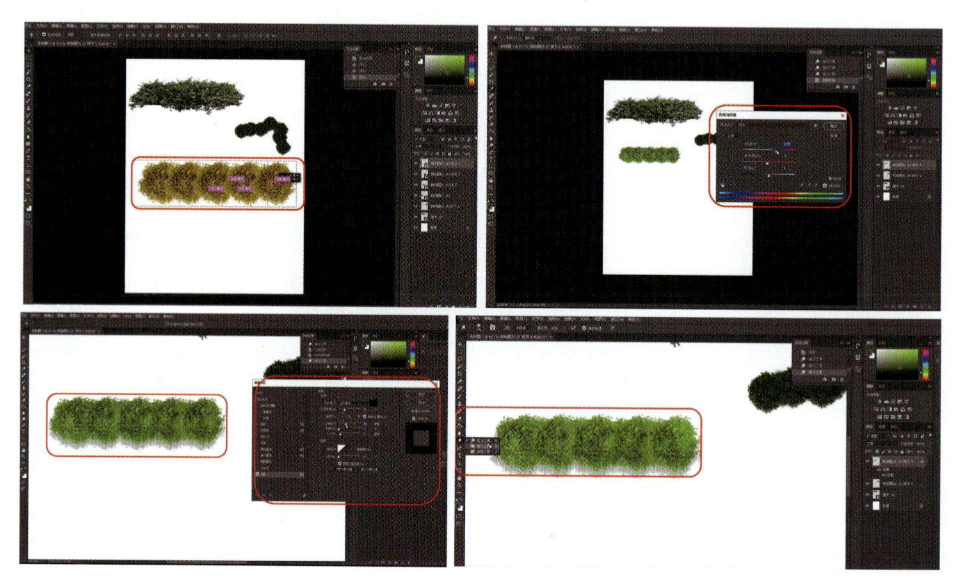

图 2-1-7　乔木素材拼接绘制 2

图 2-1-8　乔木素材拼接绘制 3

3. 绘制花卉

（1）修改花卉素材（图 2-1-9）

①在 Photoshop 中分别打开素材文件“花卉 _01”“花卉 _02”，选择“选择”/“色彩范围”命令或“魔棒工具”去除白色区域，具体操作与前文案例一致，另存为 PNG 图片文件

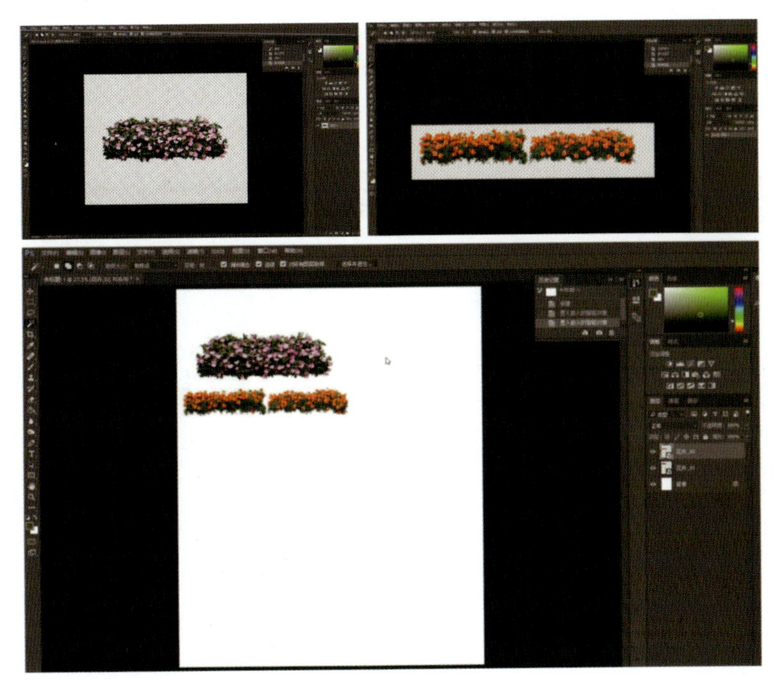

图 2-1-9　修改花卉素材

“花卉 _01”“花卉 _02”。

②同前，形成花卉素材文件。

（2）修改灌木素材（图 2-1-10）

①导入灌木素材 PSD 文件的其中一个素材。

②使用“选择”/“色彩范围”命令，选中灌木素材其中任一色域。

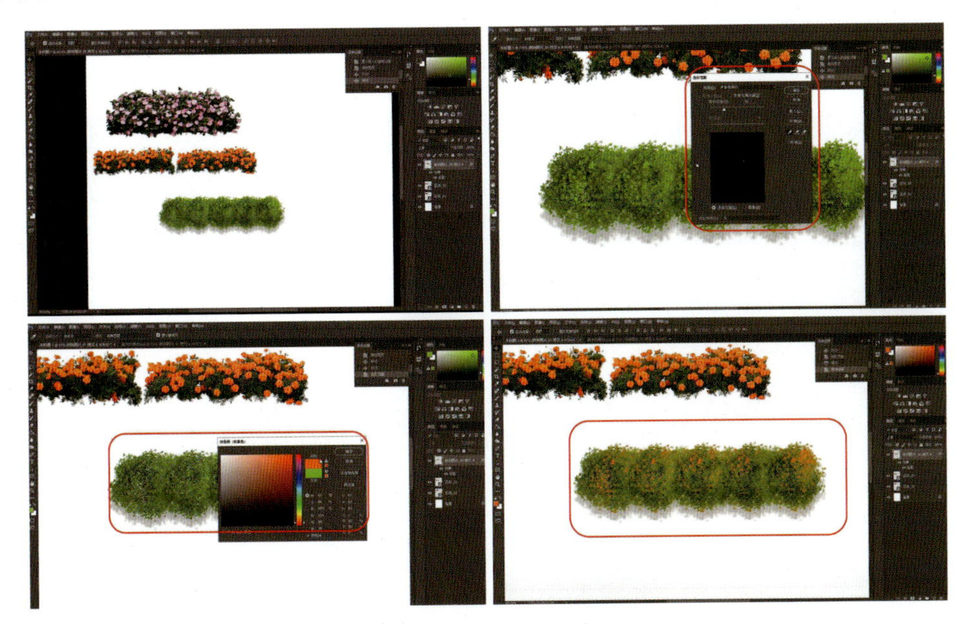

图 2-1-10　修改灌木素材

③将前景色设置为一个花色，按快捷键 Alt+Delete 进行前景色颜色填充，使其形成花卉的效果。

④反复练习操作，如图 2-1-11 所示。

图 2-1-11　反复练习

注：该方法适用于较大场景彩色平面图花卉绘制。

4. 绘制草坪

（1）图例素材的整理（图 2-1-12）

①在 Photoshop 中打开素材文件“草地 _02”。

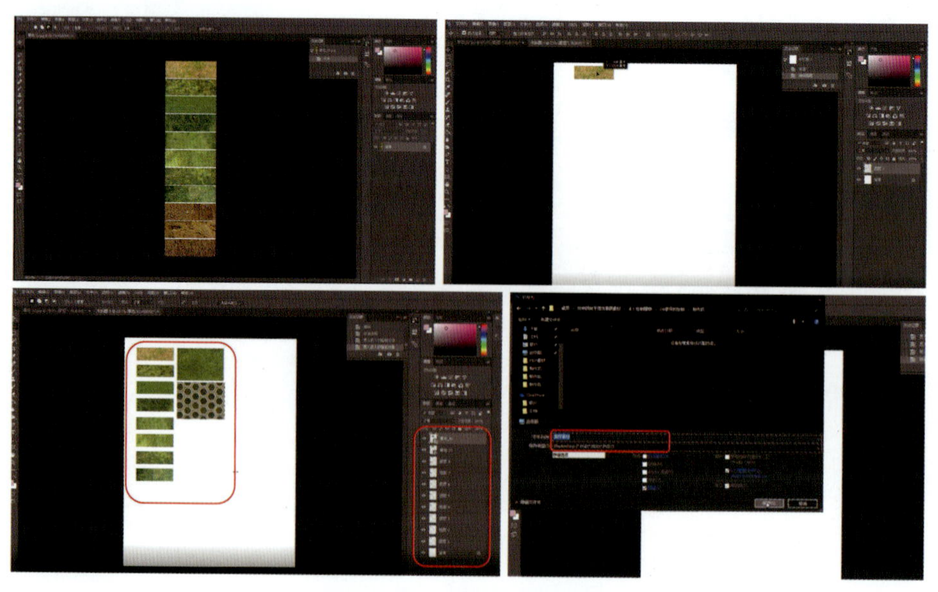

图 2-1-12　图例素材的整理

②新建文件（快捷键 Ctrl+N），命名为“草坪素材集”，大小自定义，分辨率设定为 300 dpi。将草坪图片素材使用“选区工具”和“剪裁工具”分布导入新建的 PSD 文件。

③将草坪素材图片中的贴图分步剪裁导入新建的 PSD 文件，形成草坪贴图的素材文件。

（2）使用草坪素材

①打开“草坪素材集”，选择其中一个图层，按住 Ctrl 键单击图层图标选择该图层像素。选择“编辑”/“定义图案”命令，将其定义为预设图案（图 2-1-13）。

图 2-1-13　使用草坪素材 1

②新建文件（快捷键 Ctrl+N），大小自定义，分辨率设定为 300 dpi。将背景图层转换为普通图层，选择“图层”/“图层样式”/“图案叠加”，选择之前定义的图案，视情况调整比例大小。

③使用“污点修复画笔工具”，对图案叠加的衔接处进行修改擦拭，使其衔接更加协调（图 2-1-14、图 2-1-15）。

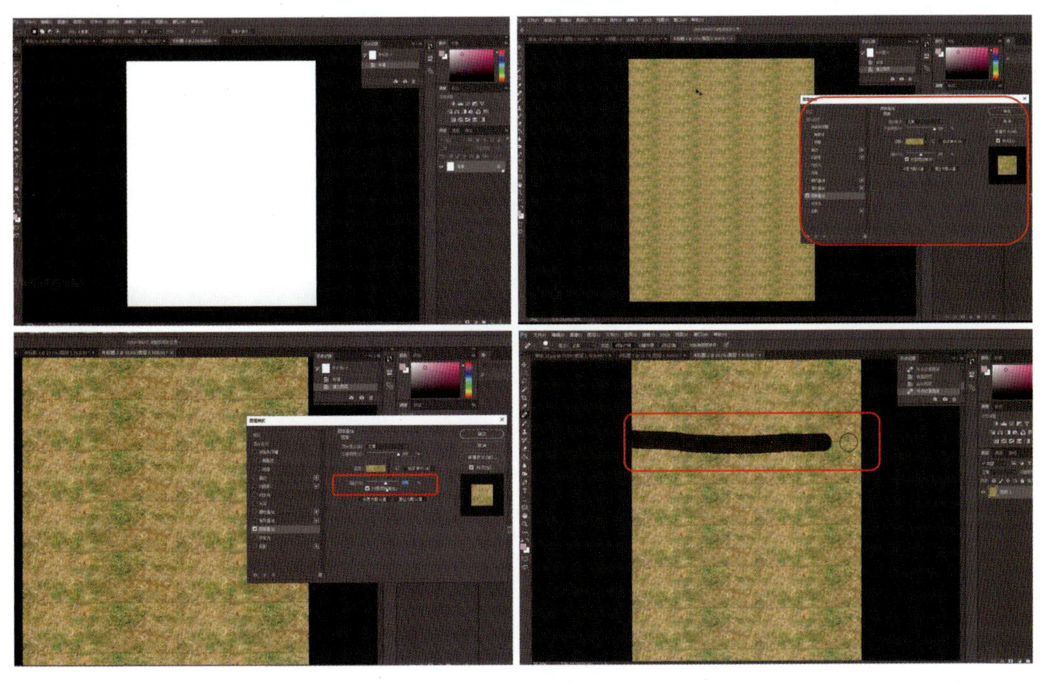

图 2-1-14　使用草坪素材 2

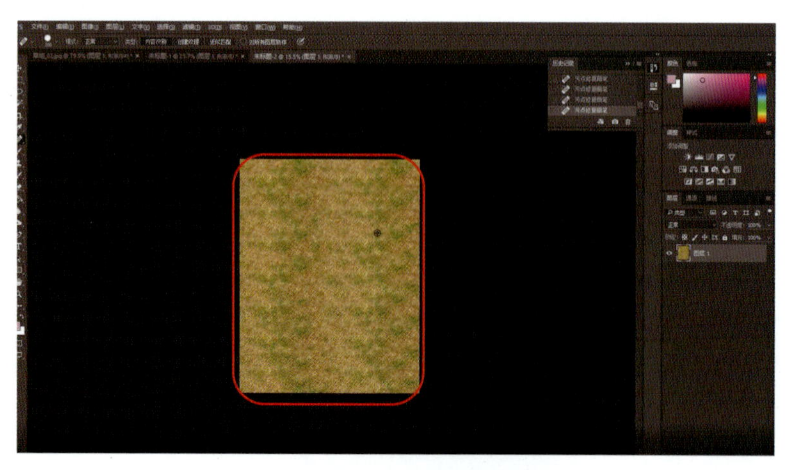

图 2-1-15　使用草坪素材 3

◇巩固训练

1. 绘制乔木素材集

要求将图 2-1-16 中的乔木素材绘制成素材集，分图层放置素材，将图层转换为智能编辑对象，便于后期分别处理和使用。

2. 绘制灌木及花卉素材集

绘制要求灵活利用本任务中的方法，将图 2-1-17 中的灌木及花卉素材绘制成素材集。分图层放置素材，将图层转换为智能编辑对象，便于后期分别处理和使用。

图 2-1-16　乔木素材练习　　　图 2-1-17　灌木及花卉素材练习

3. 绘制草坪地被素材集

要求通过本任务的方法将图 2-1-18 中的草坪地被素材绘制成素材集，并保存为 PSD 文件。分图层放置素材，将图层转换为智能编辑对象，便于后期分别处理和使用。

图 2-1-18　草坪地被素材练习

在应对素材相对匮乏，与彩色平面图风格不一时，可使用 Photoshop 中的“滤镜”/“滤镜库”中的风格预设，进行素材的风格调整，再不断使用“曲线”“色相 / 饱和度”“色阶”“色彩平衡”进行调整，以达到所需效果的呈现。

任务1.2　绘制园林小品

◇任务目标

通过本次任务的学习，使学生能熟练掌握园林平面效果图园林小品素材处理的基本流程和方法，学习如何绘制园林小品素材。

◇任务描述

本次任务学习使用 Photoshop 绘制园林平面效果图中的园林建筑小品素材，制作相应的素材集，并学习如何运用制作好的园林建筑小品素材。要求绘制的建筑小品素材符合建筑的基本形式，能够体现园林建筑小品的特殊性和独特性。

◇任务分析

针对本次任务，将把从 SketchUp 中导出的建筑小品模型平面图，从 AutoCAD 中导出的平面图纸和网络平面素材图片等导入 Photoshop 中，对素材进行修改并添加阴影等特效。

◇任务实施

绘制园林小品操作视频

1. 绘制景亭

（1）修改三维软件导出顶视图绘制法

①通过 SketchUp 软件打开小品模型素材文件“景亭 _01.skp”。

②使用 SketchUp 软件导出平面透视顶视图，命名为“景亭 _01”（图 2-1-19）。

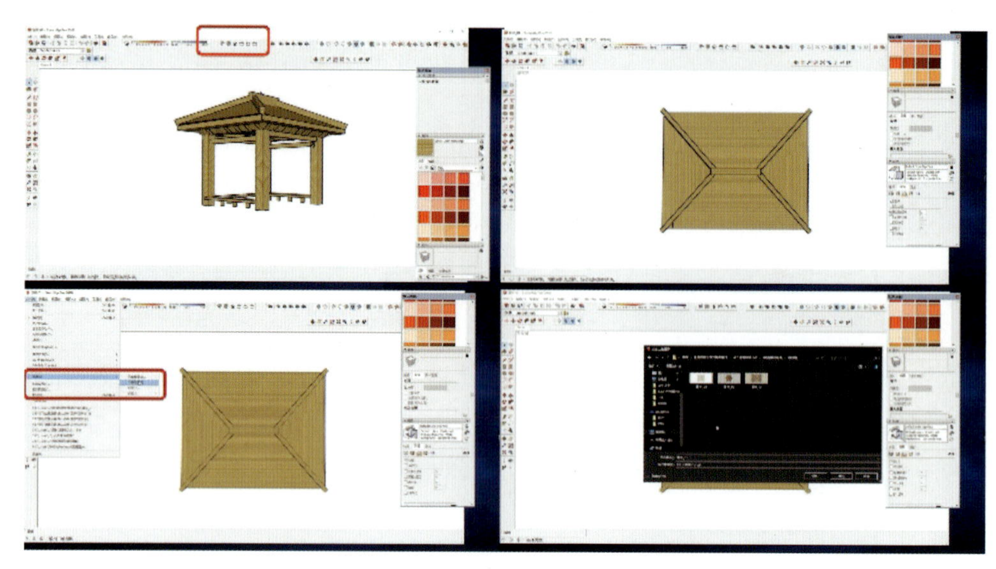

图 2-1-19　SketchUp 软件导出图片

③将导出的顶视图“景亭 _01”导入 Photoshop。

④解锁图层，使用“魔棒工具”选中白色空白区域，使用快捷键 Delete 删除选中的空白区域。形成透明底文件。

⑤使用“裁剪工具”，裁去多余空白区域。

⑥另存为 PNG 图片文件“景亭 _01”（图 2-1-20）。

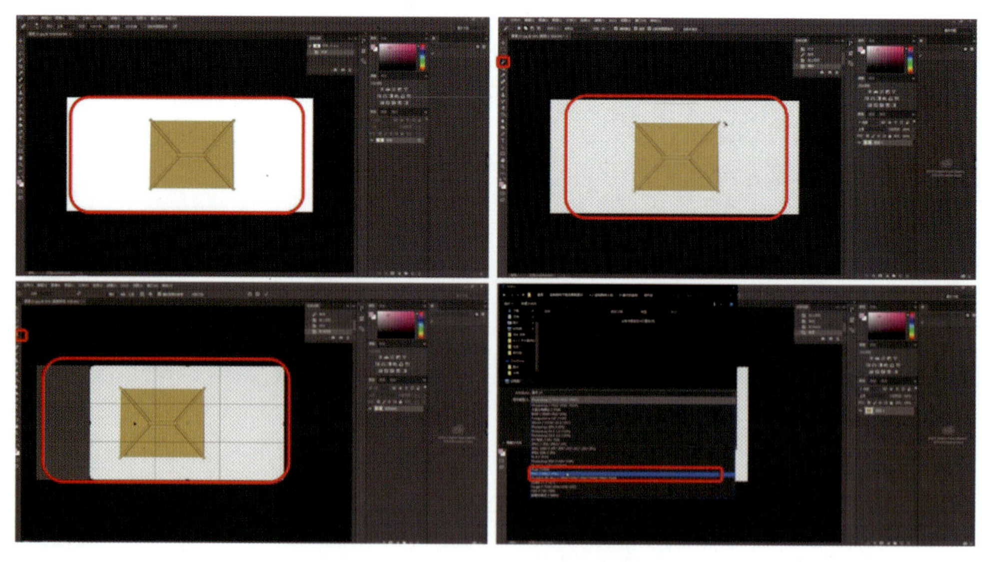

图 2-1-20　SketchUp 软件导出图片

⑦重复练习制作多个素材文件。

⑧新建文件（快捷键 Ctrl+N），大小自定义，分辨率设定为 300 dpi。导入制作完成的 PNG 景亭素材，成为景亭素材文件（图 2-1-21）。

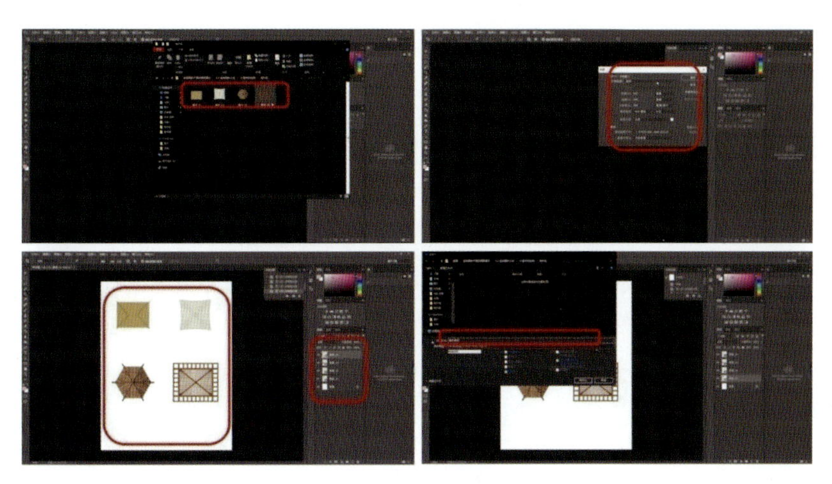

图 2-1-21 重复练习训练

（2）使用素材

①打开制作 PSD 文件，选择其中一个素材。

②双击“景亭 _01”图层的图标打开图层文件。

③给图层添加“特效”/“投影”（大小距离根据实际情况而定）（图 2-1-22）。

图 2-1-22 使用素材 1

④使用“多边形套索工具”分别选取景亭亮面和暗面，使用“加深 / 减淡工具”分别对亮面与暗面进行处理，使其更具立体感（图 2-1-23）。

⑤形成最终效果。

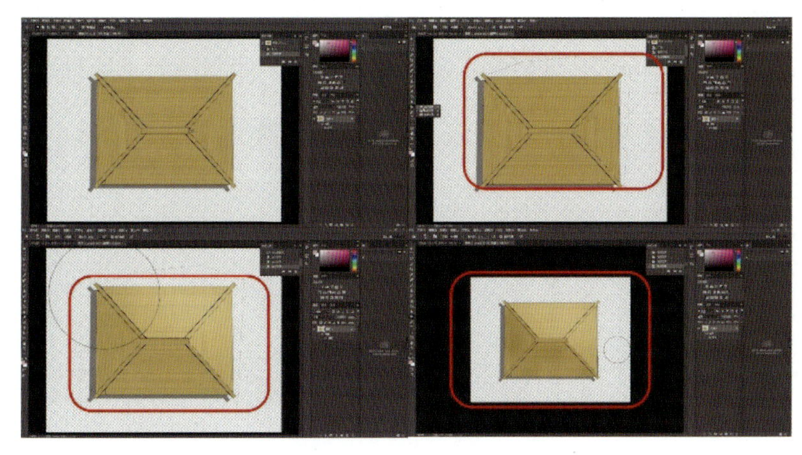

图 2-1-23 使用素材 2

2. 绘制廊架

（1）俯视图绘制法

①将图纸素材文件“廊架 _01”导入 Photoshop。

②使用“裁剪工具”将三视图截取至只保留俯视图线框部分。

③使用“魔棒工具”（“选择”改为“叠加选取”）选取廊架的横梁部分。

④将前景色设置为木制的棕色。使用快捷键 Alt+Delete 填充前景色颜色（图 2-1-24）。

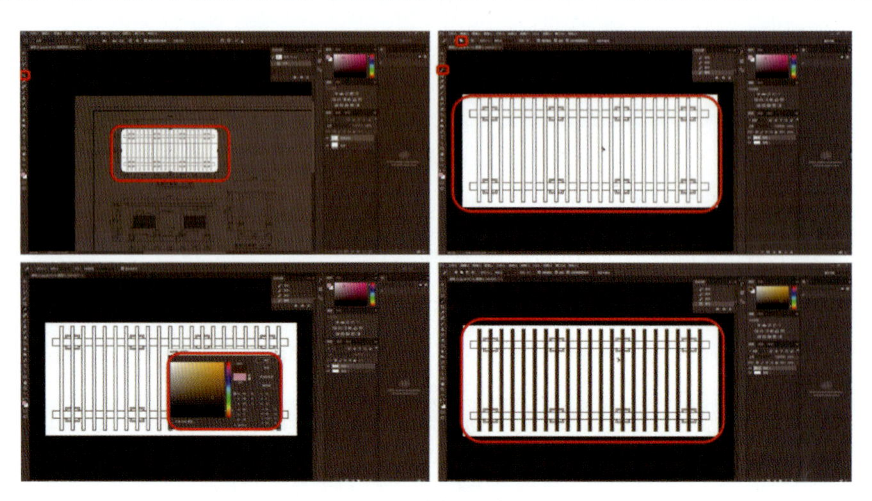

图 2-1-24　俯视图绘制法 1

⑤使用“滤镜”/“杂色”/“添加杂色”命令，给填充的棕色添加杂色，使其更加自然（图 2-1-25）。

⑥使用同样的方法绘制廊架其他构造。

⑦使用“魔棒工具”去除空白区域，形成透明底素材，保存为 PNG 图片文件“廊架 _01”（图 2-1-26）。

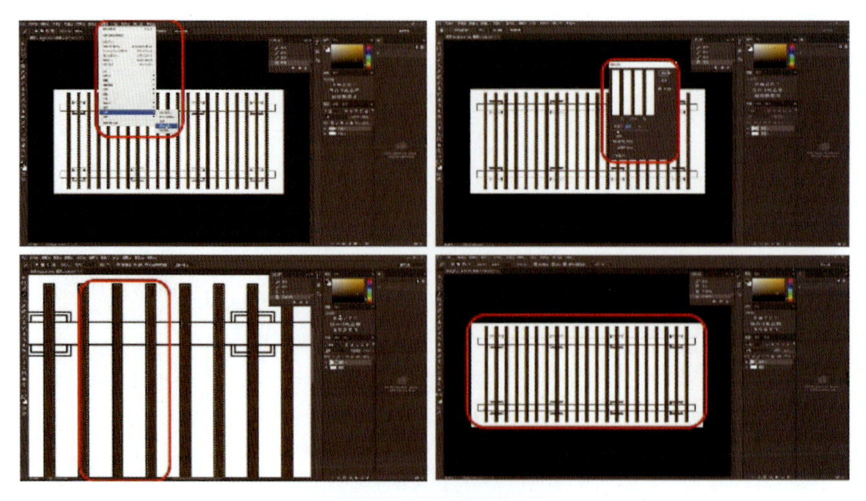

图 2-1-25　俯视图绘制法 2

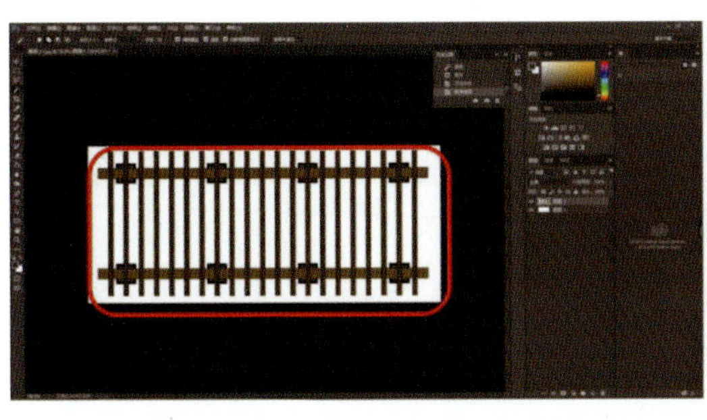

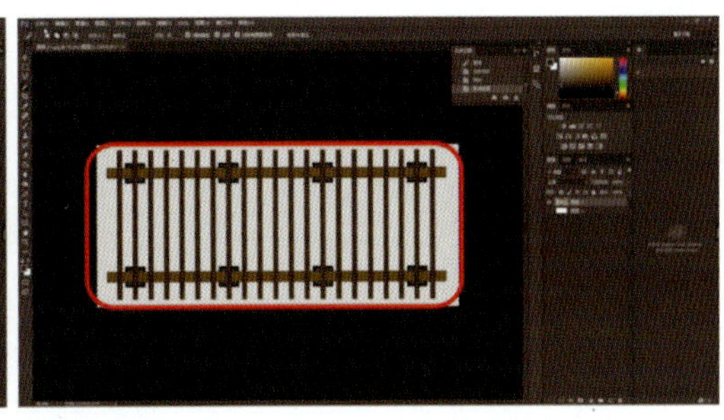

图 2-1-26 俯视图绘制法 3

（2）使用方法（图 2-1-27）

①新建文件（快捷键 Ctrl+N），命名为“廊架 _01”，大小自定义，分辨率设定为 300 dpi。导入制作好的廊架 PNG 图片。

②给图层添加“特效”/“投影”（数据根据实际情况而定）。

③保存 PSD 文件形成廊架素材。

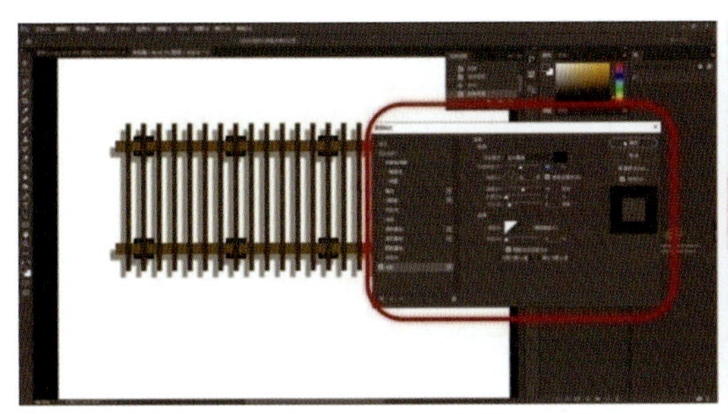

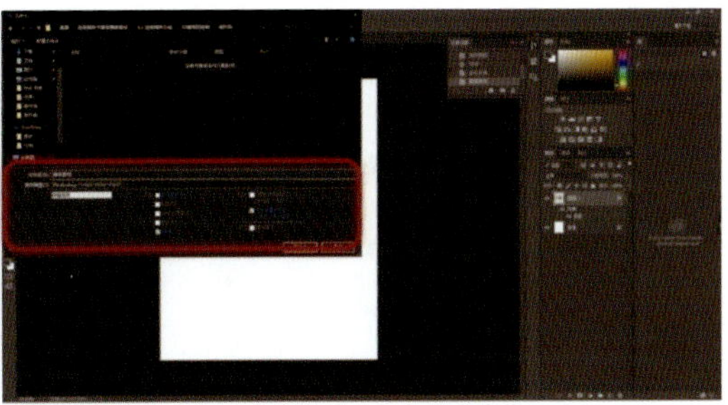

图 2-1-27 使用方法

3. 绘制园凳

（1）实物图片修改绘制法（图 2-1-28）

①导入图片素材“桌椅 _01”至 Photoshop。

②使用“魔棒工具”选取白色空白部分，鼠标移至选区内，右击“选取相似”，选中图中所有的空白区域。

③解锁图层后，使用 Delete 键删除去除选中的空白区域，保存为 PNG 图片文件。

④采用同样方法操作“坐凳 _01”。

⑤新建文件，导入制作完成的 PNG 图片素材，形成素材文件。

（2）使用方法（图 2-1-29）

①打开制作好的素材 PSD 文件，选择一个素材。

②“双击”图层图标打开图层文件，给图层添加“特效”/“投影”（大小距离根据实际情况而定）。

③使用“加深/减淡工具”分别对亮面与暗面进行处理，使其更具立体感。

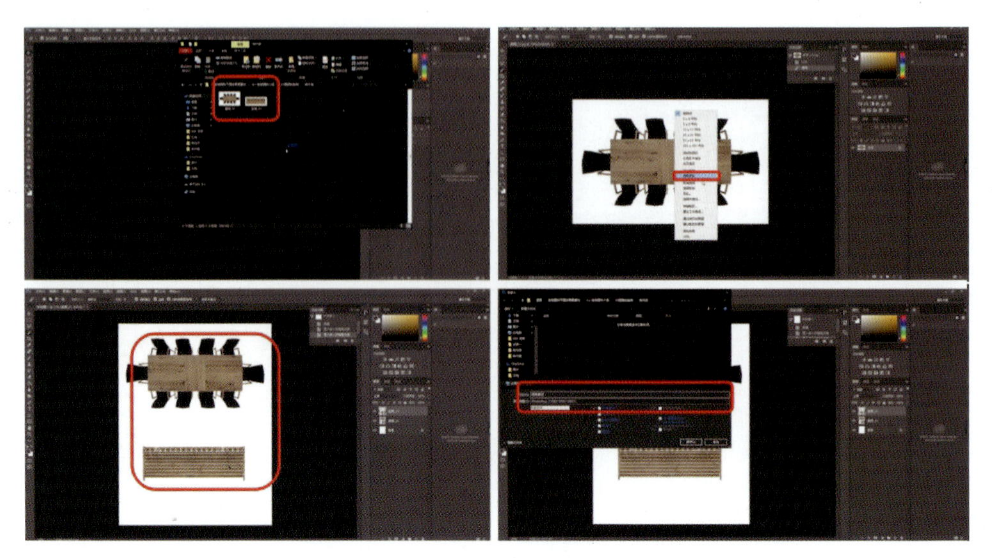

图 2-1-28　实物图片修改绘制法

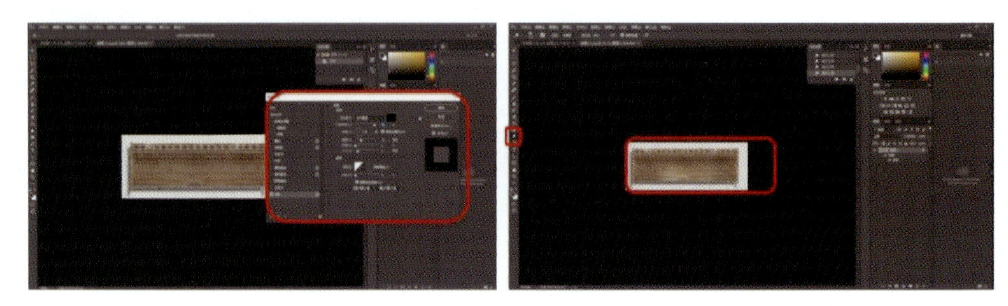

图 2-1-29　使用方法

◇巩固训练

1. 绘制园林小品素材集

要求通过本任务学习的修改三维软件导出顶视图绘制素材法、俯视图绘制法和实物图片修改绘制法，将图 2-1-30至图 2-1-32 中的图片素材绘制成素材集，并保存为 PSD 文件。分图层放置素材，将图层转换为智能编辑对象，便于后期分别处理和使用。

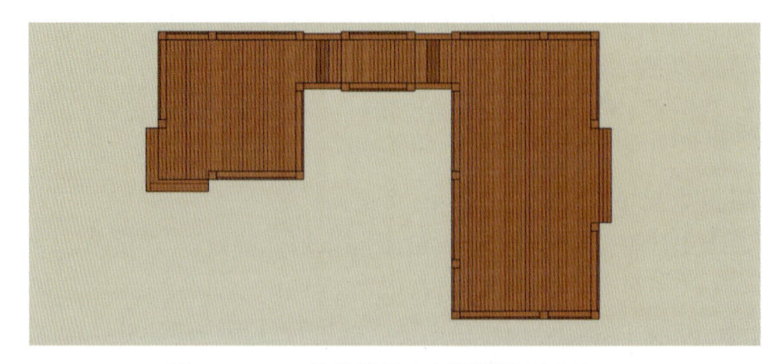

图 2-1-30　三维软件导出顶视图绘制法练习

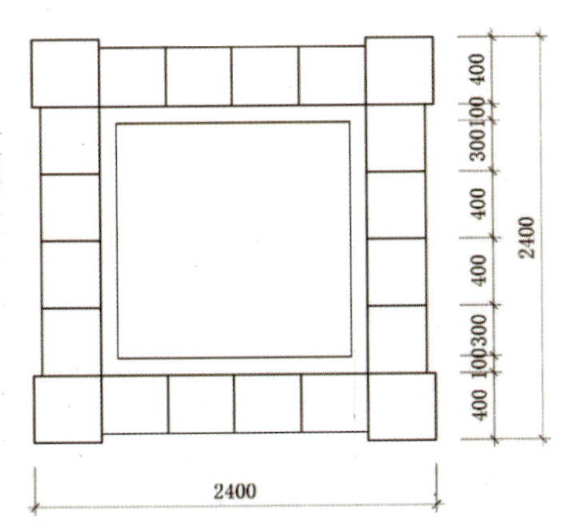

图 2-1-31　俯视图绘制法练习

图 2-1-32　实物图片修改绘制法练习

园林中的园林小品大多具有特色，若想在彩色平面效果图中表现其特色，可以在彩色平面效果图绘制之前，运用“AutoCAD”“3ds Max”“SketchUp”“Rhino”等软件进行园林景观小品的专项绘制并导出小品平面图。不仅可以使其更加符合园林平面效果图的规范，还能表现园林彩色平面效果图中园林小品素材的独特感。

任务1.3　绘制铺装

◇任务目标

通过本次任务的学习，使学生熟练掌握园林平面效果图铺装素材处理的基本流程和方法，学习如何修改绘制铺装素材，实现铺装素材的多样性表现。

◇任务描述

本次任务是使用 Photoshop 绘制园林平面效果图中的铺装素材集，并运用制作好的铺装素材。

◇任务分析

针对本次任务，下载有关园林铺装的素材，将其导入 Photoshop 中并对其进行调整。

◇任务实施

绘制铺装
操作视频

1. 绘制卵石铺装

（1）应用图片素材制作铺装素材（图 2-1-33）

①打开图片素材“卵石铺装素材”至 Photoshop。

②使用“矩形选框工具”选中其中一块铺装素材。

③鼠标移至选区内单击鼠标右键，选择“通过剪切的图层”，建立新图层。

④反复操作，将图片中的素材进行图层拆分，形成素材文件。

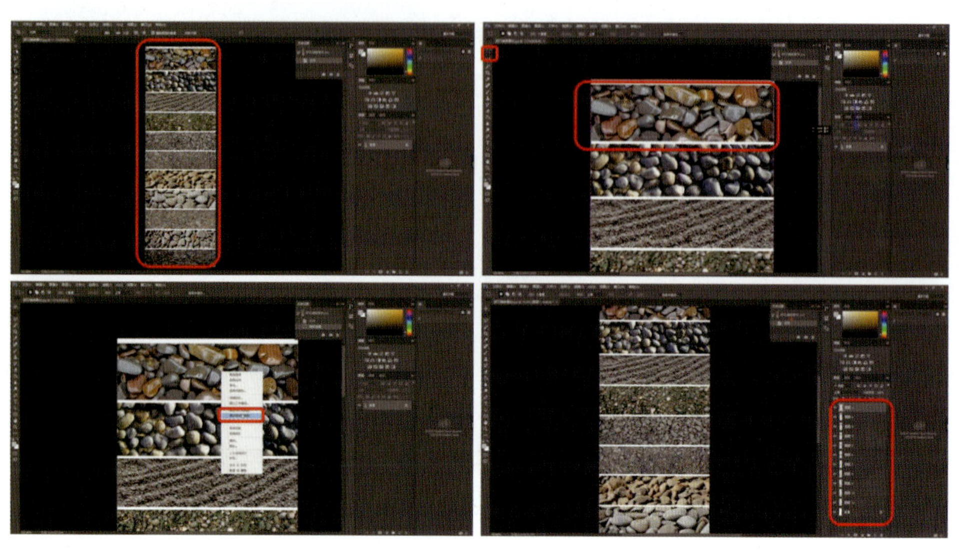

图 2-1-33　应用图片素材修改为铺装素材

（2）应用制作成功的素材

①按住 Ctrl 键，同时点击图层方法选中某个素材图层的像素，选择“编辑”/“定义图案”。

②定义图案名称为“卵石”。

③新建文件（快捷键 Ctrl+N）（长、宽、分辨率自定）。

④解锁图层，给图层添加“样式”/“图案叠加”。

⑤选择“图案样式”/“卵石”图案（缩放比例根据具体情况而定）（图 2-1-34）。

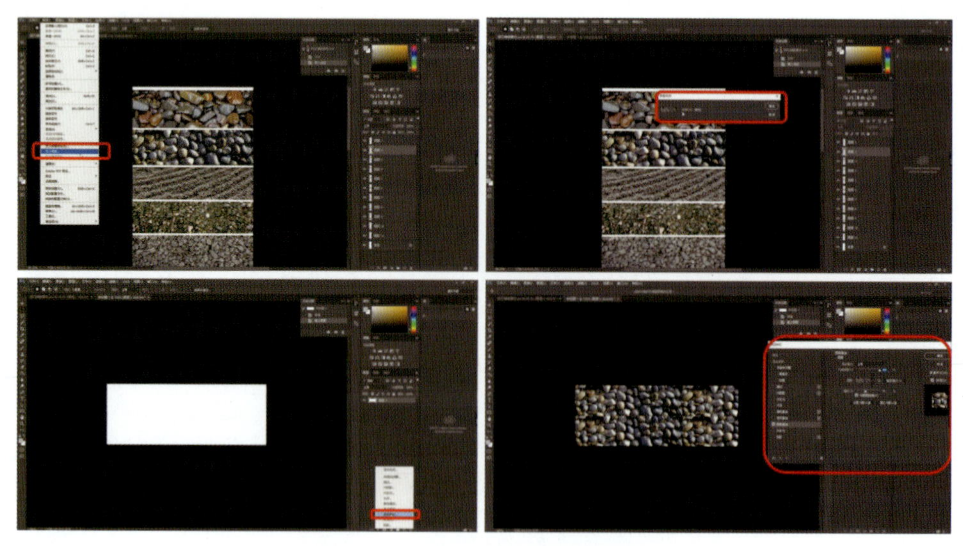

图 2-1-34　应用制作成功的素材 1

⑥新建图层并且与原图层进行合并，将图层样式可编辑化。

⑦使用“污点修复画笔工具”对图案衔接处进行处理，从而完成贴图使用（图 2-1-35）。

图 2-1-35　应用制作成功的素材 2

2. 绘制花岗岩铺装

（1）应用图片素材制作铺装素材（图 2-1-36）

①打开图片素材“花岗岩铺装素材”至 Photoshop。

②使用“矩形选框工具”选中其中一块铺装素材。鼠标移至选区内单击鼠标右键，选择“通过剪切的图层”。反复操作，将图片中的素材进行图层拆分，形成素材文件。

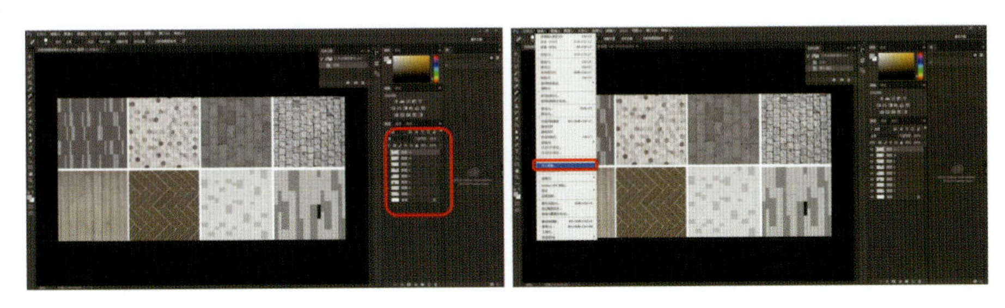

图 2-1-36　应用图片素材修改为铺装素材

（2）应用制作成功的素材（图 2-1-37）

①通过按 Ctrl 键点击图层图标选择图层像素，点击“编辑”/“定义图案”。

②定义图案名称为“六边形铺装”。

③新建文件（快捷键 Ctrl+N）（长、宽、分辨率自定）。

④解锁图层，给图层添加“样式”/“图案叠加”。选择“图案样式”/“六边形铺装”图案（缩放比例根据具体情况而定）。

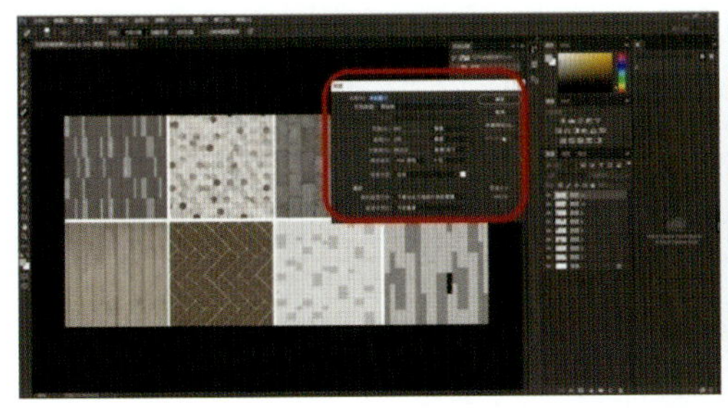

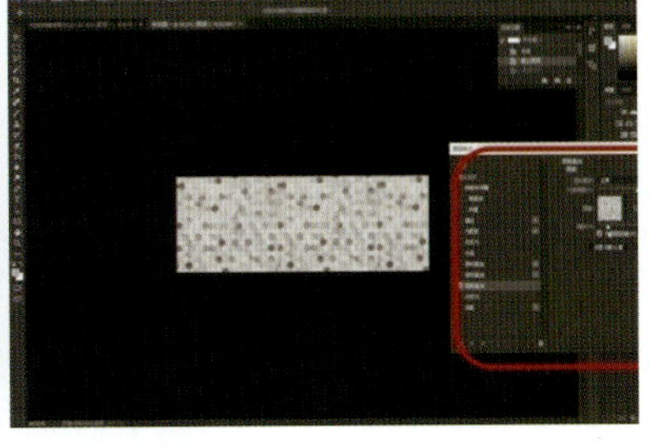

图 2-1-37　应用制作成功的素材

3. 绘制木平台铺装

（1）应用图片素材制作铺装素材（图 2-1-38）

①打开图片素材“木平台铺装素材”至 Photoshop。

②使用“矩形选框工具”选中其中一块铺装素材。单击鼠标右键，选择“通过剪切的图层”。反复操作，将图片中的素材进行图层拆分，形成素材文件。

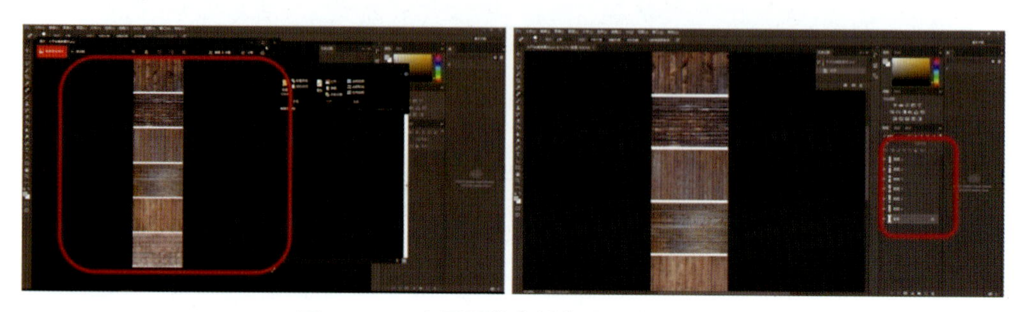

图 2-1-38　应用图片素材修改为铺装素材

（2）应用制作成功的素材（图 2-1-39）

①通过按 Ctrl 键点击图层图标选择图层像素，点击“编辑”/“定义图案”。

②定义图案名称为“木平台铺装”。

③新建文件“快捷键 Ctrl+N”（长、宽、分辨率自定）。

④解锁图层，给图层添加“样式”/“图案叠加”。选择“图案样式”/“六边形铺装”图案（缩放比例根据具体情况而定）。

⑤新建图层并且与原图层进行合并，将图层样式可编辑化。使用“污点修复画笔工具”对图案衔接处进行处理，从而完成贴图使用。

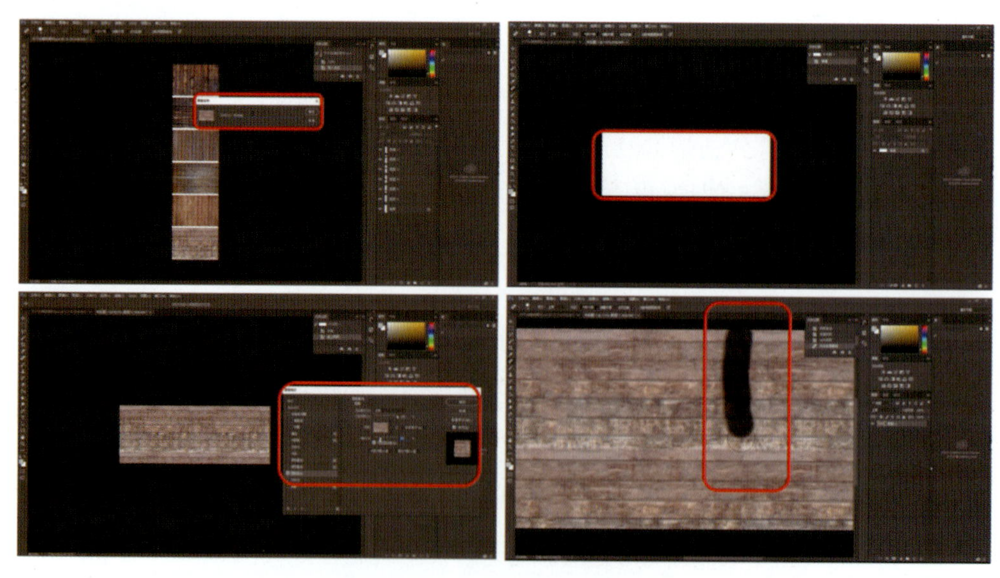

图 2-1-39　应用制作成功的素材

◇巩固训练

绘制铺装素材集

要求通过本任务中学习的方法，将图 2-1-40 中的铺装图片素材绘制成素材集（PSD 文件）。分图层放置铺装素材，将图层转换为智能编辑对象，便于后期分别处理和使用。

图 2-1-40　铺装素材练习

◇知识拓展

园林平面效果图是表现规划范围内的各种造园要素（如地形、山石、水体、建筑及植物等）布局位置的图，它是反映总体设计意图的主要图纸，也是绘制其他图纸及造园施工的依据。

由于园林平面效果图的比例较小，设计者不可能将构思中的各种景观要素极其全面地表达于纸上，而是采用一些“约定俗成”的简单而形象的图形来概括表达其设计意图。在彩色平面图素材的绘制和使用上应该注意以下几点：

1. 植物

由于园林植物种类繁多、姿态各异，无法在园林彩色平面效果图中详尽表达，一般采用“素材”概括表示，所绘素材应区分出针叶树、阔叶树、常绿树、落叶树、乔木、灌木、绿篱、花卉、草坪、水生植物等。绘制植物平面图素材时，要注意素材的风格、可塑性、形象、树冠的投影等，要按成龄以后的树冠大小绘制。

2. 建筑和园林小品

在大比例的园林彩色平面效果图中，对于有门窗的建筑，可采用通过窗台以上部位的水平剖面图来表示，对于没有门窗的建筑，采用通过建筑的顶面绘制，用稍粗线条画出素材轮廓，画出其他可见轮廓；在小比例的园林彩色平面图中，应该简易地框选绘制出园林建筑及小品的外轮廓即可；也可在草图方案过后，通过 CAD 图纸的尺寸在“3ds Max”“SketchUp”“Rhino”等软件进行园林景观小品的专项绘制，进而导出小品平面图素材，这样可以表达在园林平面效果图中需要体现的特定形象。

3. 水体

水体一般用真实水面平面素材，通过使用“曲线”“色相 / 饱和度”“色阶”“色彩平衡”“图层特效”等工具进行调整，以呈现出所需效果。

4. 铺装

铺装素材不具有独立出现的形式，大多以贴图填充的形式出现，须结合 AutoCAD 导出的线稿图纸进行绘制。在填充的比例调整时不可按照真实比例填充，需要体现出材质本身的肌理感，在一些铺装的绘制时，也可以直接选择纯色填充，再在“滤镜”中选择如“添加杂色”等效果进行直接绘制。

项目 2　绘制园林彩色平面效果图

◇学习目标

【知识目标】

（1）熟练掌握 AutoCAD 图纸导入到 Photoshop 中的方法与技巧。

（2）掌握 Photoshop 软件绘制园林彩色平面效果图的方法与技巧。

（3）熟练掌握选取工具、绘图工具等基本工具的使用技巧。

（4）熟练掌握图层的基本操作及蒙版的正确使用方法。

（5）掌握常用滤镜的使用方法以及图像色彩调整的方法。

【技能目标】

（1）能够把 AutoCAD 图纸正确导入 Photoshop 中。

（2）能够熟练运用 Photoshop 进行命令操作，绘制园林彩色平面效果图。

（3）能根据需要使用不同选择工具选择园林平面图各区域内容，并能根据需要使用不同的方法进行区域填充。

（4）会运用图层工具，合理布置图层内容，会添加设置图层的混合选项。

（5）会运用常用笔刷，提高工作效率。

（6）会运用常用滤镜对话框中的参数调整和操作技巧。

（7）能够熟练运用图像色彩平衡、曲线、色相 / 饱和度等调整图像色彩。

任务2.1　广场彩色平面效果图绘制

◇任务目标

通过本次任务的学习，使学生熟练掌握园林广场彩色平面效果图绘制的基本流程和方法。

◇任务描述

本次任务选自某高校校园附属广场绿地规划设计方案（图 2-2-1），甲方对该彩色平面效果图要求不高，风格不要太杂，只要能制作出各景观元素，能分清楚道路、水体、绿地即可。

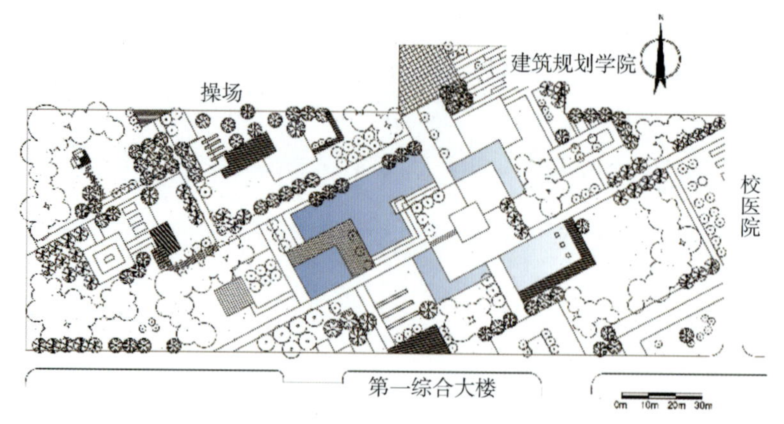

图 2-2-1　广场彩色平面效果图绘制 CAD 原图

◇任务分析

针对本次任务，首先确定要绘制彩色平面效果图的风格。Photoshop 软件绘制的园林彩色平面效果图一般是将 AutoCAD 绘制完成的设计图纸导入到 Photoshop 中，再运用 Photoshop 软件完成彩色平面效果图的绘制任务。Photoshop 软件所绘制完成的彩色平面效果图有很多种风格，常见的有纯色填充风格的彩色平面效果图、真实素材填充风格的彩色平面效果图以及手绘风格的彩色平面效果图三种。根据实际需求，确定制作风格。本次任务采用纯色填充来完成彩色平面效果图绘制任务。

◇任务实施

1. AutoCAD 图纸分层导入 Photoshop

（1）AutoCAD 平面图纸输出

打开 AutoCAD，进入其工作界面，打开名为“广场彩色平面效果图绘制 CAD 原稿 .dwg”文件，如图 2-2-2 所示。

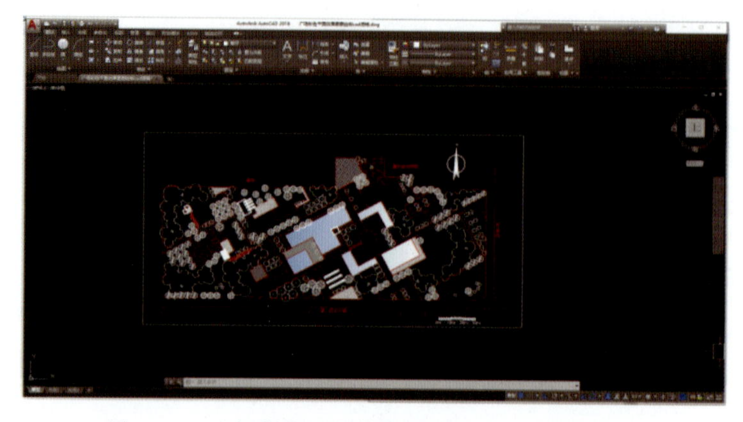

图 2-2-2　广场彩色平面效果图绘制 CAD 原稿 .dwg

单击图层下拉菜单，分别关掉建筑、水体、植物等图层，只剩下 0 层和设计层。

选择“文件”/“打印”（快捷键 Ctrl+P），弹出“打印－模型”对话框，进行如下设置，如图 2-2-3 所示。

①选择打印机　单击“打印机/绘图仪”下拉三角形，选择“DWG To PDF.pc3”打印机。

②图纸尺寸　选择“ISOA3（420.00×297.00 毫米）”。

③打印范围　选择“窗口”，并在 CAD 图中框选出设计线打印的区域。

④打印偏移　勾选“居中打印”。

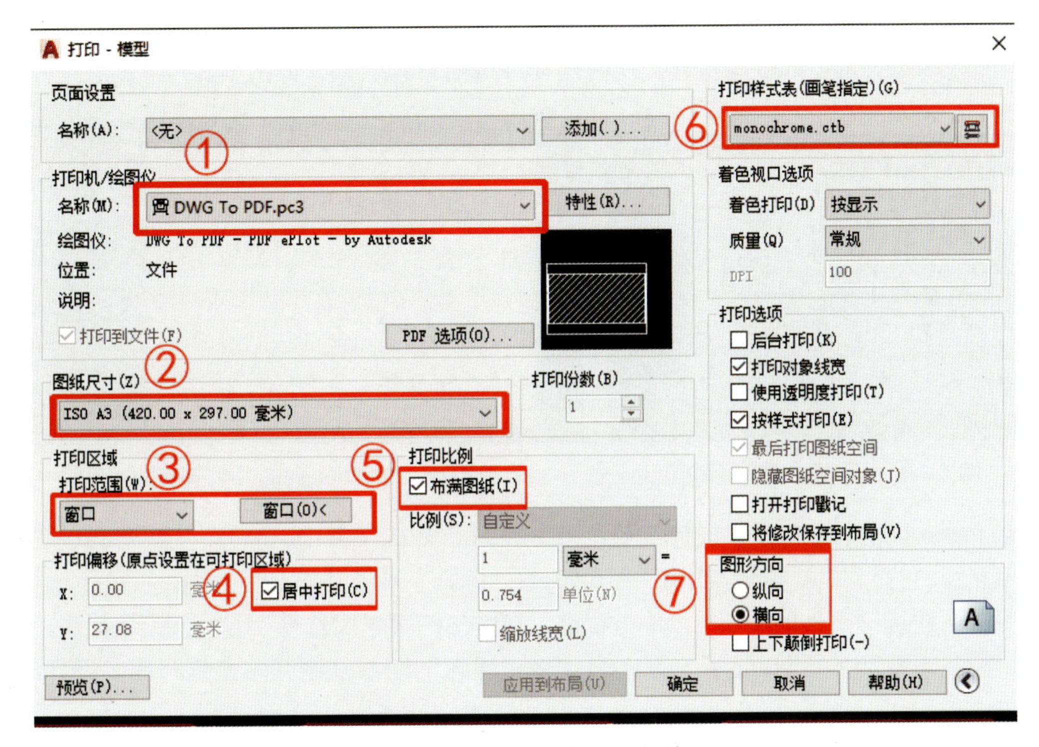

图 2-2-3　“打印－模型”对话框

⑤打印比例　勾选“布满图纸”。

⑥打印样式表　选择“monochroWe.ctb”（CAD“打印样式表”设置为“monochroWe.ctb”时，打印效果为黑色的线稿图；设置为“None”时，打印效果为彩色的线稿图）。

⑦图形方向　点选“横向”。

单击“预览”查看打印效果，如果没有问题，先单击“应用到布局”，再单击“确定”，在弹出的对话框中指定文件保存的位置和文件名，文件名为“设计线稿”，即可完成“设计线”图层的打印。单击“应用到布局”，是为了方便后面图层的打印，不用一一设置，以提高工作效率。

回到 AutoCAD 文件中，单击图层下拉菜单，分别关掉设计、绿地、水体、植物等图层，只剩下 0 层和建筑层。

选择“文件”/“打印”(快捷键 Ctrl+P)，弹出“打印－模型”对话框后，直接单击“确定”，在弹出的对话框中指定文件保存的位置和文件名，文件名为“建筑”，即可完成

“建筑”图层的打印。

如果上一步没有单击“应用到布局”，为了方便图层打印，也可在“打印－模型”对话框中的“页面设置”处选择“上一次打印”，系统将会自动加载上一次打印信息。

采用同样的方法分别完成铺装填充图层、灌木线图层和植物图层的打印。

（2）PDF 文件导入

打开 Photoshop 软件，选择“文件”/“打开”（快捷键 Ctrl+O），打开前面完成的在 AutoCAD 中输出的所有 PDF 文件，弹出“导入 PDF”对话框，如图 2-2-4 所示，将“分辨率”设为 300，“模式 (W)”设为 RGB 颜色，其他采用默认的设置，单击“确定”即可将刚才打印的文件在 Photoshop 中打开，所有图元为透明背景效果，如图 2-2-5 所示。

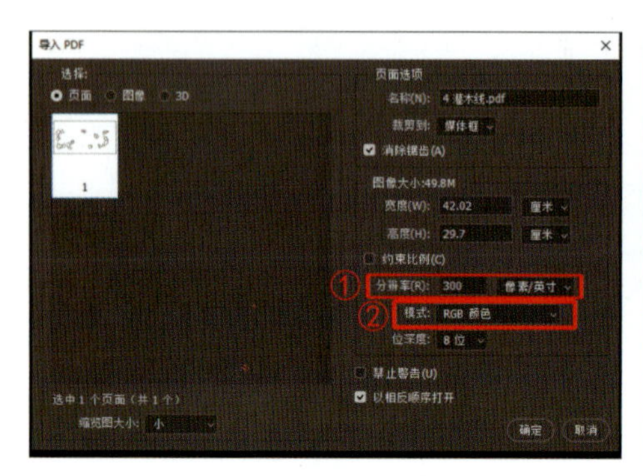

图 2-2-4　“导入 PDF”对话框

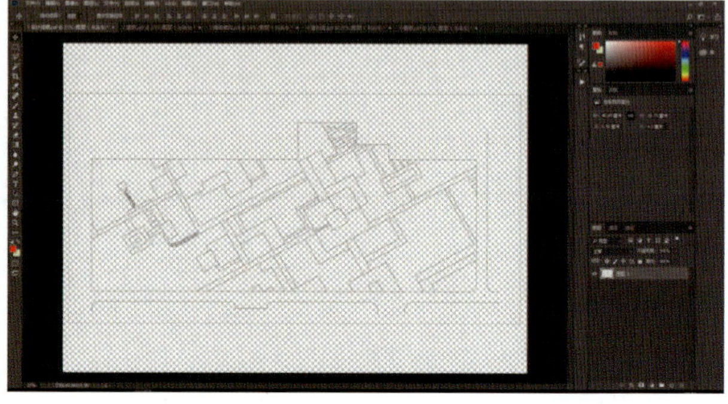

图 2-2-5　在 Photoshop 中打开后的效果

在 Photoshop 中，选中“设计线稿”PDF 文件，在此文件中，新建一个“背景”图层，将其填充为白色，并将“设计线稿”图层移到“背景”图层上方（图 2-2-6）。

单击“建筑”文件的图层 1，单击右键，在弹出的菜单中选择“复制图层”（图 2-2-7），将“目标”设置为“设计线稿”。系统自动将“建筑”图层复制到刚才打开的“设计线稿”文件中。

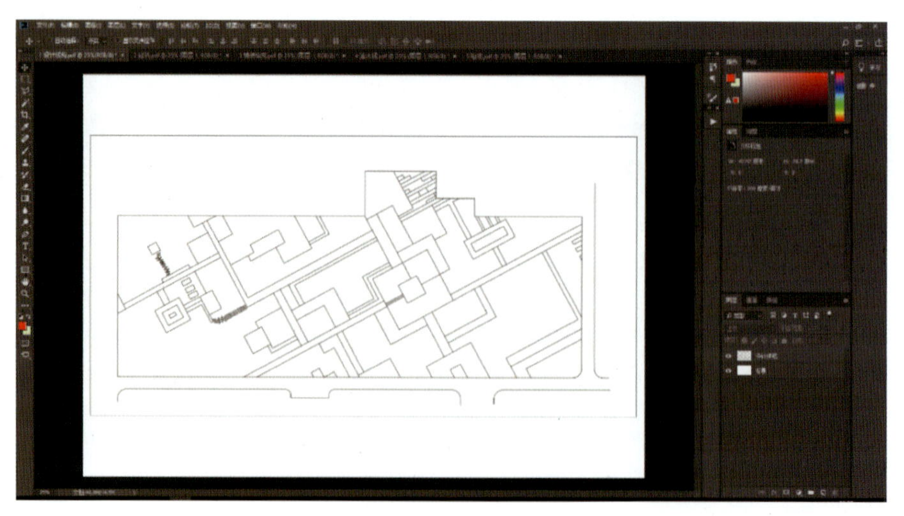

图 2-2-6　添加白色背景后的效果

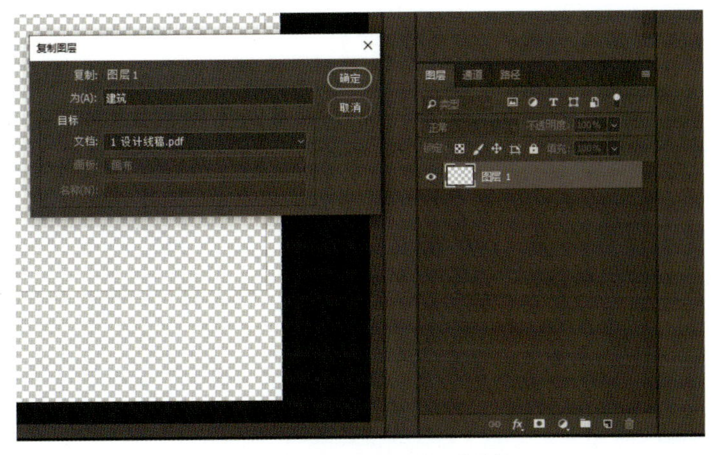

图 2-2-7　“复制图层”对话框

采用同样的方法分别将铺装填充图层、灌木线图层和植物图层复制到“设计线稿”文件中。

所有 PDF 文件复制完成后，在“图层”单击“创建组”按钮，新建“设计原稿”组，将所有导入的设计线稿图层都放置在“设计原稿”组下，加锁。

完成以上操作后，将“设计线稿”保存为“广场彩色平面效果图绘制 .psd”，如图 2-2-8 所示。

图 2-2-8　Auto CAD 分层导入 Photoshop 中的效果

2. 绘制各景观元素

（1）绘制绿地

根据本次任务确定的绘制风格，绘制绿地时直接填充绿色调，然后做杂色，再做加深减淡的自然化处理。

①选择绿地区域填充颜色　单击“设计线稿”图层，选择“魔棒工具”（快捷键 W）

选中原图形中所有绿地区域，建立一个新的图层“绿地填充”。

选择“编辑”/“填充”命令（快捷键 Shift+F5），选择合适的绿色调，填充绿色（图 2-2-9）。

②给绿地添加杂色　选择“滤镜”/“杂色”/“添加杂色”命令，在弹出的“添加杂色”对话框中将数量设置为 10%，分布为“平均分布”，同时勾选单色，设置完毕后单击按钮“好”确认。

③绿地加深减淡的自然化处理　选择“加深/减淡工具”（快捷键 O），对绿地中间部分进行减淡操作，对绿地边缘部分进行加深操作（图 2-2-10）。

绘制绿地时一般在绿地边缘适当加深，而在绿地中间可适当减淡，提高其真实性。

图 2-2-9　填充颜色的设置

图 2-2-10　处理后的绿地效果

（2）绘制园路、广场铺装

根据本次任务确定的绘制风格，结合 AutoCAD 原图中已有的填充图样，在绘制园路、广场铺装时直接填充颜色，然后做杂色，再做加深减淡的自然化处理。

①绘制主园路　单击“设计线稿”图层，选择“魔棒工具”（快捷键 W）选中原图形中主园路区域，建立一个新的图层“道路、广场铺装填充”。

选择“编辑”/“填充”命令（快捷键 Shift+F5），选择合适的颜色填充（图 2-2-11）。

选择“滤镜”/“杂色”/“添加杂色”命令，在弹出的“添加杂色”对话框中将数量设置为 5%，分布为“平均分布”，同时勾选单色，设置完毕后单击“确认”按钮确认。

选择“加深/减淡工具”（快捷键 O），对主园路进行加深减淡处理，使路面看上去更自然。

②绘制广场铺装　单击“设计线稿”图层，选择“魔棒工具”（快捷键 W），选中原图形中广场铺装区域，单击“道路、广场铺装填充”图层，回到该图层下选择“编辑”/“填充”命令（快捷键 Shift+F5），选择合适的颜色填充。

选择“滤镜”/“杂色”/“添加杂色”命令，重复之前操作，执行命令。

选择“加深/减淡工具”（快捷键 O），对铺装局部进行加深减淡处理，使路面效果看上去更丰富真实（图 2-2-12）。

采用同样的方法分别将其他道路、广场铺装制作完毕，如图 2-2-13 所示。

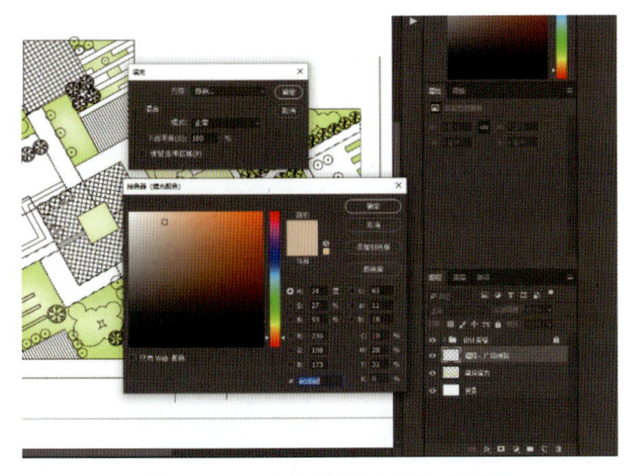

图 2-2-11　主园路填充颜色的设置

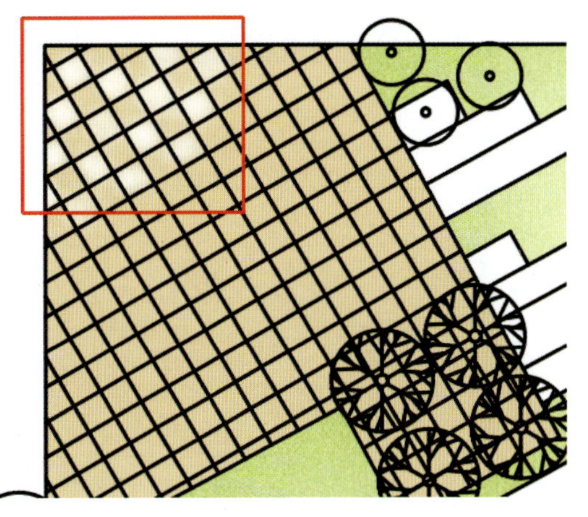

图 2-2-12　广场铺装局部处理效果

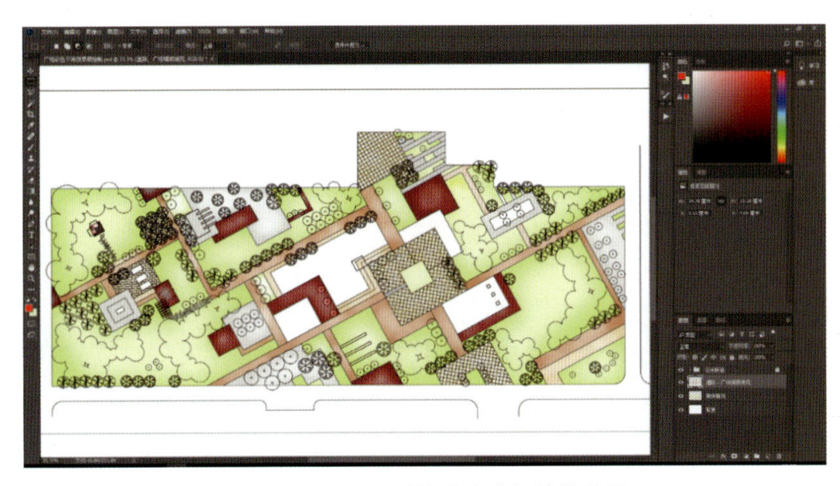

图 2-2-13　处理后的道路广场铺装效果

（3）绘制水体

该广场的水体主要为中心规则式水池，制作起来相对简单。下面将采用渐变色填充的手法对其填充。

①选择水体，新建图层　选择“魔棒工具”（快捷键 W），选择“设计线”图层，选中水体，建立一个新的图层“水体”。

②渐变色设置　选择“渐变工具”（快捷键 G），打开“渐变编辑器”进行渐变色设置，如图 2-2-14 所示。

③渐变色填充　对所选择的水体区域从左到右拖动鼠标实施颜色渐变填充，实施渐变后的效果如图 2-2-15 所示。

图 2-2-14　“渐变编辑器”设置

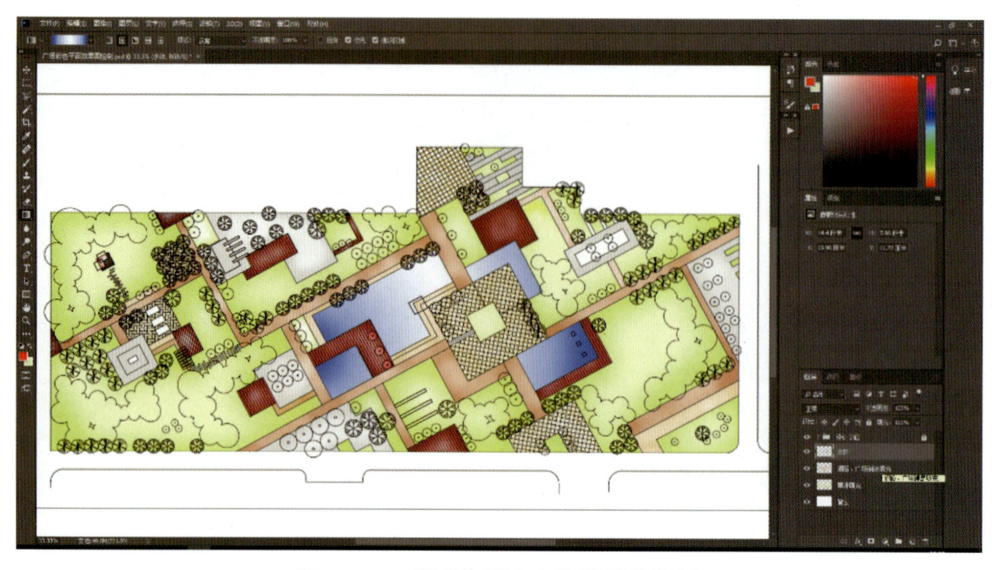

图 2-2-15　渐变色填充水体的最终效果

（4）绘制建筑小品

该广场的建筑小品主要有廊架、亭子和建筑物三种类型。

①绘制廊架　选择“魔棒工具”（快捷键 W），选择“建筑”图层，选中廊架区域，建立一个新的图层“廊架”。

选择“编辑”/“填充”命令（快捷键 Shift+F5），选择合适的颜色填充。

②绘制亭子　原图中的亭子只是由方块代表，并没有制作完成，需要在 Photoshop 中绘制完成。

选择“魔棒工具”（快捷键 W），选择“建筑”图层，选中水边的单亭区域，建立一个新的图层“亭”。

亭顶　选择“编辑”/“填充”命令（快捷键 Shift+F5），选择合适的颜色填充，如图 2-2-16 所示。选择“编辑”/“描边”命令，对其外轮廓描边，如图 2-2-17 所示。

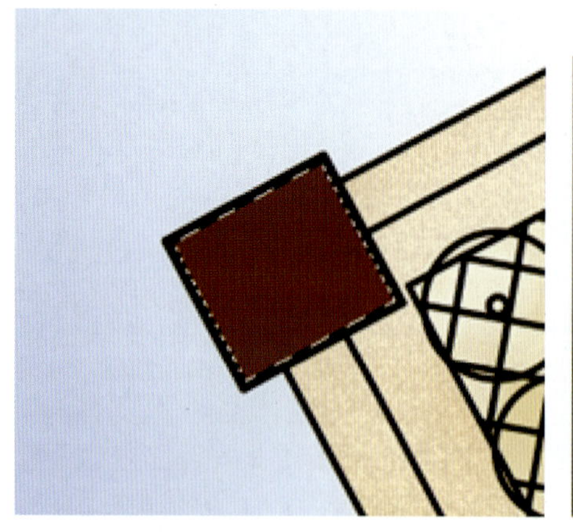

图 2-2-16　绘制亭顶

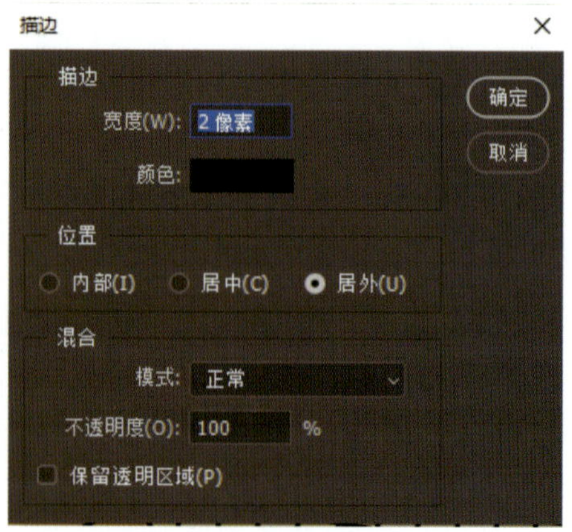

图 2-2-17　“描边”设置

角梁 在“亭”图层上用“多边形套索工具”(快捷键L)，选择一条形选区，将选区复制成一新的图层，对该图层进行自由变换(快捷键Ctrl+T)，拉长旋转至亭角梁的位置，再将该角梁复制一个，并旋转移动至合适位置，如图2-2-18所示。

亭顶 在“亭”图层上用“椭圆工具”(快捷键M)，按住Shift键，在角梁交点处绘制一个正圆，填充颜色，并被描边，如图2-2-19所示。

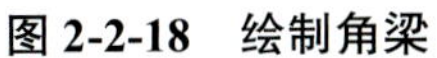

图2-2-18 绘制角梁

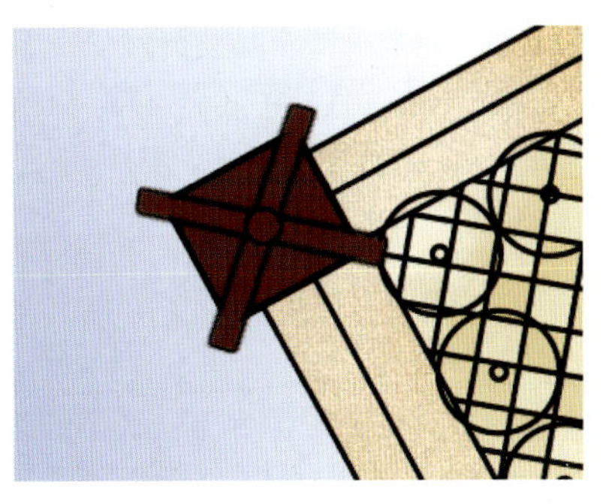

图2-2-19 绘制亭顶

选择“加深/减淡工具”(快捷键O)，对亭顶进行加深减淡操作。

以此亭为基础，复制完成另外一个双亭。

③绘制建筑物 选择“魔棒工具”(快捷键W)，选择“建筑”图层，选中建筑物区域，建立一个新的图层“建筑物”。

选择“编辑”/“填充”命令(快捷键Shift+F5)，选择合适的颜色填充。

选择“选择”/“修改”/“收缩”，在弹出的对话框中将收缩值设为5像素，单击“确定”按钮。然后选择“编辑”/“描边”命令，将描边值设为3像素，单击“确定”按钮确认。最后用“加深/减淡工具”(快捷键O)，对建筑物屋顶进行加深或减淡操作，如图2-2-20所示。

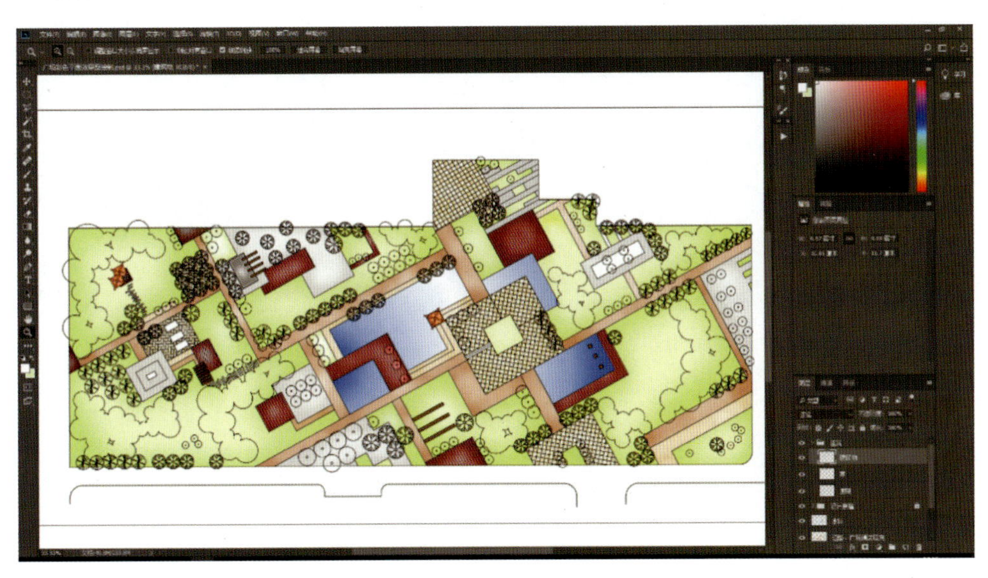

图2-2-20 处理后的建筑效果

（5）绘制植物

该任务广场在AutoCAD图中已经完成了植物种植设计，因此，在处理园林彩色平面效果图时，可以利用已有的AutoCAD线稿绘制植物。该任务植物主要分为花池、灌木以及乔木三种。在绘制植物时要特别注意图层的管理以及图层先后顺序的管理。

①绘制花池　选择“魔棒工具”（快捷键W），选择“设计线稿”图层，选中花池区域，建立一个新的图层“花池”。

选择“编辑”/“填充”命令（快捷键Shift+F5），选择合适的颜色填充。

选择“滤镜”/“杂色”/“添加杂色”命令，在弹出的“添加杂色”对话框中将数量设置为5%，分布为“平均分布”，同时勾选单色，设置完毕后单击“确认”按钮确认。

②绘制灌木　选择“魔棒工具”（快捷键W），选择“设计线稿”图层，选中灌木区域，建立一个新的图层“灌木”。

选择“编辑”/“填充”命令（快捷键Shift+F5），选择合适的颜色填充。

③绘制乔木　建立新图层“植物1”，选择“椭圆选框工具”（快捷键M），按住Shift+Alt键，从中心往外拖动鼠标，将树选中。

设置相应的前景色和背景色，选择“渐变工具”（快捷键G），打开“渐变编辑器”进行渐变色设置，选中“前景色到背景色渐变”模式，如图2-2-21所示，设置好后单击“确定”按钮，拖动鼠标实施颜色渐变填充，如图2-2-22所示。

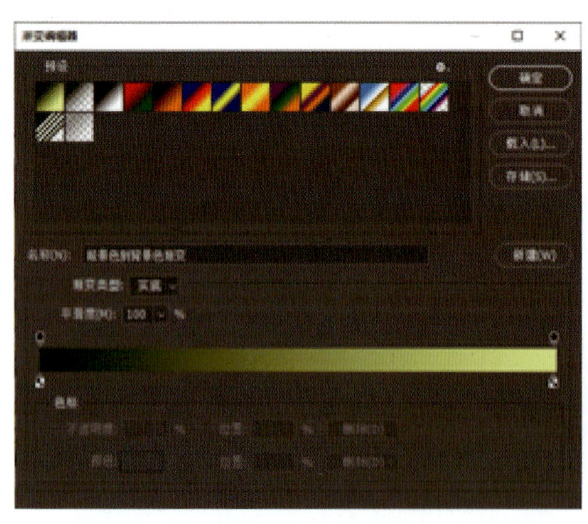

图2-2-21　植物1“渐变编辑器”设置

图2-2-22　植物1渐变效果

选择“移动工具”（快捷键V），按着Alt键，用鼠标拖动植物1至合适位置，然后重复操作直到绘制完所有植物1树例。遇到树例大小不一致时，可以选择“编辑”/“自由变换工具”（快捷键Ctrl+T），仍可以改变树例的大小。

用同样的方法绘制完所有植物，如图2-2-23所示。

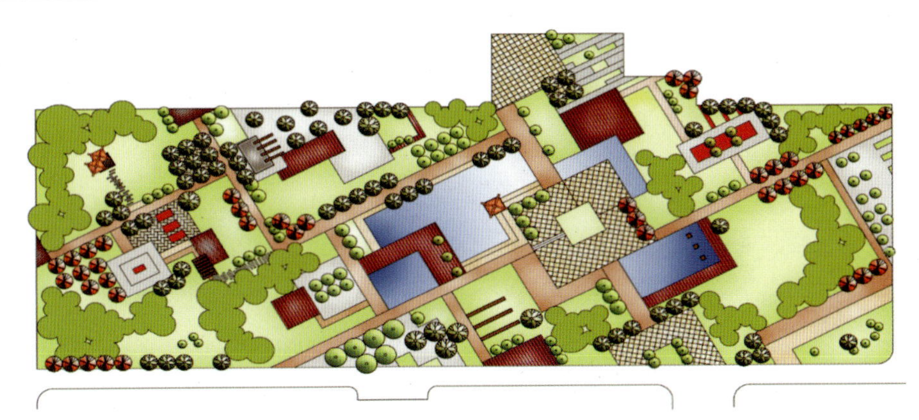

图 2-2-23　处理后的植物效果

3. 绘制配景及细部

主体效果制作完成后，就要着手配景及细部的绘制工作。

（1）绘制配景

①绘制周边的道路　在“设计线稿”图层中用“多边形套索工具”（快捷键 L），将周边的道路选中，选择“编辑”/“填充”命令（快捷键 Shift+F5），选择合适的颜色填充。

选择“滤镜”/“杂色”/“添加杂色”命令，在弹出的“添加杂色”对话框中将数量设置为 15%，分布为“平均分布”，同时勾选单色，设置完毕后单击“确认”按钮确认。

②绘制周边的建筑　与绘制周边道路方法相同，用同样的方法绘制出周边建筑。

（2）绘制细节

一般绘制细节主要包括细部的完善或者将存在的问题给予纠正。本次任务主要围绕着阴影的处理展开，借助于“图层样式”来完成绘制任务。一般阴影分为内阴影和外阴影两种，根据工作任务分析，绿地和水体属于内阴影，建筑、灌木和树木等内容属于外阴影。“图层样式”对话框可以在“图层”菜单选择“图层样式”下的命令打开，也可以单击图层面板最下面一行第二个“fx”键打开。

①绘制内阴影　在“绿地填充”图层面板上单击“fx”键，选择“内阴影”样式，如图 2-2-24 所示。弹出对话框，设置角度为 45°，距离为 14 像素，大小为 27 像素，单击“确定”按钮确认，如图 2-2-25 所示。执行“内阴影”后绿地就绘制完成了。

②绘制阴影　在“灌木”图层面板上单击“fx”键，选择“阴影”样式。弹出对话框，设置角度为 45°，距离为 20 像素，大小为 25 像素，单击“确定”按钮确认。执行“阴影”后灌木的最终效果也就绘制完成了。

按照同样的方法将其他图层按需要添加图层样式，完成阴影绘制任务，如图 2-2-26 所示。在各元素绘制完成后，添加阴影有助于更好地调整阴影的大小和角度。需要注意的是整个文件阴影设置角度只能是同一个值，如果改变，所有图层随之改变。设置中的角度、距离和大小可以根据需要任意调整。

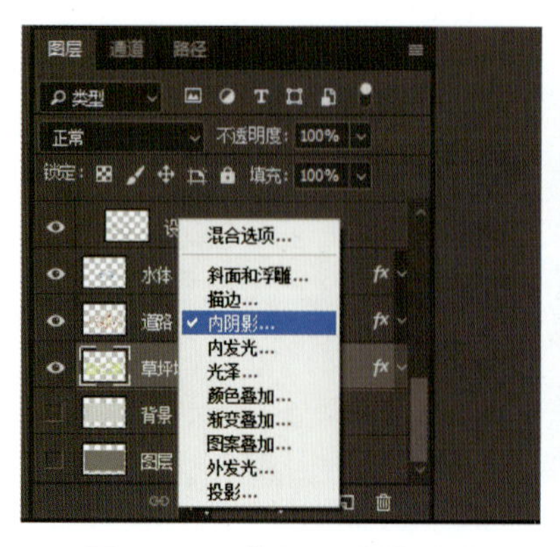

图 2-2-24 “图层面板”上的“内阴影”位置

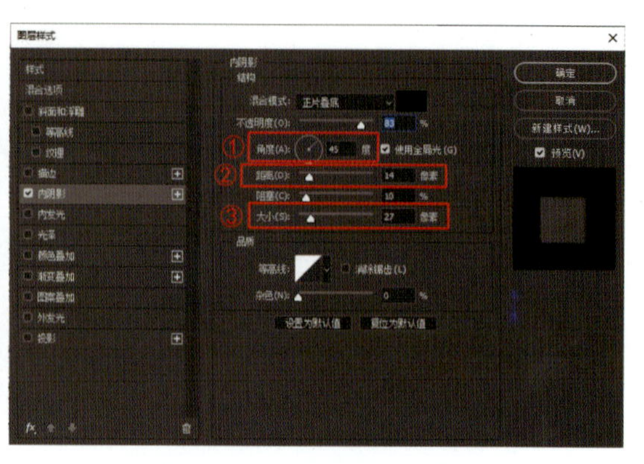

图 2-2-25 “内阴影”设置

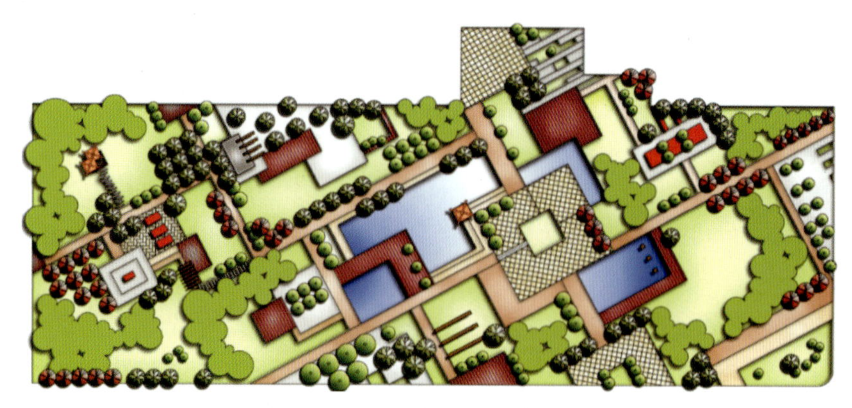

图 2-2-26 细部处理后的效果

4. 调整整体效果

整体效果的调整主要包括图像的色彩、饱和度、明暗度等各方面的调整以及确定整体构图的内容等。图像的调整主要取决于自身对色彩的把握，最常使用的就是调整色彩平衡、亮度 / 对比度、色阶和曲线等，可以根据需要尝试不同的调整方法对图像的作用。

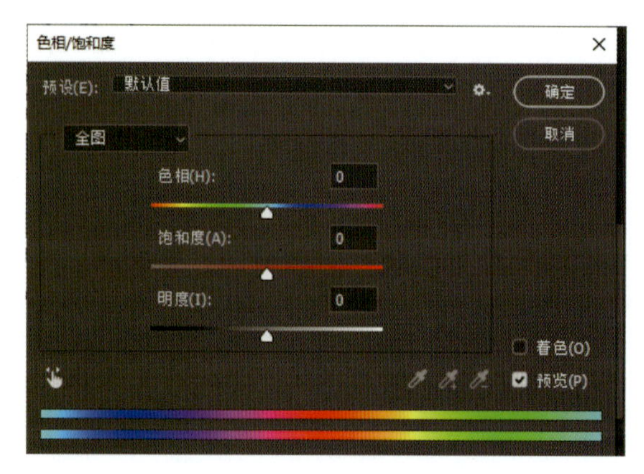

图 2-2-27 “色相饱和度”设置

（1）图像色彩调整

绘制完成所有图纸后，将 Photoshop 文件及时保存后，另存一份 .JPEG 格式的图片，将这张 .JPEG 格式的图片在 Photoshop 中打开，选择“图像” / “调整” / “色相 / 饱和度”命令（快捷键 Ctrl+U），如图 2-2-27 所示，进行调整。

（2）确定图纸整体构图

①选择区域 新建一个图层，选择“选

框工具”（快捷键 M），在工具属性栏设置羽化值为 60，在图形中框选出需要留下来的主体内容。

提示：羽化数值越大，色彩过渡越柔和；数值越小，边界越清晰。因此，具体的羽化数值的设定要根据想要表达的效果来决定。

②反选区域　选择“选择” / “反选”命令（快捷键 Shift+Ctrl+I），反选前面的选择区域。

③填充　将前景色设置为白色，按 Alt+Delete 键，用前景色对所选择的区域进行填充。如果需要周边的白色区域更明显一些，可以重复按 Alt+Delete 键直到效果满意为止。

④裁剪　选择工具命令面板中的“裁剪工具”（快捷键 C），将周围空白区域适当裁剪掉，得到最终效果，如图 2-2-28 所示。

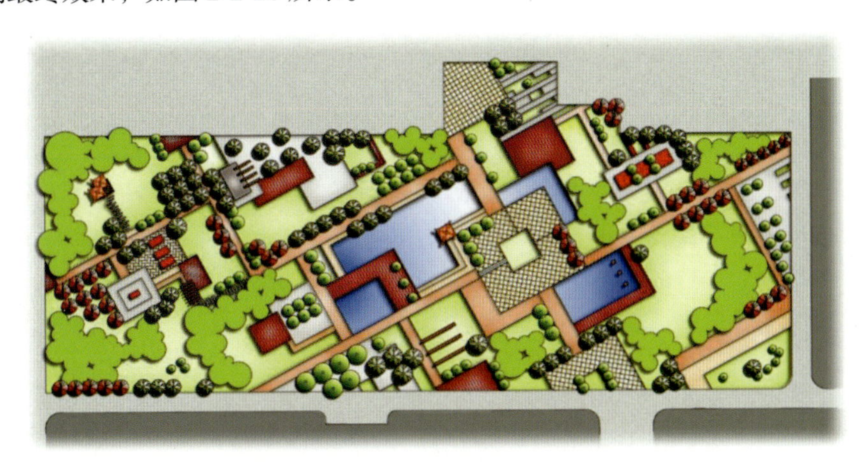

图 2-2-28　广场彩色平面效果图

◇巩固训练

绘制某企业办公区附属广场绿地彩色平面效果图

甲方提供了原图，如图 2-2-29 所示，要求绘制纯色填充风格的效果图，图纸配色明快，能很好地区分出各景观元素，便于后期修改方案时使用。

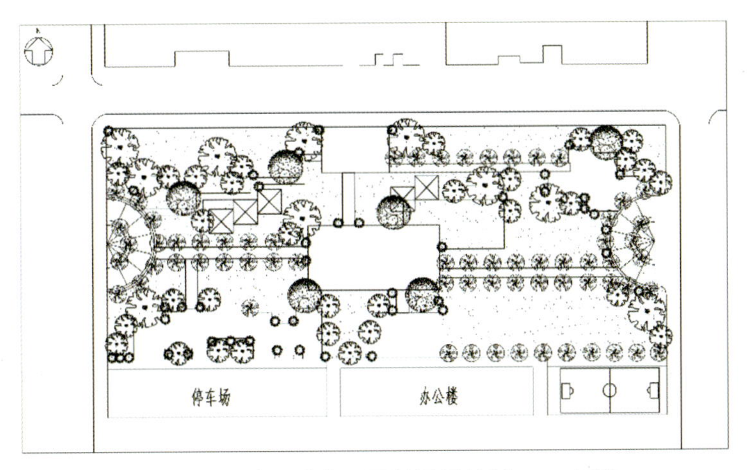

图 2-2-29　广场彩色平面效果图绘制 CAD 原稿

对图纸进行初步分析后发现，图纸内容相对简单，主要由绿地、建筑以及道路铺装广场几个基本元素组成。铺装图案单一，在后期处理时需要花费一些功夫。植物图样丰富，不需要做太多烦琐的处理。

任务2.2　别墅庭院彩色平面效果图绘制

◇任务目标

通过本任务的学习，使学生熟悉彩色平面效果图绘制的基本流程和方法，学习填充真实素材的技巧和方法。

◇任务描述

本次任务选自某别墅庭院绿地规划设计方案（图2-2-30），要求该彩色平面效果图尽量写实，方便甲方与设计师交流。

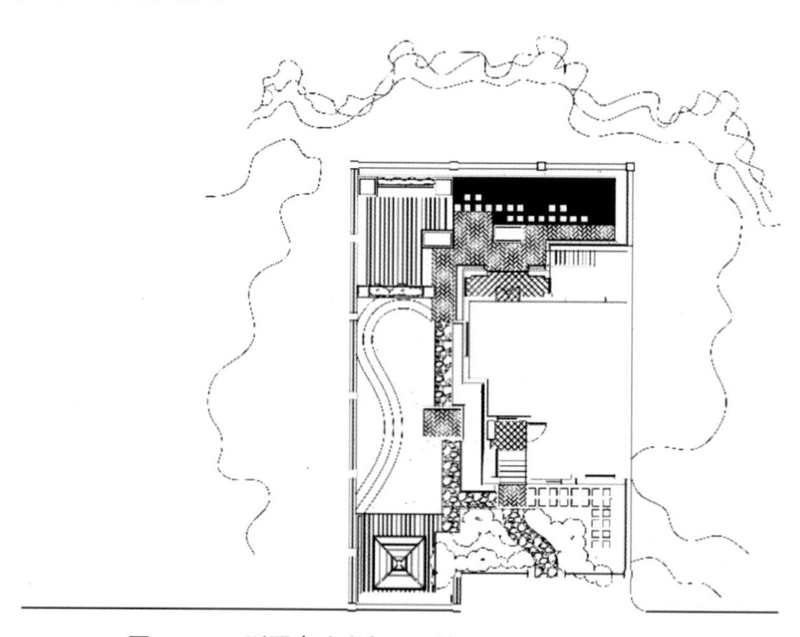

图2-2-30　别墅庭院彩色平面效果图绘制CAD原图

◇任务分析

针对本次任务，首先确定要绘制真实素材填充风格的彩色平面效果图，此种风格主要是填充真实素材，最多的是贴入法（即将一幅图像中的选择区域用鼠标拖动至另一种图像中的方法）和填充法（即将一幅图像定义为填充图案，然后在另一幅图像中用图案填充要填充的选择区域的方法）。

◇任务实施

1. AutoCAD 图纸分层导入 Photoshop

此操作与任务 2.2 广场彩色平面效果图绘制“任务实施”中的“1. AutoCAD 图纸分层导入 Photoshop 中”相同，这里就不再一一说明。

2. 绘制各景观元素

通过对 AutoCAD 原图整体布局线框的全面分析，将该广场彩色平面效果图绘制的景观元素内容列出：

绘制绿地→绘制园路、广场铺装→绘制水体→绘制建筑小品→绘制植物

常用方法是贴入法（将一幅图像中的选择区域用鼠标拖动至另一种图像中的方法）和填充法（将一幅图像定义为填充图案，然后在另一幅图像中用图案填充要填充的选择区域的方法）。

（1）绘制绿地

根据本次任务确定的绘制风格，绘制绿地时采用真实图案填充法，然后做加深减淡的自然化处理。

①选择绿地区域　单击“设计线稿”图层，选择“魔棒工具”（快捷键 W）将原图形中所有绿地区域选中，建立一个新的图层“绿地填充”。

②复制图案　选择“文件”/“打开”命令（快捷键 Ctrl+O），打开“草地.jpg”图像文件。选择“选择”/“全选”命令（快捷键 Ctrl+A）将绿地全部选中，选择“编辑”/“拷贝”命令（快捷键 Ctrl+C）进行复制。

③贴入图案　选择“编辑”/“选择性粘贴”/“贴入”命令（快捷键 Alt+Shift+Ctrl+V），如图 2-2-31 所示，在绿地区域生成蒙版，贴入真实绿地素材。

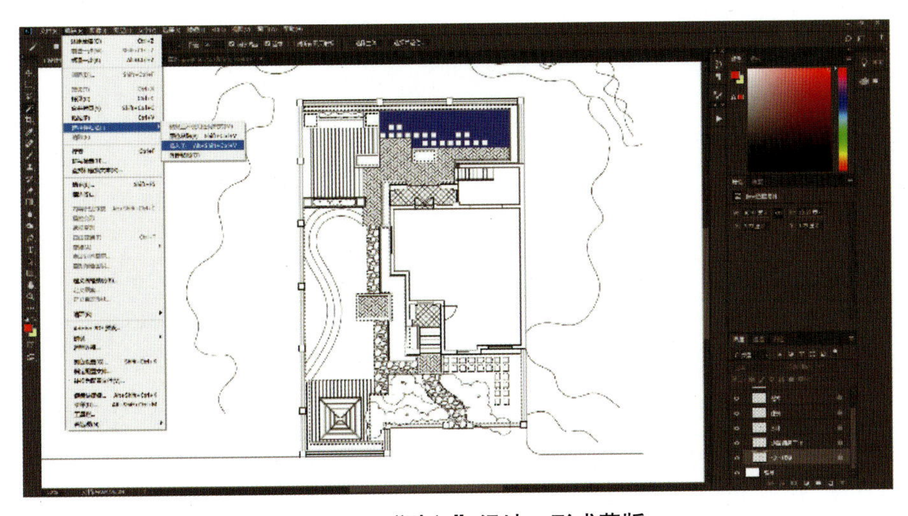

图 2-2-31 “贴入”绿地，形成蒙版

④调整大小　选择“编辑”/“自由变换”命令（快捷键 Ctrl+T），调整真实绿地素材大小直至适合整个绿地。

⑤色彩调整　选择“图像”/“调整”/“曲线”命令（快捷键 Ctrl+M），调整真实绿地素材的颜色（图 2-2-32）。

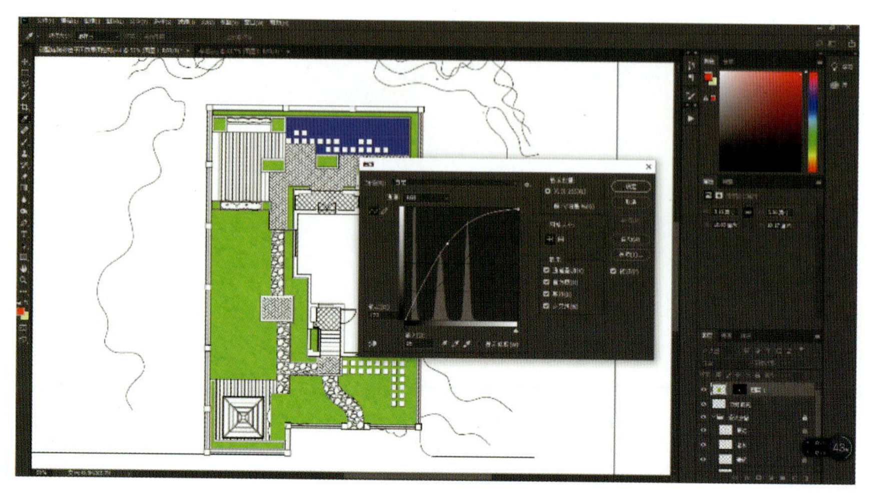

图 2-2-32 “曲线”调颜色深浅

⑥绿地加深减淡的自然化处理　选择“加深/减淡工具”（快捷键 O），对绿地中间部分进行减淡操作，对绿地边缘部分进行加深操作。

（2）绘制园路、广场铺装

本任务将以先定义填充图案后图案叠加的方法来展开绘制园路、广场铺装。

①绘制别墅门厅　单击“设计线稿”图层，选择“魔棒工具”（快捷键 W）将原图形中别墅门厅区域选中，建立一个新的图层“门厅铺装填充”。

选择“编辑”/“填充”命令（快捷键 Shift+F5），选择任一颜色填充。

从素材库中选择打开“铺装 1.jpg”，选择“选择”/“全部”命令（快捷键 Ctrl+A），将图样全部选中，选择“编辑”/“定义图案”命令，对素材命名为“铺装 1”。

选中“门厅铺装填充”图层，单击图层面板最下面一行第二个“fx”键，选择“图案叠加”样式，如图 2-2-33 所示。弹出对话框，选择图案“铺装 1”，缩放为 3%，单击“确定”按钮确认，完成门厅铺装图案填充。

②绘制主园路　单击“设计线稿”图层，选择“魔棒工具”（快捷键 W）将原图形主园路区域选中，建立一个新的图层“主园路”。

选择“编辑”/“填充”命令（快捷键 Shift+F5），选择任一颜色填充。

从素材库中选择打开“铺装 2.jpg”，选择“选择”/“全部”命令（快捷键 Ctrl+A），将图样全部选中，选择“编辑”/“定义图案”命令，对素材命名为“铺装 2”。

选中“主园路”图层，单击图层面板最下面一行第二个“fx”键，选择“图案叠加”样式（图 2-2-33）。弹出对话框，选择图案“铺装 1”，缩放为 8%，单击“确定”按钮确认，完成主园路图案填充。

采用同样的方法分别制作其他道路、广场铺装，如图 2-2-34 所示。

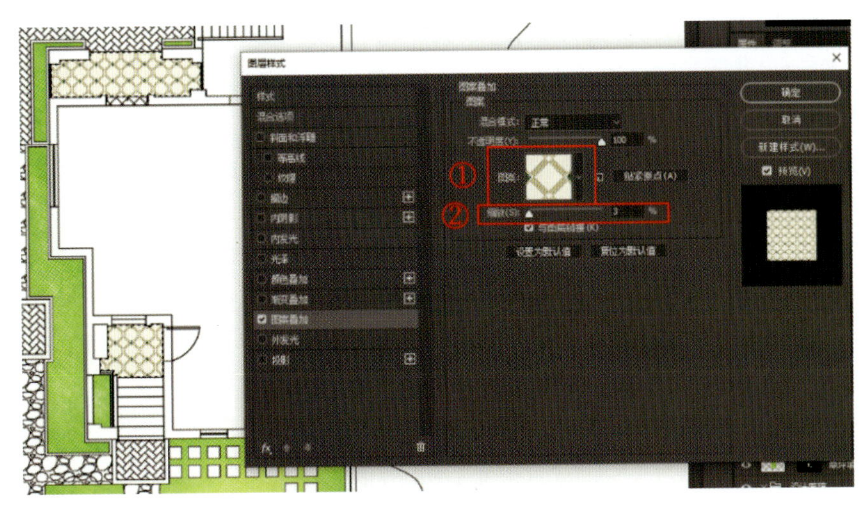

图 2-2-33　“图案叠加”设置

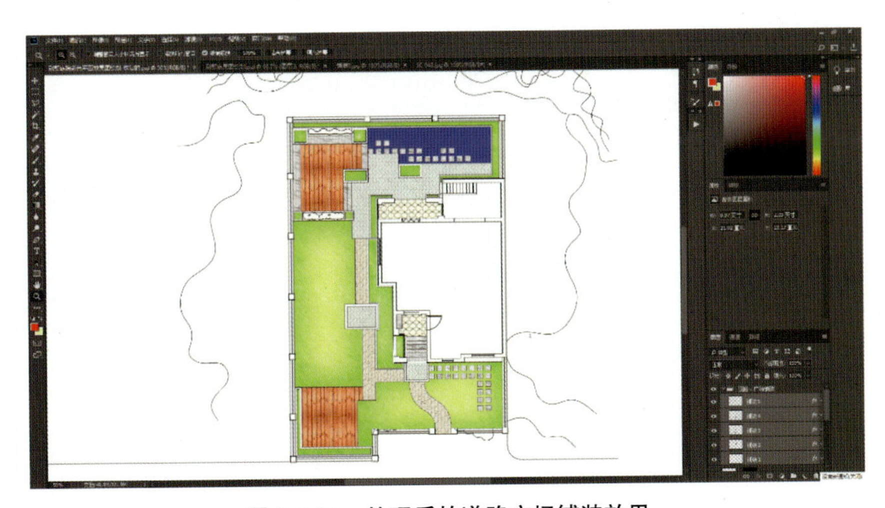

图 2-2-34　处理后的道路广场铺装效果

（3）绘制水体

该任务广场的水体主要是一个规则式水池，制作起来相对简单。下面将采用图案填充的手法对其进行填充。

①选择水体素材　从素材库中选择打开“水面.jpg”，选择“选择”/“全部”命令（快捷键 Ctrl+A），将图样全部选中，选择“编辑”/“拷贝”命令（快捷键 Ctrl+C），对素材复制。

②贴入水体素材　选择“编辑”/“选择性粘贴”/“贴入”命令（快捷键 Alt+Shift+Ctrl+V），在水体区域生成蒙版，贴入真实水体素材，如图 2-2-35 所示。

图 2-2-35　处理后的水体效果

（4）绘制建筑小品

该任务广场的建筑小品主要是园中一个正方形亭子和别墅建筑，因此次任务重点是别墅庭院，别墅建筑可以先忽略，重点放在亭子的制作上。

①选择亭子区域　选择“魔棒工具”（快捷键 W），选择“建筑”图层，选中亭子区域，建立一个新的图层“亭子”。

②选择亭子素材　从素材库中选择打开“木纹 .jpg”，选择“选择”/“全部”命令（快捷键 Ctrl+A），将图样全部选中，选择“编辑”/“定义图案”命令，将素材定义为图案。

③填充材质　选择“编辑”/“填充”命令（快捷键 Shift+F5），选择刚定义的图案进行图案填充。

④描边　选择“编辑”/“描边”命令，对其外轮廓描边。

⑤制作阴影　在“亭子”图层面板上，单击面板最下面一行第二个“fx”键，选择“阴影”样式。弹出对话框，设置角度为 45°，距离为 14 像素，大小为 8 像素，单击“确定”按钮确认。执行“阴影”后亭子的最终效果也就绘制完成了，如图 2-2-36 所示。

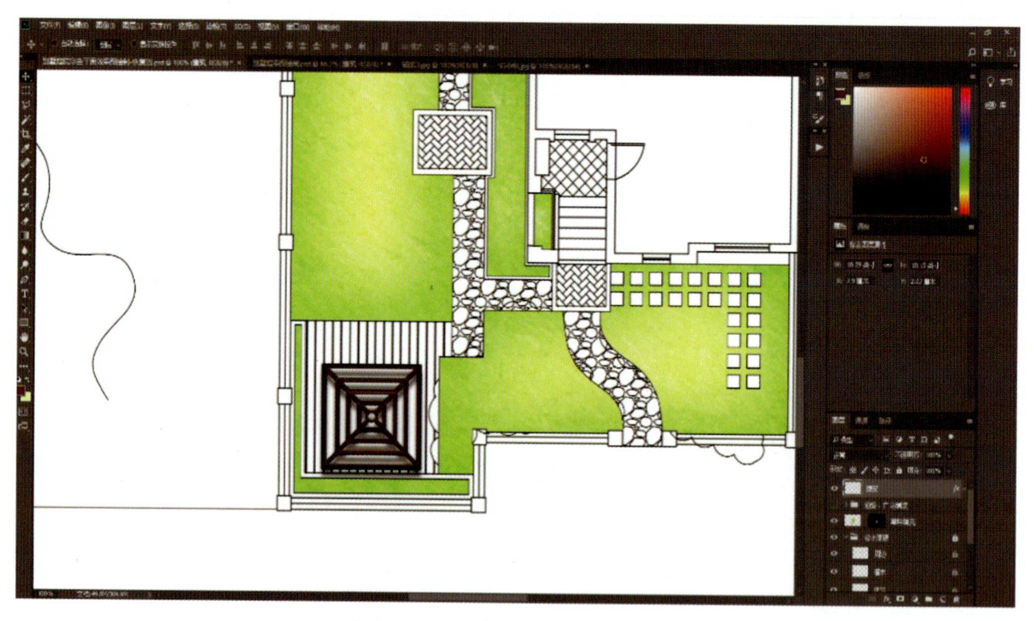

图 2-2-36　处理后的亭子效果

（5）绘制植物

该任务在 AutoCAD 图中没有完成植物种植设计，因此，在处理园林彩色平面效果图时，需要自行完成植物配置工作。该任务中的植物主要分为花池、灌木以及乔木三种。在绘制植物时一般选择置入图例的方法，将平时收集到的各种植物图例模板添加到彩色平面效果图中。

①绘制花池　选择“魔棒工具”（快捷键 W），选择“设计线稿”图层，选中花池区域，建立一个新的图层“花池”。

从素材库中打开“平面植物素材 .psd”，选择适合的花池植物模块，选择工具面板中

“移动工具”（快捷键 V）将选中的花池植物模块拖拽至彩色平面效果图中合适位置，选择“编辑”/“自由变换”命令（快捷键 Ctrl+T），对其大小方向进行调整。采用同样的方法制作其他花池植物。

②绘制灌木　选择“魔棒工具”（快捷键 W），选择“设计线稿”图层，选中灌木区域，建立一个新的图层“灌木”。

从素材库中选择打开“草地 .jpg”，选择“选择”/“全部”命令（快捷键 Ctrl+A），将图样全部选中，选择“编辑”/“拷贝”命令（快捷键 Ctrl+C），复制素材。

选择“编辑”/“选择性粘贴”/“贴入”命令（快捷键 Alt+Shift+Ctrl+V），在灌木区域生成蒙版，贴入真实素材。

选择“图像”/“调整”/“色相 / 饱和度”命令（快捷键 Ctrl+U），对填入的素材进行细部处理，使其富有变化，材质看起来没有那么单一，如图 2-2-37 所示。

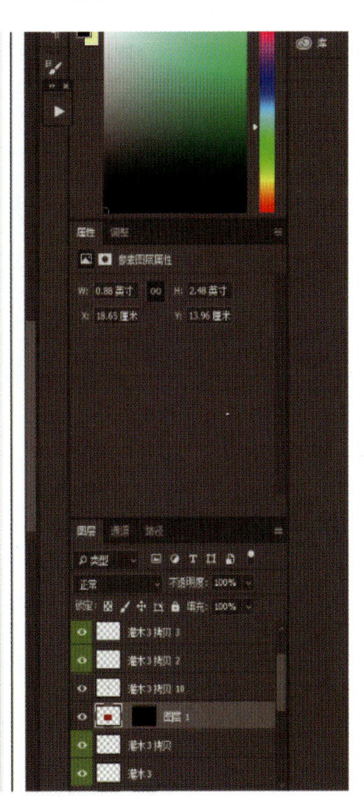

图 2-2-37　处理后的花池、灌木效果

③绘制乔木　从素材库中选择合适的植物图例模块，选择工具面板中“移动工具”（快捷键 V）将选中的植物模块拖拽至彩色平面效果图中合适位置，选择“编辑”/“自由变换”命令（快捷键 Ctrl+T），对其大小方向进行调整。调整完毕后，双击该图层将其改名为“植物 1”。

按住“Ctrl”键单击“植物 1”的图层缩略图，可以快速选择植物 1 模块的区域，再选择工具面板中“移动工具”（快捷键 V），按住 Ctrl 键等量复制植物 1 模块到合适的位置。

采用同样的方法分别制作其他植物，如图 2-2-38 所示。

图 2-2-38　处理后的植物效果

3. 绘制配景及细部

主体效果制作完成后，开始着手配景及细部的绘制工作。

（1）绘制配景

①绘制周边的道路　在“设计线稿”图层中用“多边形套索工具”（快捷键 L），将周边的道路选中，选择“编辑”/“填充”命令（快捷键 Shift+F5），选择合适的颜色填充。

选择“滤镜”/“杂色”/“添加杂色”命令，在弹出的“添加杂色”对话框中将数量设置为 15%，分布为“平均分布”，同时勾选单色，设置完毕后单击“确认”按钮。

②绘制周边的植物　与前面绘制植物时采用的方法一致，选择置入图例的方法，将平时收集到的各种植物图例模板添加到彩色平面效果图中合适的位置。

③绘制汽车、假山石　选择置入图例的方法，将平时收集到的汽车、假山石图例模板添加到彩色平面效果图中合适的位置。

（2）绘制细节

绘制细节主要包括细部的完善或者将存在的问题给予纠正。本次任务主要围绕着阴影和别墅建筑的处理展开。

①绘制阴影　在“绿地填充”图层面板上，单击最下面一行第二个“fx”键，选择“内阴影”样式，完成绿地最终绘制工作。

在“灌木”图层面板上，单击面板最下面一行第二个“fx”键，选择“阴影”样式，执行“阴影”后灌木的最终效果也就绘制完成了。

按照同样的方法将其他图层按需要添加图层样式，完成阴影绘制任务。

②绘制别墅建筑　选择“魔棒工具”（快捷键 W），选择“设计线稿”图层，选中别墅建筑区域，建立一个新的图层“别墅建筑”，选择“编辑”/“填充”命令（快捷键 Shift+F5），选择适合的颜色进行填充，并进行描边及添加阴影。

4. 调整整体效果

整体效果的调整主要包括图像的色彩、饱和度、明暗度等各方面的调整以及确定整体构图的内容。图像的调整主要取决于自身对色彩的把握，通常使用调整色彩平衡、亮度/对比度、色阶和曲线等，可以根据需要尝试不同的调整方法对图像的作用。

（1）图层不透明度调整

将别墅庭院外围景观的图层全部选中，选中图层面板上的不透明度值，调整到合适数值，如图 2-2-39 所示，淡化周边景色。

（2）图像色彩调整

绘制完成所有图纸后，将 Photoshop 文件及时保存后，另存一份 .JPEG 格式的图片，将这张 .JPEG 格式的图片在 Photoshop 中打开，选择工具面板中“矩形工具”（快捷键 M）选中别墅庭院区域，选择“图像”/“调整”/“色相/饱和度”命令（快捷键 Ctrl+U）进行调整，让主体别墅庭院更加突出。

（3）确定图纸整体构图

选择工具面板中“矩形选框工具”（快捷键 M）选中想要的区域，再选择“选择”/“反选”命令（快捷键 Shift+Ctrl+I），按“Delete”键删除选择的区域，操作完成后选择“图像”/“裁切”命令对图像进行裁切，如图 2-2-40 所示。

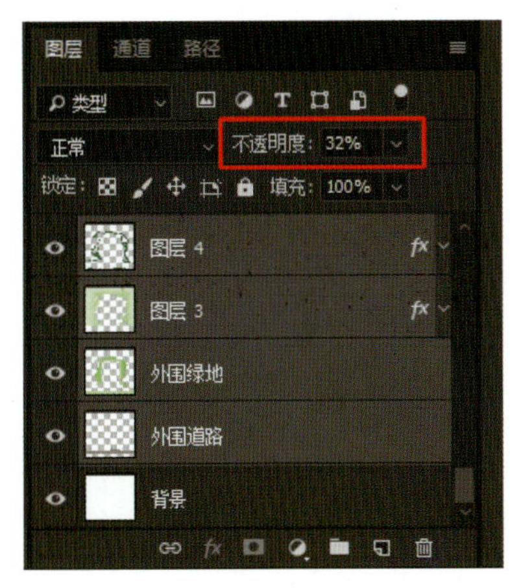

图 2-2-39　图层不透明度设置

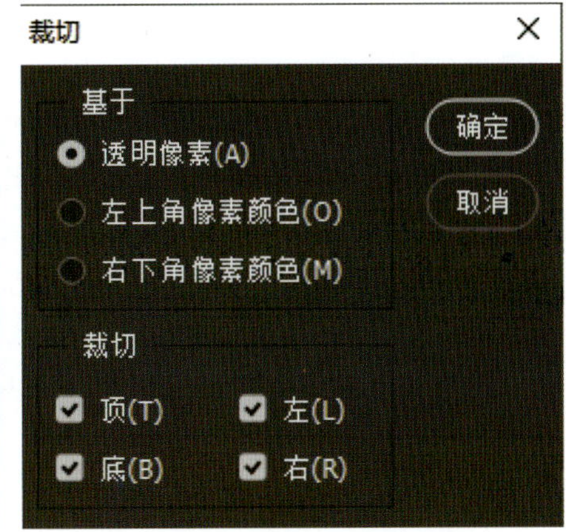

图 2-2-40　“裁切”对话框设置

图 2-2-41　别墅庭院彩色平面效果图

完成以上操作后，别墅庭院彩色平面效果图的绘制工作就完成了，如图 2-2-41 所示。

◇巩固训练

绘制某别墅庭院彩色平面效果图

甲方提供了原图，如图 2-2-42 所示，要求绘制真实素材填充风格的效果图，并完成植物配置。

对图纸进行初步分析发现，图纸内容相对简单，主要由绿地、建筑、水体、花坛以及道路铺装广场这几个基本元素组成。想绘制好这张效果图，首先需要收集大量的真实素材，然后选择适合素材填充到合适区域。

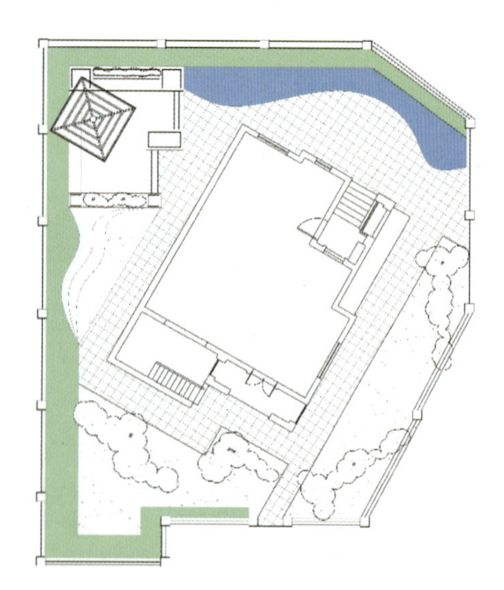

图 2-2-42　别墅庭院彩色平面效果图绘制 CAD 原稿

任务2.3　居住区彩色平面效果图绘制

◇任务目标

通过本任务的学习，使学生熟悉彩色平面效果图绘制的基本流程和方法，学习纯色和真实素材填充的技巧和方法。

◇任务描述

本次任务选自洛阳新区某居住区规划设计方案（图 2-2-43），甲方要求该彩色平面效果图素材制作真实，层次分明，植物配置合理。

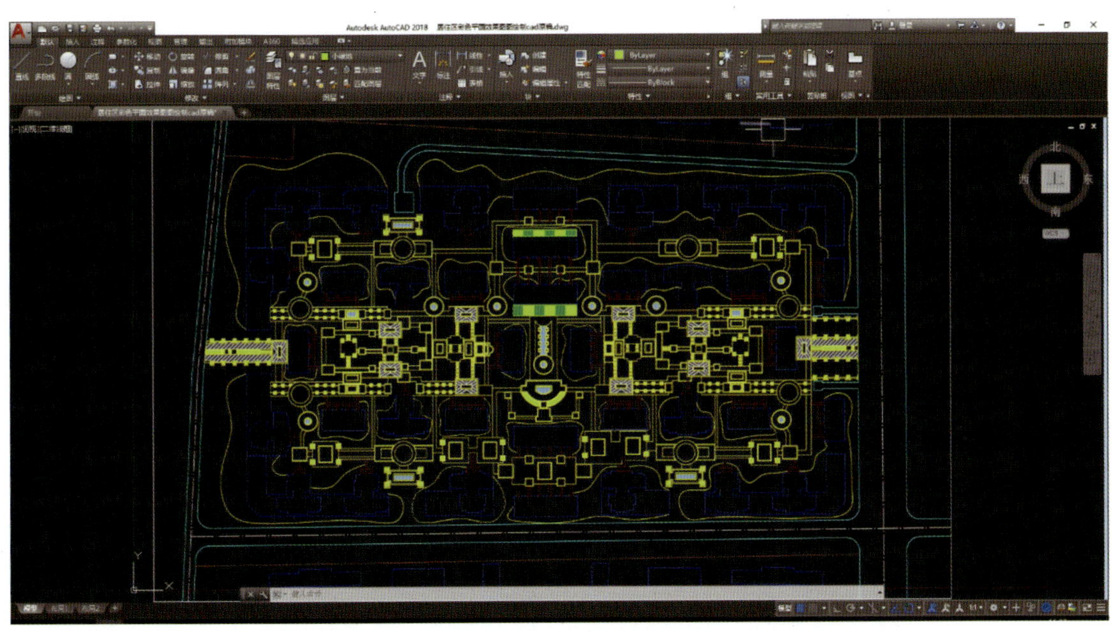

图 2-2-43　居住区彩色平面效果图绘制 CAD 原图

◇任务分析

针对本次任务，首先确定要绘制写实风格的彩色平面效果图，此种风格主要是用贴入法和填充法填充真实素材，但是由于该居住区面积过大，显示整体平面图时，有许多小细节并不能体现得很清楚，而且如果都采用真实素材，文件会比较大，用计算机制作时会占用大量内存，配置不高的计算机会出现死机或运行缓慢现象，因此，在制作过程中，为了突出计算机制图方便快捷等特性，在大范围填充及看不清楚细节的区域可以采用纯色填充的方法。

◇任务实施

1. AutoCAD 图纸分层导入 Photoshop

此操作与任务 2.1 广场彩色平面效果图绘制“任务实施”中的“1. AutoCAD 图纸分层导入 Photoshop 中”相同，这里就不再一一说明。

2. 绘制各景观元素

通过对 AutoCAD 原图整体布局线框的全面分析，将该居住区彩色平面效果图绘制的景观元素内容列出：

绘制住宅建筑及入户→绘制绿地→绘制道路、广场铺装→绘制水体→绘制建筑小品→绘制植物

（1）绘制住宅建筑及入户

对于居住区来说，住宅建筑及入户是个主体工程，其他都是围绕着这一主体工程而建设的，因此，先绘制主体，主体色调和内容定下来后，其他绘制工作就容易开展了。

经过分析，发现该居住区的住宅建筑分三种形式，一种是分布居住区外围，底层连通住宅建筑，另外两种分布于该居住区内部，一种是 T 形独栋建筑，一种是长方形独栋建筑。为了让建筑的形体更加立体、真实，连栋建筑与独栋建筑一定要区分。

①选择区域　单击“设计线稿”图层，选择“魔棒工具”（快捷键 W）将原图形中所有独栋住宅建筑区域（包括居住区外围建筑）选中，建立一个新的图层“住宅建筑 1”。

②填充颜色　选择“编辑”/“填充”命令（快捷键 Shift+F5），在弹出的对话框中选择适合的颜色，点击“确定”，完成填充任务。

③添加杂色　选择“滤镜”/“杂色”/“添加杂色”命令，完成建筑填充任务。

用同样的方法将“住宅建筑 2”和“入户”图层填充颜色。

④添加阴影　单击图层面板最下面一行第二个“fx”键，选择“阴影”样式。弹出对话框进行设置，不透明度 60%，角度 45°，距离 38 像素，扩展 15%，大小 16 像素，单击“确定”按钮确认，完成图层样式的添加，如图 2-2-44 所示。

（2）绘制绿地

该居住区绿地面积大，上面后期还要绘制植物，避免喧宾夺主，采用纯色填充这种绘制手法。

①填充颜色　单击“设计线稿”图层，选择“魔棒工具”（快捷键 W）将原图形中居住区的绿地区域选中，建立一个新的图层“绿地填充”。

选择“编辑”/“填充”命令（快捷键 Shift+F5），选择适当颜色填充。

②添加杂色　选择“滤镜”/“杂色”/“添加杂色”命令，在弹出的对话框中，设置数量 10%，平均分布，单色，点击“确定”按钮，执行杂色命令，让草地更富有质感。

用同样的方法将外围绿地也绘制完成，如图 2-2-45 所示。

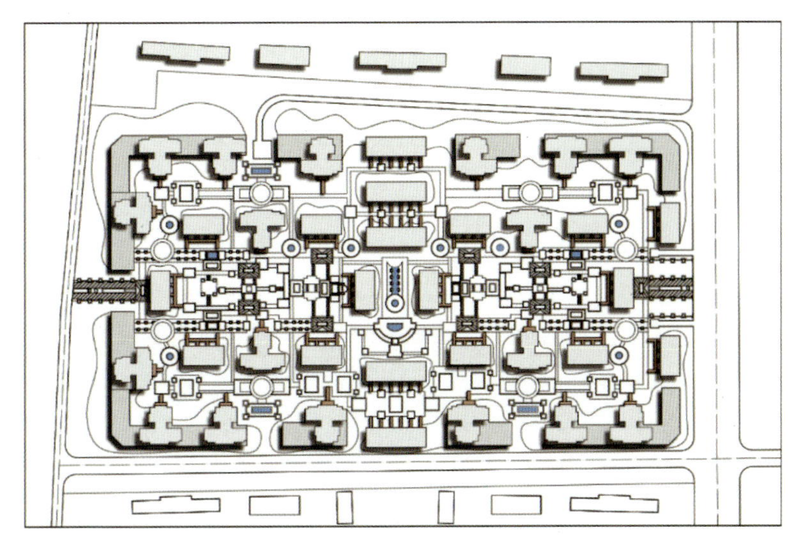

图 2-2-44 处理后的住宅建筑及入户

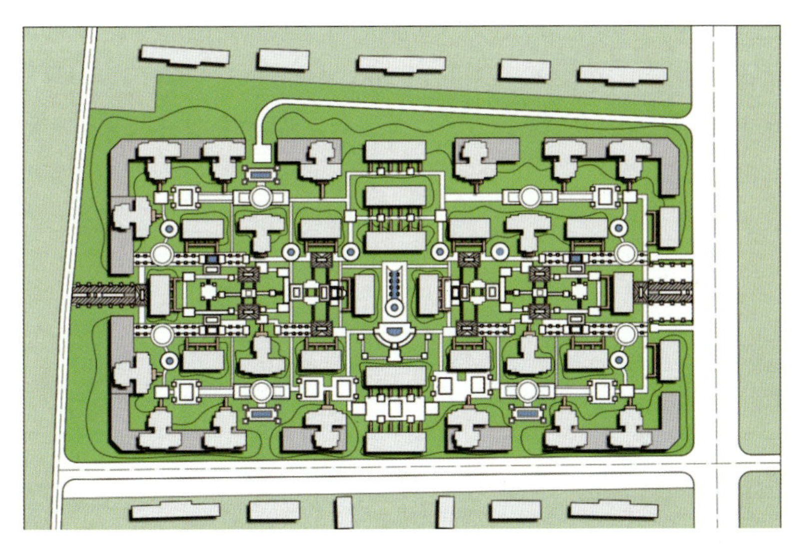

图 2-2-45 处理后的绿地效果

（3）绘制道路、广场铺装

该居住区的道路主要分为居住区外围的马路和居住区内道路。外围马路比较简单，而居住区内的道路比较复杂，有主园路、次园路、游步道等内容，内容相对比较琐碎。广场主要是居住区内的广场，广场的铺装形式不止一种，需要做好区分。

①绘制居住区外围马路 单击“设计线稿”图层，选择“魔棒工具”（快捷键 W）将原图形中外围马路区域选中，建立一个新的图层“外围马路填充”。选择“编辑”/“填充”命令（快捷键 Shift+F5），选择适当颜色填充并添加杂色，让马路更富有质感。

单击“中心线”图层，选择“魔棒工具”（快捷键 W）将原图形中外围马路区域选中，建立一个新的图层“中心线填充”。选择“编辑”/“填充”命令（快捷键 Shift+F5）将选择的区域填充成白色。

②绘制圆形广场铺装　从素材库中选择打开“圆形广场铺装.png”，选择“选择”/“全部”命令（快捷键 Ctrl+A），将图样全部选中，选择“编辑”/“拷贝”命令（快捷键 Ctrl+C），回到“居住区彩色平面效果图绘制.psd”文件，选择“编辑”/“粘贴”命令（快捷键 Ctrl+V），将新生成的图层改名为“圆形广场铺装”，选择“编辑”/“自由变换”命令（快捷键 Ctrl+T），将圆形广场铺装调整至合适大小，用移动工具移动到正确位置，再等量复制到其他适当位置，完成圆形广场铺装绘制任务，如图 2-2-46 所示。

图 2-2-46　圆形广场铺装效果

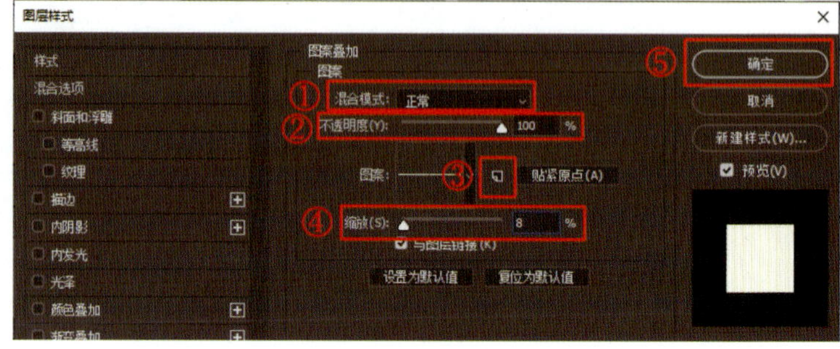

图 2-2-47　广场铺装 1 设置

③绘制方形广场铺装　从素材库中选择打开“铺装 1.tif”，选择“选择”/“定义画案”命令，将素材命名为“铺装 1”，回到“居住区彩色平面效果图绘制.psd”文件，单击“设计线稿”图层，选择“魔棒工具”（快捷键 W）将方形广场区域选中，建立一个新的图层“方形广场填充”。选择“编辑”/“填充”命令（快捷键 Shift+F5），选择任一颜色填充，单击图层面板最下面一行第二个“fx”键，选择“图案叠加”样式。弹出对话框，选择图案“铺装 1”，缩放为 8%，单击“确定”按钮确认，完成门厅铺装图案填充，如图 2-2-47 所示。

用纯色填充，图案直接置入和图案叠加等方法绘制完成所有道路、广场铺装，如图 2-2-48 所示。

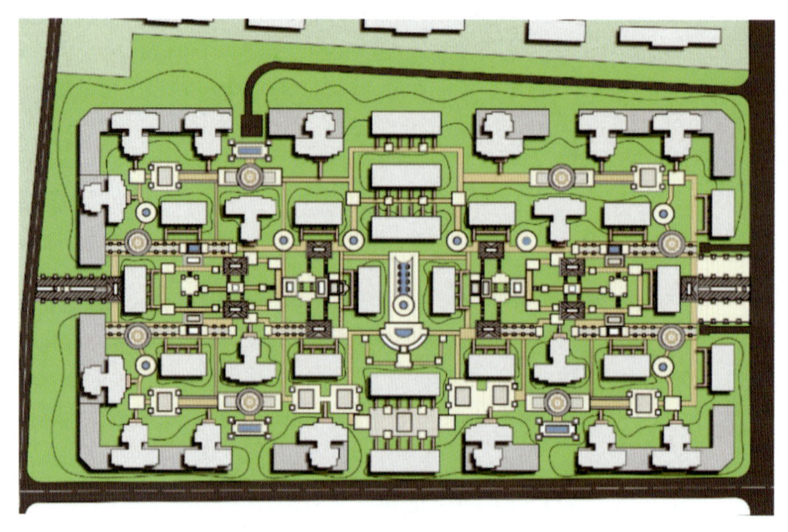

图 2-2-48　“图案叠加”设置

（4）绘制水体

从该居住区整体平面图中可以看到水体面积相对都不大，比较零碎，适宜采用纯色填充的绘制手法。

①填充颜色　单击“水体”图层，按住“Ctrl”键单击“图层缩略图”快速选择所有水体区域，建立一个新的图层“水体填充”。在新图层下，选择“编辑”/“填充”命令（快捷键 Shift+F5），选择适合颜色填充。

②细节处理　选择“加深 / 减淡工具”（快捷键 O），在“水体填充”图层中对水体进行淡化处理，如图 2-2-49 所示。

（5）绘制建筑小品

居住区内的建筑小品主要是正方形亭子，可以直接用平时收集的亭子素材贴入。

①选择复制素材　从素材库中选择打开“亭子 .png”，选择“选择”/“全部”命令（快捷键 Ctrl+A），将图样全部选中，选择“编辑”/“拷贝”命令（快捷键 Ctrl+C）。

②粘贴亭子素材　回到“居住区彩色平面效果图绘制 .psd”文件，选择“编辑”/“粘贴”命令（快捷键 Ctrl+V），将新生成的图层改名为“亭子”，选择“编辑”/“自由变换”命令（快捷键 Ctrl+T），将亭子调整至合适大小，用移动工具移动到正确位置，如图 2-2-50 所示。

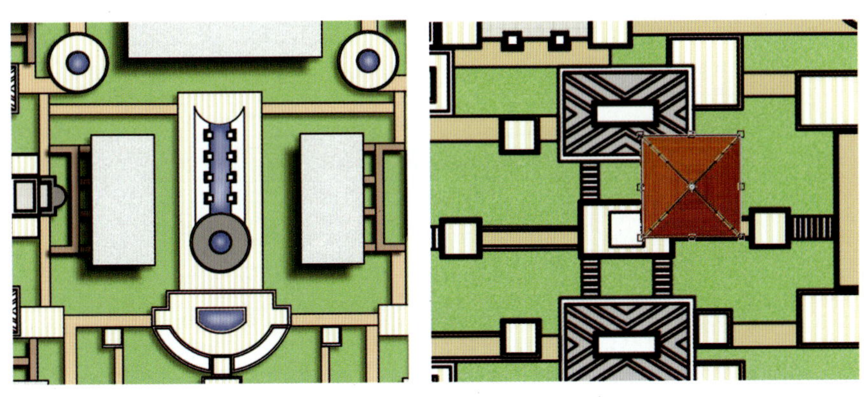

图 2-2-49　处理后的水体效果　　**图 2-2-50　贴入的平面亭**

③描边　选择“编辑”/“描边”命令，对其外轮廓描边。

④制作阴影　在“亭子”图层面板上，单击面板最下面一行第二个“fx”键，选择“阴影”样式。弹出对话框，设置角度为 45°，距离为 14 像素，大小为 8 像素，单击“确定”按钮确认。执行“阴影”后亭子的最终效果也就绘制完成了。

等量复制，将其他亭子制作完毕。

（6）绘制植物

该任务在 AutoCAD 图中没有完成植物种植设计，因此，在处理园林彩色平面效果图时，需要自行完成植物配置工作。该任务中的植物主要分为花池绿植、灌木以及乔木三种。在绘制植物时主要选择置入图例和笔刷的方法，将平时收集到的各种植物图例模板添加到彩色平面效果图中。

①绘制花池绿植　从素材库中打开“平面植物素材 .psd”，选择适合的花池植物模块，选择工具面板中“移动工具”（快捷键 V）将选中的花池植物模块拖拽至彩色平面效果图

中合适位置，选择“编辑”/“自由变换”命令（快捷键 Ctrl+T），对其大小方向进行调整，确定后调整模块在平面效果图中的位置。复制该花池植物模块，并调整其大小，完成同一植物的制作。

②绘制灌木　选择“魔棒工具”（快捷键 W），选择“灌木”图层，选中灌木区域，建立一个新的图层“灌木”。选择“编辑”/“填充”命令（快捷键 Shift+F5），填充纯色并添加阴影。

③绘制单体乔木　从素材库中选择合适的植物图例模块，选择工具面板中“移动工具”（快捷键 V）将选中的植物模块拖拽至彩色平面效果图中合适位置，选择“编辑”/“自由变换”命令（快捷键 Ctrl+T），对其大小方向进行调整。调整完毕后，双击该图层将其改名为“植物 1”。

按住 Ctrl 键单击“植物 1”的图层缩略图，可以快速选择植物 1 模块的区域，再选择工具面板中“移动工具”（快捷键 V），按住 Ctrl 键等量复制植物 1 模块到合适的位置，完成同一植物的制作。

采用同样的方法分别将其他单体乔木制作完毕。

④绘制树丛　选择“画笔工具”（快捷键 B），选择适合画笔，设置画笔，并绘制树丛，绘制完成后，通过“魔棒工具”（快捷键 W）选择树丛区域并填充颜色，再加上“图层样式”的描边和投影，将树丛制作完毕，如图 2-2-51 所示。

图 2-2-51　处理后的植物效果

3. 绘制配景及细部

主体效果制作完成后，着手配景及细部的绘制工作。

（1）绘制汽车

将平时收集到的汽车图例模板添加到彩色平面效果图中合适的位置。

（2）绘制细节

选择“加深/减淡工具”（快捷键 O），在“外围公路”图层中对外围公路进行颜色局部加深减淡处理，使公路路面看上去更加自然真实。

4. 调整整体效果

整体效果的调整主要包括图像的色彩、饱和度、明暗度等各方面的调整以及确定整体构图等内容。图像的调整主要取决于自身对色彩的把握，最常使用的就是调整色彩平衡、亮度 / 对比度、色阶和曲线等，可以根据需要尝试不同的调整方法对图像的作用。

绘制完成所有内容后，将 Photoshop 文件及时保存，另存一份 .JPEG 格式的图片，将这张 .JPEG 格式的图片在 Photoshop 中打开，选择“图像” / “调整”中的“色相 / 饱和度”命令（快捷键 Ctrl+U）进行调整，让图面效果更加突出，如图 2-2-52 所示。

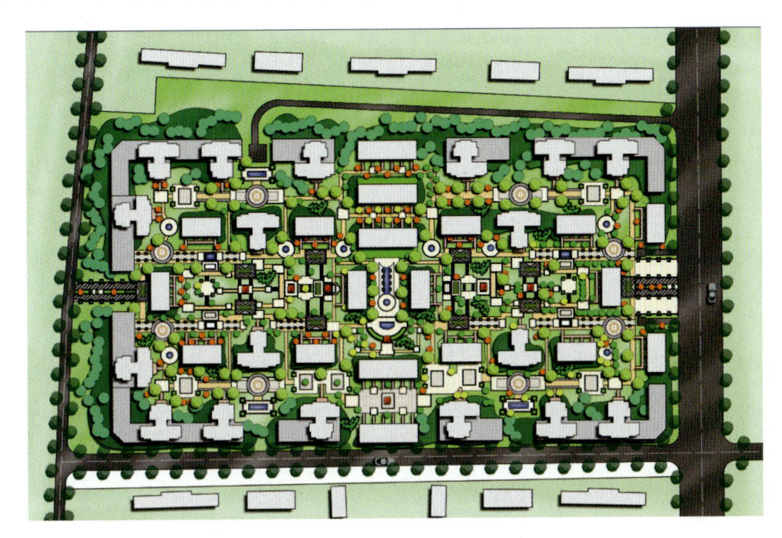

图 2-2-52　居住区彩色平面效果图

◇巩固训练

绘制某居住区彩色平面效果图

甲方提供了原图，如图 2-2-53 所示，要求绘制真实素材填充风格的效果图，并完成植物配置。

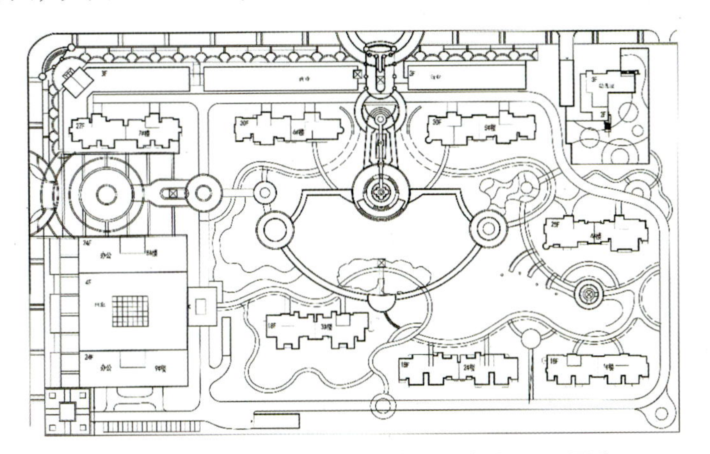

图 2-2-53　居住区彩色平面效果图绘制 CAD 原稿

对图纸进行初步分析，发现图纸内容相对简单，主要由绿地、建筑、水体、花坛以及道路铺装广场几个基本元素组成。想绘制好这张效果图，首先需要收集大量的真实素材，其后选择适合素材填充到合适区域。

任务2.4 水彩马克笔手绘风格彩色平面效果图绘制

◇任务目标

通过本任务的学习，使学生熟悉水彩马克笔风格彩色平面效果图绘制的基本流程和方法。

◇任务描述

本次绘制任务是小庭院彩色平面效果图（图2-2-54），甲方要求该彩色平面效果图为水彩手绘风格，要制作出各景观元素，能分清楚道路、水体、绿地，有一定的水彩画韵味。

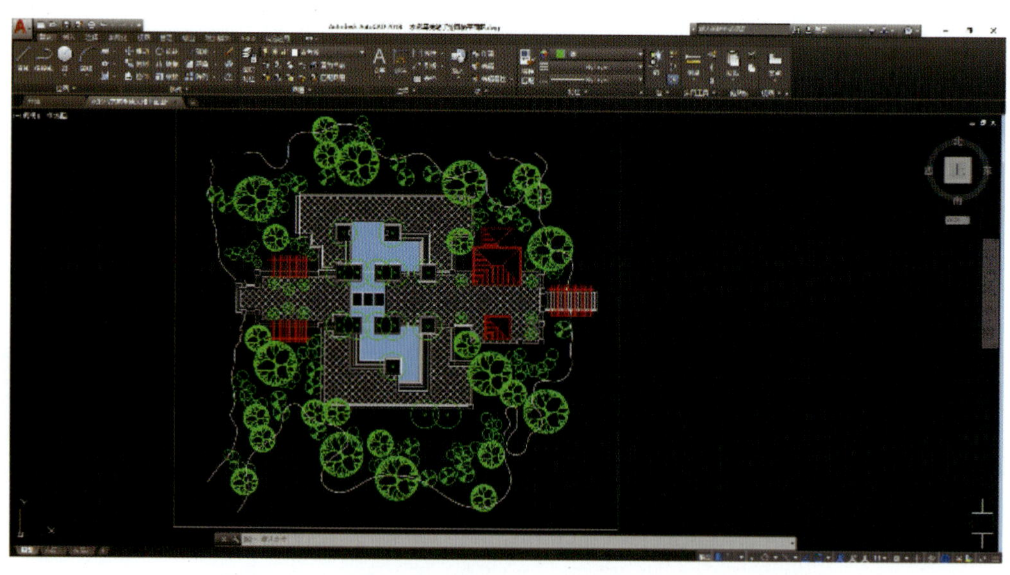

图2-2-54 水彩马克笔风格彩色平面效果绘制CAD原图

◇任务分析

针对本次任务，首先明确园林手绘彩色平面效果图的表现技法是一种比较传统的表现技法，以其独特的艺术感染力一直被业界所认可，也是一些竞赛和公司所喜欢的效果图表现风格。但是这种手绘平面效果图不是所有人员都可以完成的，需要绘制人员有一定美术功底。

◇任务实施

1. AutoCAD 图纸导入 SketchUp 转换为手绘线稿

（1）SketchUp 软件打开 AutoCAD 平面图纸

打开 SketchUp，进入其工作界面，选择菜单栏“文件”下的“导入”，导入名为“水彩马克笔手绘风格的彩色平面效果图绘制 CAD 原稿 .dwg”文件，如图 2-2-55 所示。

图 2-2-55 SketchUp 软件导入 AutoCAD 平面图纸

导入后，选择菜单栏“相机”下的“平行投影”，再选择菜单栏“相机”下的“标准视图”里的“顶视图”，这样看到的图是标准的平面图，不带投影效果，如图 2-2-56 所示。

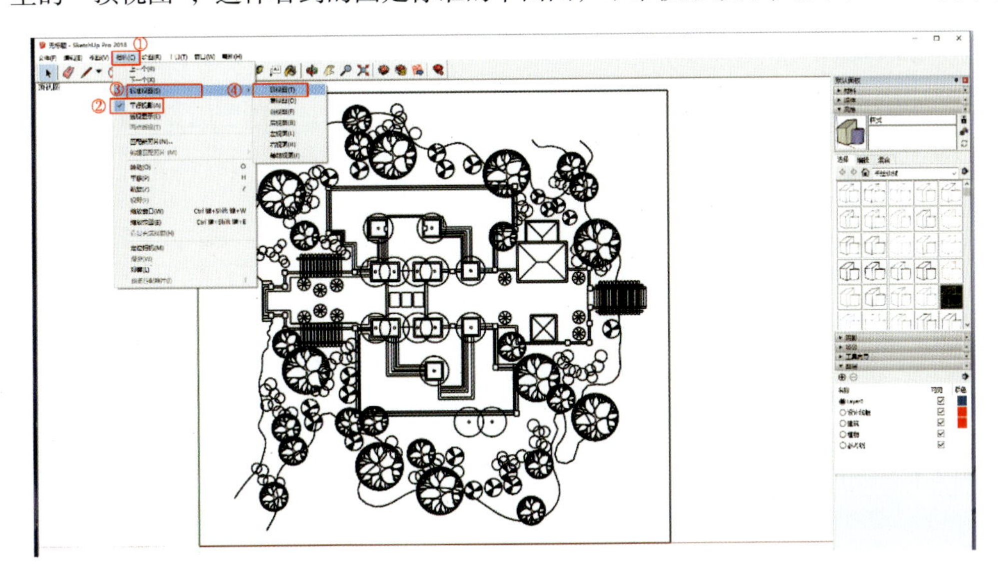

图 2-2-56 导入 AutoCAD 平面图纸后的 SketchUp 软件设置

（2）SketchUp 软件转换手绘线稿

在 SketchUp 软件中最右边找到“风格”面板，单击面板上“选择”下的“手绘边线”，“手绘边线”目录下的风格众多，可以根据需要自由选择。此处选用的为“粗记号笔”模式，如图 2-2-57 所示。

（3）SketchUp 导出手绘线稿

选择菜单栏“文件”下的“导出”里的“二维图像”，弹出“输出二维图像”对话框，选择“选项”进行图像大小设置，在弹出的“扩展导出图像选项”对话框中，输入宽度的最大像素 9999，高度随之自动调整，点击“确定”按钮，最后选择“导出”完成手绘线稿的导出任务，如图 2-2-58、图 2-2-59 所示。

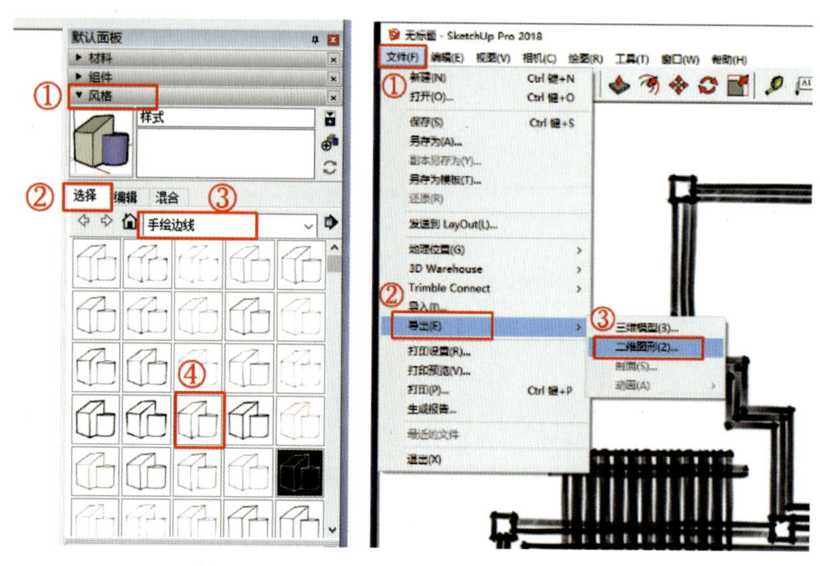

图 2-2-57　SketchUp 转换手绘线条设置　图 2-2-58　SketchUp 导出图像设置 1

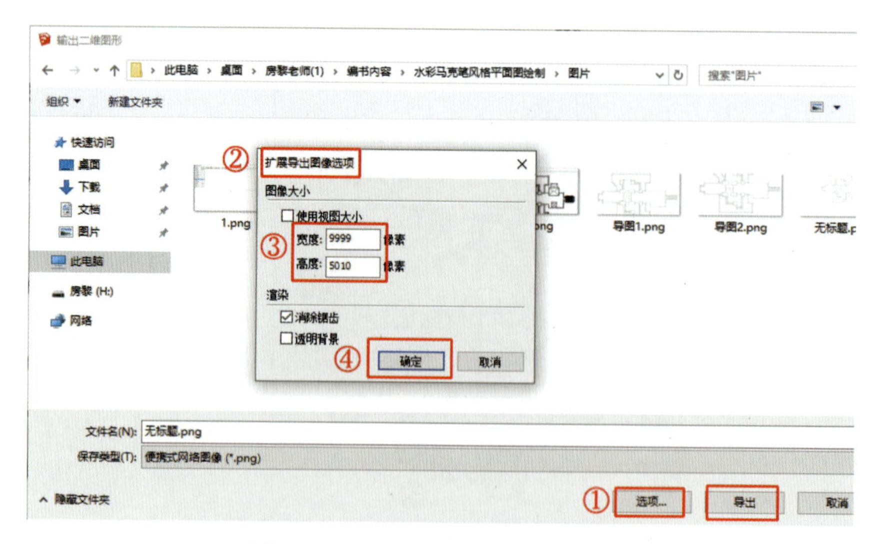

图 2-2-59　SketchUp 导出图像设置 2

2. 手绘线稿导入 Photoshop

打开 Photoshop 软件，选择“文件”/“打开”（快捷键 Ctrl+O，或者在窗口空白处双击鼠标），打开前面从 SketchUp 导出的所有手绘线稿文件。选中“导图 1.png”文件，选择“裁剪工具”（快捷键 C），拉伸文件，改变文件长宽，再将“导图 2.png”复制到“导图 1.png”文件中，用“移动工具”（快捷键 V）将两个图拼合到一起后合并图层。

选择“文件”/“打开”（快捷键 Ctrl+O 或者在窗口空白处双击鼠标）打开前面从 AutoCAD 导出的“设计线稿”和“植物”两个 PDF 文件。将这两个文件复制到“导图 1.png”文件中，并调整好大小，如图 2-2-60 所示。

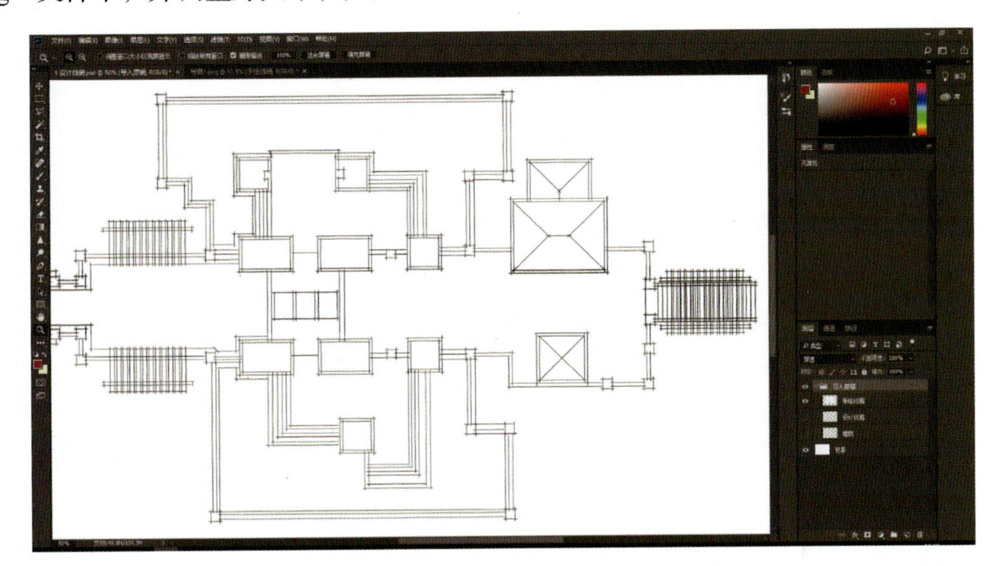

图 2-2-60　手绘线稿导入 Photoshop 中的效果

完成以上操作后，将“导图 1.png”保存为“水彩马克笔手绘风格的彩色平面效果图绘制 .psd”。

3. 绘制各景观元素

（1）绘制手绘线条

根据本次任务确定的绘制风格，采用手绘铺装材质贴入铺装区域。

①复制素材　选择“文件”/“打开”命令（快捷键 Ctrl+O），打开素材库中的“排线十字格网 . jpg”的图像文件。选择“选择”/“全选”命令（快捷键 Ctrl+A）将素材全部选中，选择“编辑”/“拷贝”命令（快捷键 Ctrl+C）进行复制。

②选择铺装区域　单击“设计线稿”图层，选择“魔棒工具”（快捷键 W）将原图形中的所有铺装区域选中，建立一个新的图层“铺装填充”。

③贴入素材　选择“编辑”/“选择性粘贴”/“贴入”命令（快捷键 Alt+Shift+Ctrl+V），在铺装区域生成蒙版，贴入手绘铺装素材，选择“编辑”/“自由变换”命令（快捷键

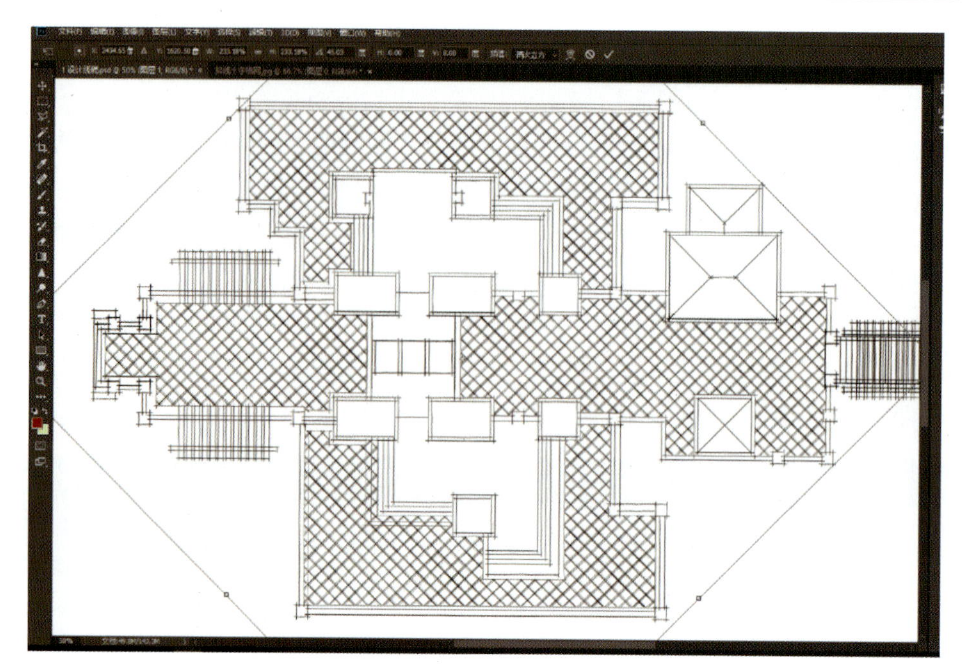

图 2-2-61　手绘铺装填充效果

Ctrl+T），旋转至合适角度，如图 2-2-61 所示。

用同样的方法将外围树影排线及建筑屋顶阴影排线绘制完成。

（2）绘制手绘植物

①选择画笔　选择“画笔工具”（快捷键 B），选择合适的画笔作为植物 1 图例，如图 2-2-62 所示。

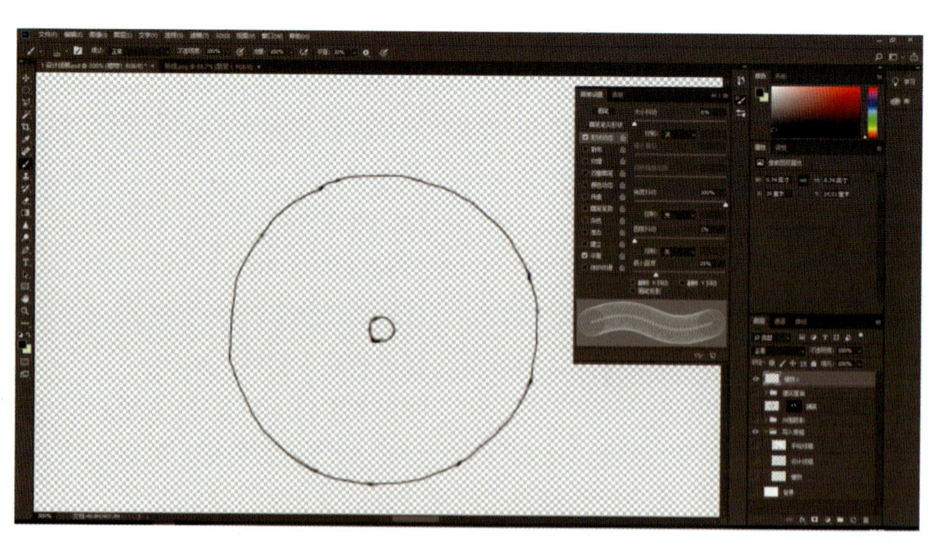

图 2-2-62　手绘植物效果

②种植植物 1　打开导入的图层“植物”，用“画笔工具”（快捷键 B）在合适的位置点击，种植植物 1，如图 2-2-63 所示。

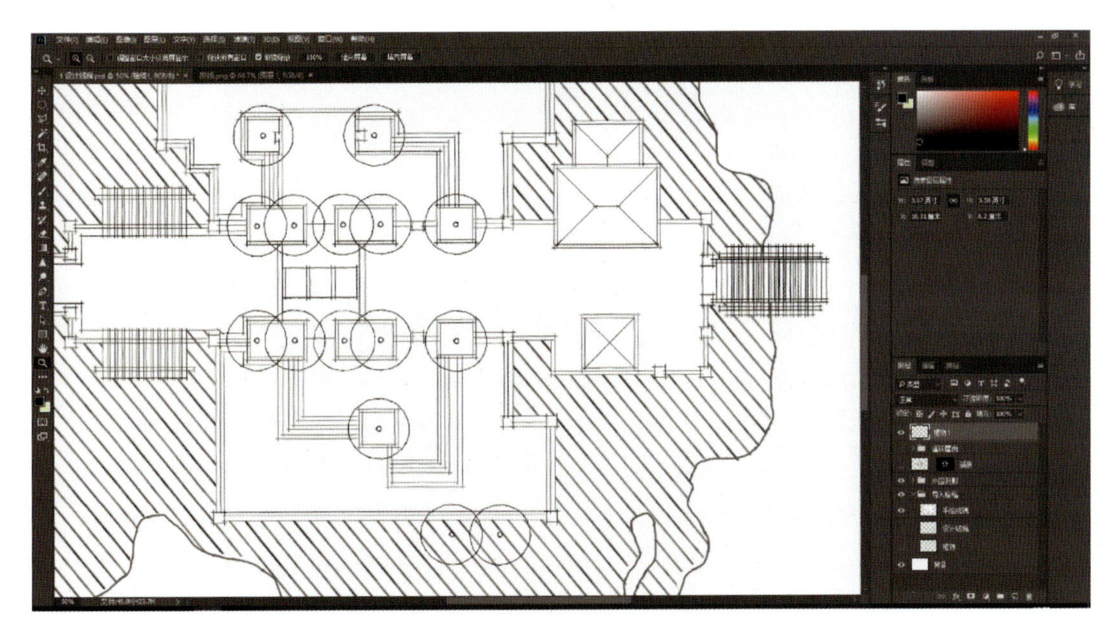

图 2-2-63　植物 1 种植效果

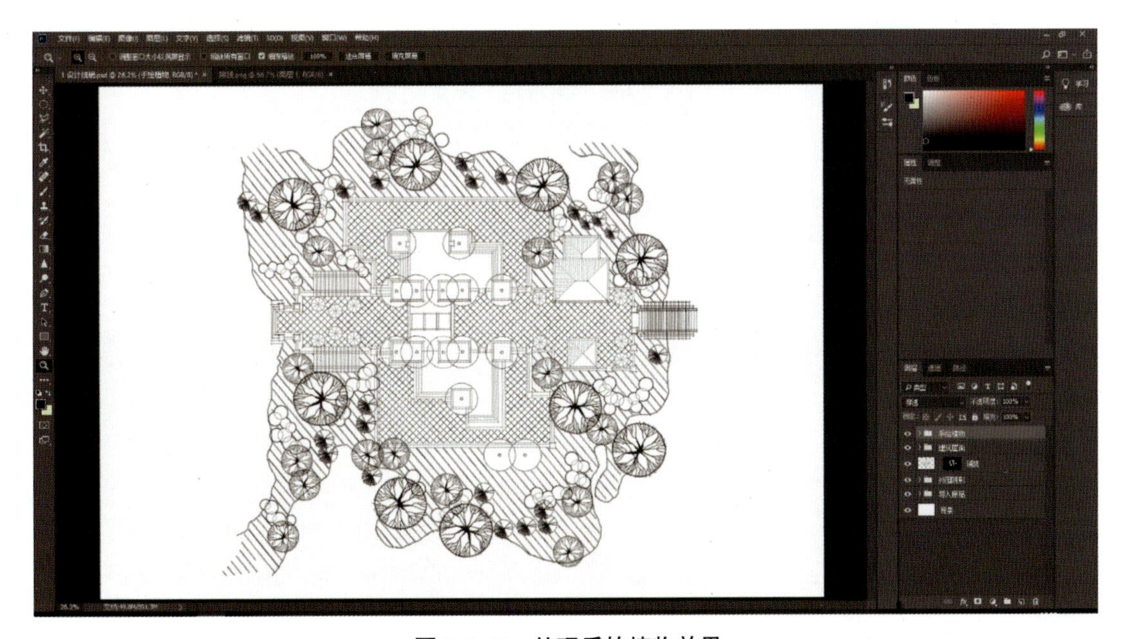

图 2-2-64　处理后的植物效果

用同样的方法将其他植物种植完毕，如图 2-2-64 所示。

（3）绘制水彩颜色

绘制水彩颜色主要通过笔刷选择颜色进行上色。

①设置前景色　选择工具面板“前景色工具”，打开“拾色器（前景色）”进行颜色设置，如图 2-2-65 所示。

②画笔设置　选择“画笔工具”（快捷键 B），选择“极湿水彩笔”，如图 2-2-66 所示。

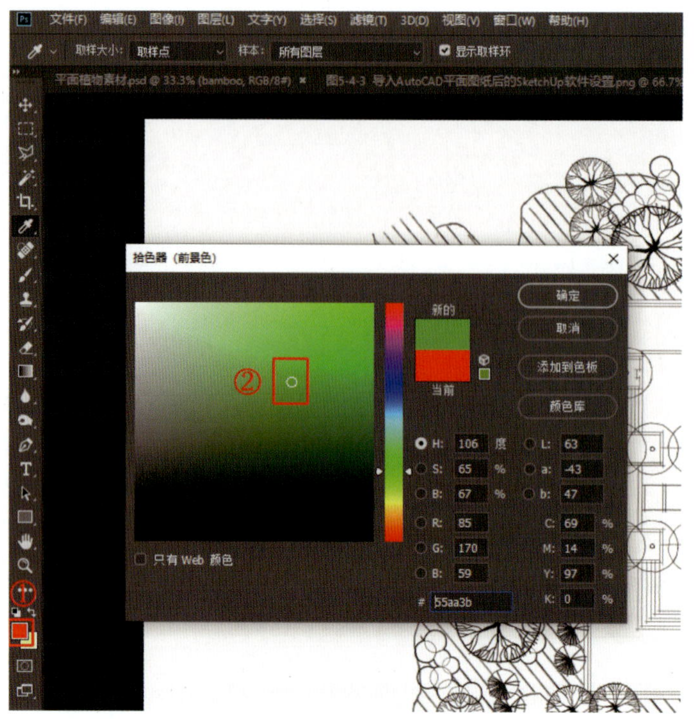

图 2-2-65 “前景色”设置

新建“外围树影”图层，在“图层面板”上设置该图层为“正片叠底”，再用该画笔进行颜色的添加，如图 2-2-67 所示。

用同样的方法，将铺装、外围绿地、植物、建筑和水体等颜色也绘制完成，如图 2-2-68 所示。

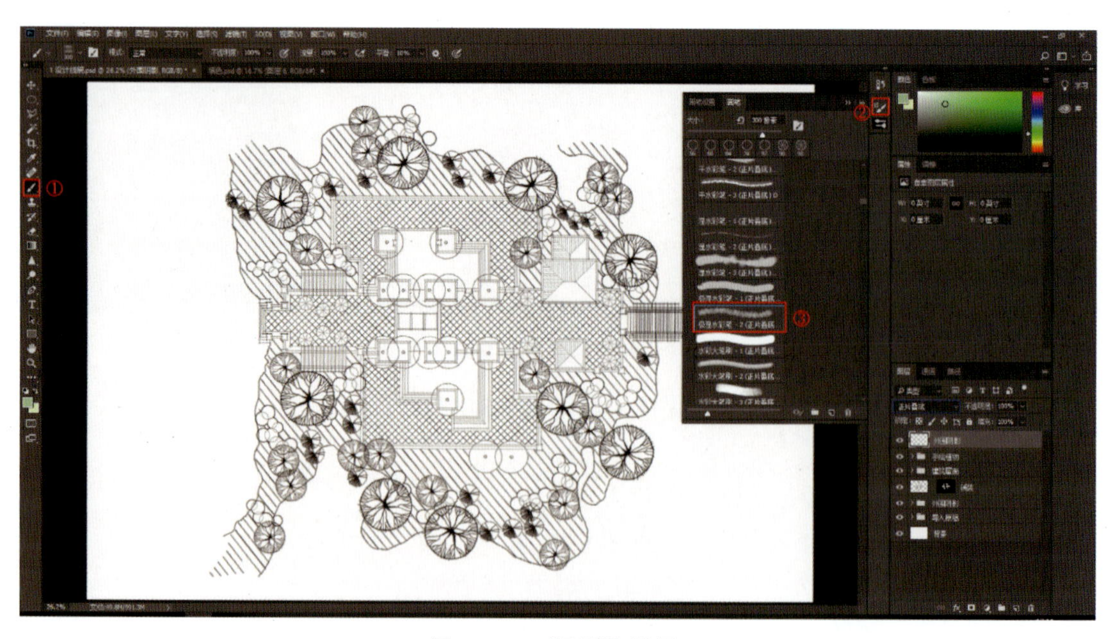

图 2-2-66 “画笔”设置

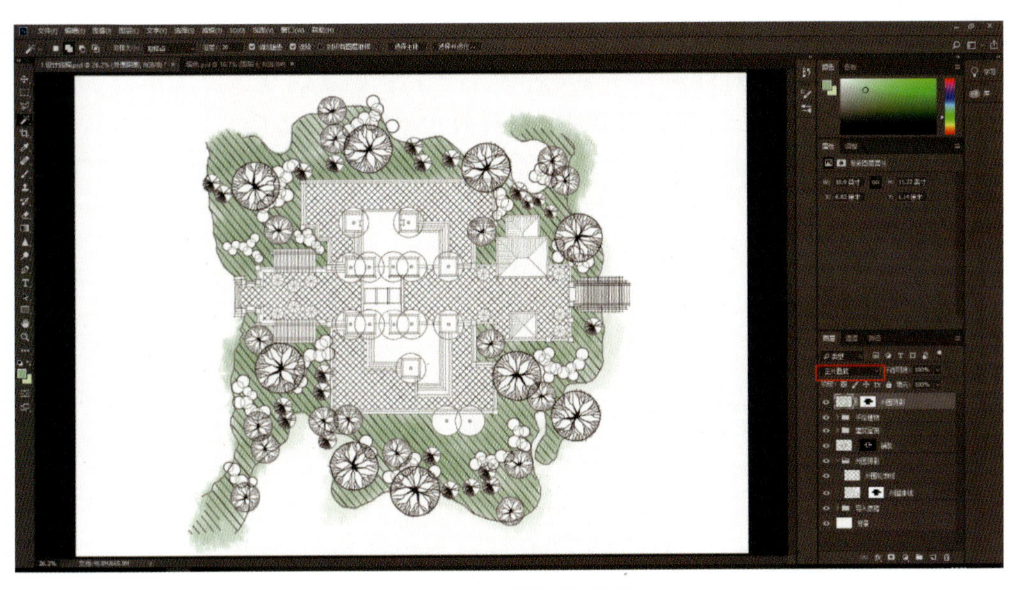

图 2-2-67　“图层”设置

图 2-2-68　处理后的上色效果

4. 细部及整体效果调整

主体效果制作完成后，就要着手细部及整体效果的调整绘制工作。

（1）绘制细部

一般绘制细节主要包括细部的完善和将存在的问题给予纠正。本次任务主要围绕着阴影的处理展开，借助于“图层样式”和“加深 / 减淡工具”来完成绘制任务。

①“图层样式”绘制阴影　选中所有“植物”图层，单击最下面一行第二个“fx”键，选择“阴影”样式。弹出对话框，设置角度为 45°，距离为 14 像素，大小为 27 像素，单击“确定”按钮确认。执行“阴影”后植物最终效果就绘制完成了。

②“加深 / 减淡”绘制阴影　在“铺装”图层上，用“加深 / 减淡工具”将边缘加深，完成铺装的绘制。

用同样的方法将树例及水体的亮面及暗面处理完整。

（2）图像色彩调整

绘制完成所有图纸后，将 Photoshop 文件及时保存，另存一份 JPEG 格式的图片，将这张 JPEG 格式的图片在 Photoshop 中打开，选择“图像”/“调整”中的“色相 / 饱和度”命令（快捷键 Ctrl+U），如图 2-2-27 所示，进行调整，得到效果图，如图 2-2-69 所示。

图 2-2-69　水彩马克笔风格彩色平面效果图

◇巩固训练

使用马克笔绘制庭院彩色平面效果图

甲方提供了原图，如图 2-2-70 所示，要求绘制马克笔手绘风格的彩色平面效果图，配色明快，能很好地区分出各景观元素。

对图纸初步分析，发现图纸内容相对简单，主要由绿地、建筑以及道路铺装广场几个基本元素组成。铺装图案单一，在后期处理时需要花费一些功夫。植物图样丰富，不需要做太多烦琐的处理。

图 2-2-70　水彩马克笔风格彩色平面效果图绘制 CAD 原稿

◇知识拓展

1. 绘制水体时添加镜头光晕效果

水体填充渐变色后，为了更加真实，可以制作光晕效果。单击“滤镜”/“渲染”中的“镜头光晕”命令，弹出对话框，进行相应设置，并在预览框中调整“光晕中心”的位置，执行“镜头光晕”后的效果。

2. 绘制树例时添加光照效果

树例填充渐变色后，为了增加其真实性，可以制作光照效果。单击“滤镜”菜单下“渲染”里面的“光照效果”命令，执行滤镜效果。

3. 导入笔刷

打开 Photoshop，进入到操作界面，单击工具面板“画笔”（快捷键 B），然后打开“画笔预设”选取器进行设置，如图 2-2-71 所示，点击“导入画笔”命令，在弹出的对话框中选择要导入的笔刷，点击“载入”，这时就可以在笔刷里面找到刚才导入的笔刷了。

提示：在绘制彩色平面效果图时，合理利用笔刷可以减轻不少绘图工作量。因此，平时需要注意多收集一些有用的笔刷。每次进行以上操作只能导入一个笔刷。

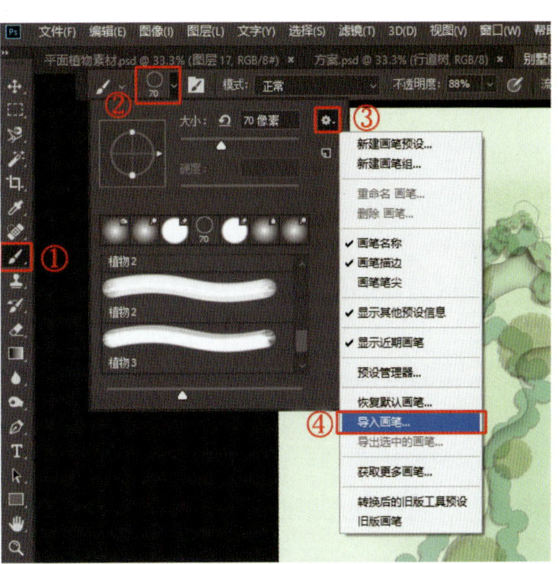

图 2-2-71　“导入画笔”设置

4. 绘制树丛

单击工具面板“画笔”（快捷键 B），选择笔刷，进行相应设置，如图 2-2-72、图 2-2-73 所示。

图 2-2-72 选择“画笔”

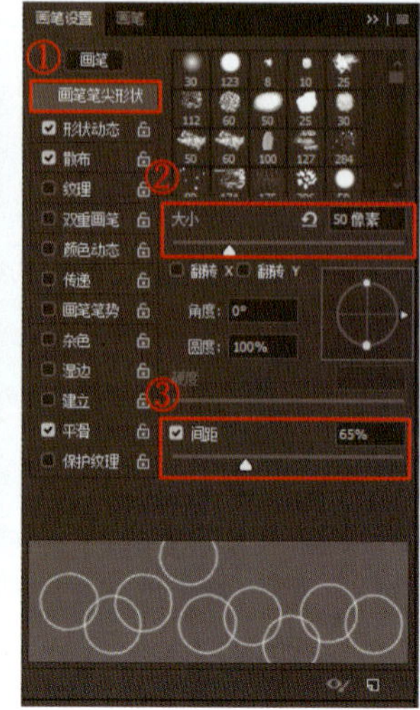

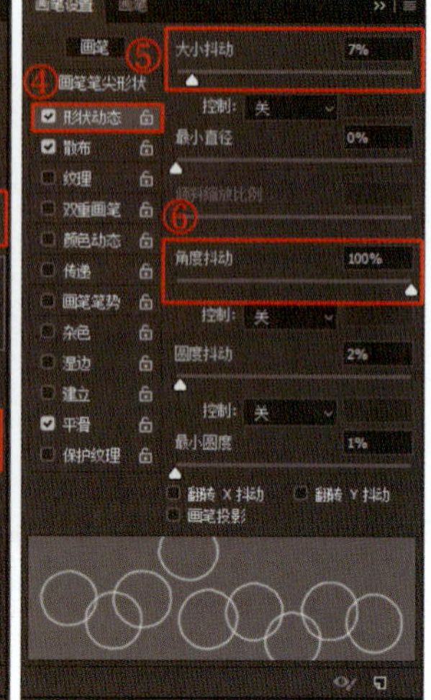

图 2-2-73 “画笔设置”对话框

5. 绘制住宅建筑阴影

（1）多边形套索工具绘制阴影

单击工具面板上的“多边形套索”工具（快捷键 L），在单栋住宅建筑的左下方画出建筑楼体阴影区域，新建一个图层（快捷键 Ctrl+J）并命名。

单击工具面板上“颜色拾取器”，将前景色设置为浅灰色，背景色设为黑色，设置完毕后单击“确定”按钮完成设置。再单击工具面板上“渐变”工具，在工具特性上选择“线性渐变”，对所选阴影区域由左下方向右上方拖动鼠标实施颜色渐变填充。

（2）复制图层绘制阴影

选择“住宅建筑”图层，新建“住宅建筑阴影”图层，填充黑色。选择移动工具，在移动状态下，按住 Alt 键，交替按向左向下键，复制阴影图层，直到形成正确阴影，并将“住宅建筑阴影”图层移到“住宅建筑”图层之下，调整图层的不透明度为 60%，让阴影不那么死板，隐约透出阴影下的内容，使其更加真实。

提示：高层住宅建筑为了体现立体效果多会添加制作阴影。阴影的制作可以采用这两种方法，也可以采用前面介绍过的方法，直接对住宅建筑图层制作阴影。

6. 绘制地被植物

单击工具面板上的“魔棒”工具（快捷键 W），选择“灌木”图层，选中灌木区域，建立一个新的图层“灌木填充”。单击工具面板上“颜色拾取器”，将前景色设置为红色，背景色设为绿色，用前景色填充所选区域。单击“滤镜”/“像素化”里面的“点状化”命令，在弹出的“点状化”对话框中设置数量为 10，单击“确定”按钮完成滤镜效果，再添加阴影。

7. 绘制手绘植物

用“画笔”工具来手绘植物树例。

（1）描边

新建“植物 1”图层，点击工具面板“椭圆”命令（快捷键 M），按住 Shift+Ctrl 键从植物 1 中一棵树的中心往外画一个正圆形选择区域，点击菜单栏“编辑”下面的“描边”命令，在弹出的对话框中进行相应设置（图 2-2-74）。

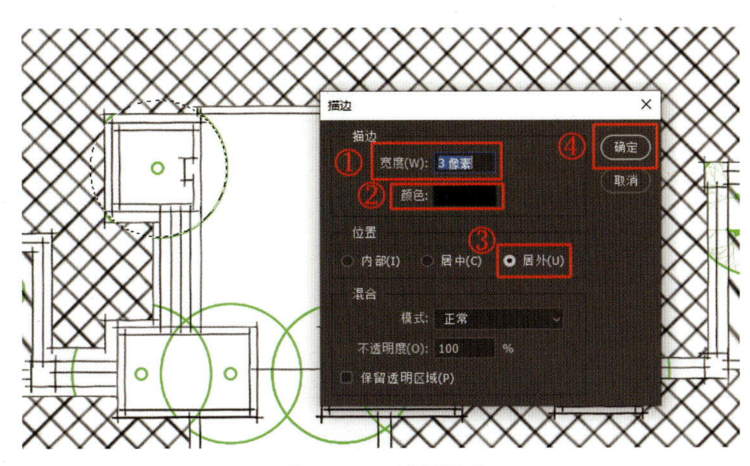

图 2-2-74　树例描边

（2）徒手画

点击工具面板“画笔”命令（快捷键 B），选择适合的画笔，用鼠标徒手绘制植物 1 树例（图 2-2-75）。

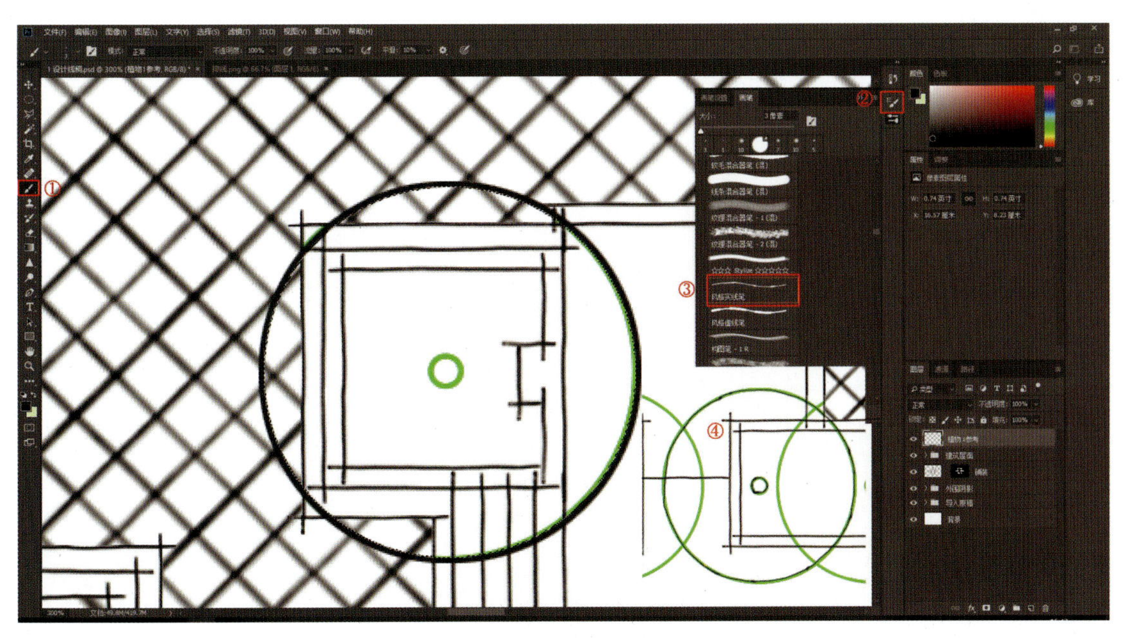

图 2-2-75　选择画笔徒手画

8. 定义笔刷与应用

（1）定义笔刷

植物 1 树例绘制完成后，将其他图层都关闭，仅剩“植物 1”图层，单击“编辑”/“定义画笔预设”命令，在弹出的“画笔名称”对话框中输入“植物 1”，点击“确定”按钮完成定义笔刷，如图 2-2-76 所示。

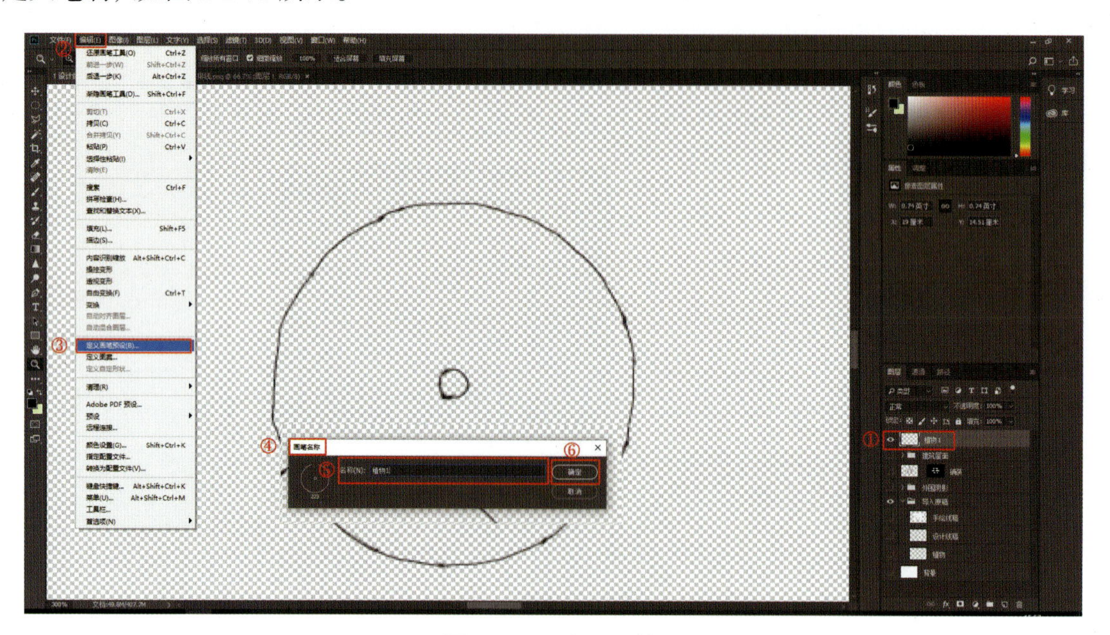

图 2-2-76　定义画笔

（2）笔刷应用

单击工具面板“画笔”命令，选择“植物 1”画笔，在相应位置点击，自动生成植物 1 树例。

项目3 园林效果图后期处理

◇学习目标

【知识目标】

（1）掌握园林效果图后期处理的主要流程和方法。

（2）掌握通过“通道”面板获取图层选区，并对选区进行颜色填充和选区局部色彩调整的方法。

（3）掌握图层透明度、图层样式、图层蒙版、滤镜的使用方法。

（4）掌握工具栏中“选区工具”“画笔工具”等工具的使用方法。

（5）掌握将园林效果图素材配景添加到图像合适位置的方法。

（6）掌握调整图像“色相 / 饱和度”“亮度 / 对比度”“曲线”“色阶”等的方法。

【技能目标】

（1）能通过通道面板选择图层选区的方法，对图层选区填充颜色，进行“亮度 / 对比度”等图像调整。

（2）能对图层选区添加图层蒙版。

（3）会使用“画笔”工具，学会加载外部“画笔”文件。

（4）会使用 Photoshop 中“通道”面板功能选择选区。

（5）会使用 Photoshop 中“滤镜”功能。

（6）能熟练使用 Photoshop 中常用快捷键、各种工具。

任务3.1 公园效果图后期处理

◇任务目标

通过本任务的学习，使学生熟悉效果图后期处理的基本流程和方法，学习如何表现建筑及周边环境，并据此触类旁通，达到建筑和环境表现的统一。

◇任务描述

本次绘制任务是进行公园效果图后期处理（图 2-3-1），要求该公园效果图尽量写实，并且场景效果符合建筑本身的风格和特色。

图 2-3-1　仿古公园后期效果图

◇任务分析

针对本次任务，要尽量还原真实风格的仿古公园，可以在效果图里添加青砖、木隔扇门窗、挑檐、朱红柱子、回廊，使整个画面俨然一幅自然的画卷，富有古典美。

◇任务实施

添加天空背景及远景操作视频

1. 添加天空背景及远景

为室外场景效果图添加背景是必不可少的一个环节，只有添加合适的背景，场景效果才真实。本例的背景是用一幅真实的天空背景来制作的，这样的背景更加自然、柔和。另外，如果添加的天空色调与主体建筑所要表达的色调不协调，还需要运用 Photoshop 软件中的色彩调整命令对天空配景进行调整。

（1）打开素材文件中的“仿古建筑 .tif”文件（图 2-3-2）。

图 2-3-2　打开的图像文件

（2）将图像与背景分离

①将“背景”图层转换为普通图层，命名为“建筑”。

②用“魔棒工具”选中白色背景。

③按 Delete 键将白色背景删除，再按 Ctrl+D 键取消选取选择，此时图像效果如图 2-3-3 所示。

④打开素材文件中的“仿古建筑选区 .tif”文件，如图 2-3-4 所示。

图 2-3-3　删除背景后的效果

图 2-3-4　调入选区效果

⑤调出建筑的选区，然后按住 Shift 键的同时将选区内容拖入到“仿古建筑”场景中。

⑥将刚调入的图像所在图层命名为“通道”，然后将该图层隐藏。注意，“通道”图层在不用的时候，将其隐藏。“图层”面板如图 2-3-5 所示。

⑦新建一个图层，命名为“底色”。

⑧设置前景色为灰色（R=192，G=192，B=192），背景色为白色。在渐变编辑器，选择渐变方式为“前景色到背景色渐变”，在图像中由上而下执行渐变操作，并将该图层调整到“建筑”图层的下方，效果如图 2-3-6 所示。

⑨打开素材文件中的“天空 .psd”，如图 2-3-7 所示。

⑩选择“移动工具”将天空背景拖入到仿古建筑场景中，并将其所在图层命名为“天空”，然后将该图层调整到“建筑”图层的下方，如图 2-3-8 所示。

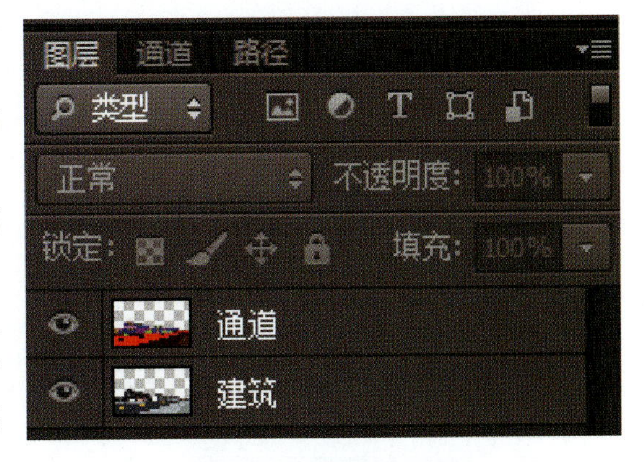

图 2-3-5　“图层”面板

图 2-3-6　执行渐变操作

图 2-3-7　打开的图像文件

图 2-3-8　调入天空后的效果

（3）为场景添加地面配景

①选择“文件”/“打开”命令，打开素材文件中的“地面.psd”文件，如图2-3-9所示。

②选择“移动工具”将地面配景拖入到仿古建筑场景中，并将其所在图层命名为“地面”，然后调整其位置，如图2-3-10所示。

图2-3-9 打开的地面配景

图2-3-10 添加地面配景后的效果

（4）处理下地面效果

①显示“通道”图层，运用选择工具选择场景的部分地面，如图2-3-11所示。

②将“通道”图层隐藏，回到“建筑”图层，然后按Ctrl+J键将选区内容复制为单独的一层，命名为“地面加深”。

③选择“加深工具”将地面部分进行加深处理，处理后的效果如图2-3-12所示。

图2-3-11 选择地面效果

图 2-3-12　加深地面效果

（5）为场景添加远景配景

①打开素材文件中的“远景配景 .psd”文件，如图 2-3-13 所示。

②选择“移动工具”将远景配图拖入到场景中，然后调整它的位置如图 2-3-14 所示。

至此，仿古建筑效果图的天空背景和远景配景就添加完毕，整体效果如图 2-3-15 所示。

图 2-3-13　打开的图像文件

图 2-3-14　添加远景配景效果

图 2-3-15　添加天空背景及远景配景效果

2. 调整建筑

对于建筑的调整，一般是使用工具箱中的选择工具选择需要调整的区域，然后再使用相应的色彩调整命令对其进行调整，直至建筑的整体色调达到要求为止。

（1）显示“通道”图层，运用“魔棒工具”选择紫色部分，得到如图 2-3-16 所示的选区。

图 2-3-16　创建的选区

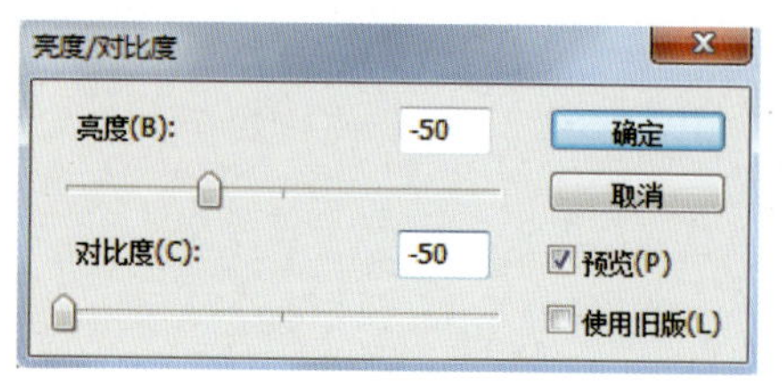

图 2-3-17　参数设置

（2）将“通道”图层隐藏，回到“建筑”图层，然后将选区内容复制为单独一层，并将该图层命名为“门 1”。

（3）单击“图像”/“调整”/“亮度/对比度”命令，在弹出的对话框中设置各项参数，如图 2-3-17 所示。

执行上述操作后，图像效果如图 2-3-18 所示。

（4）显示“通道”图层，运用“魔棒工具”选择紫色部分，得到如图 2-3-19 所示的选区。

图 2-3-18　图像编辑效果

在“通道”图层中的选区

在“建筑”图层中的选区

图 2-3-19　创建的选区

（5）将“通道”图层隐藏，新建一个名为“墙 1”的图层，然后将选区以灰色（RGB=210）填充，效果如图 2-3-20 所示。

（6）在“图层”面板中将“墙 1”图层的混合模式更改为“正片叠底”，“不透明度”数值设置为 75%，图像效果如图 2-3-21 所示。

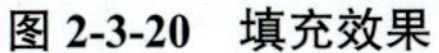

图 2-3-20　填充效果

图 2-3-21　编辑图像效果

在“通道”图层中的选区

在“建筑”图层中的选区

图 2-3-22　创建的选区

（7）显示“通道”图层，运用“魔棒工具”选择军绿色部分，得到如图 2-3-22 所示的选区。

（8）将“通道”图层隐藏，新建一个名为“墙 2”的图层，然后将选区以灰色（R=185，G=185，B=185) 填充。

（9）在“图层”面板中，将“墙 2”图层的混合模式改为“深色”，将“不透明度”数值设置为 45%，图像效果如图 2-3-23 所示。

图 2-3-23　编辑图像效果

（10）显示“通道”图层，运用“魔棒工具”选择军绿色部分，得到如图 2-3-24 所示的选区。

（11）打开素材文件中的“龙 .psd”文件，如图 2-3-25 所示。

（12）调出配景的选区，再按 Ctrl+C 键将选区内容复制。回到仿古建筑场景中，单击菜单栏“编辑”/“选择性粘贴”/“贴入”命令，将复制的配景粘贴到选区中，再将该图层的混合模式更改为“正片叠底”，效果如图 2-3-26 所示。

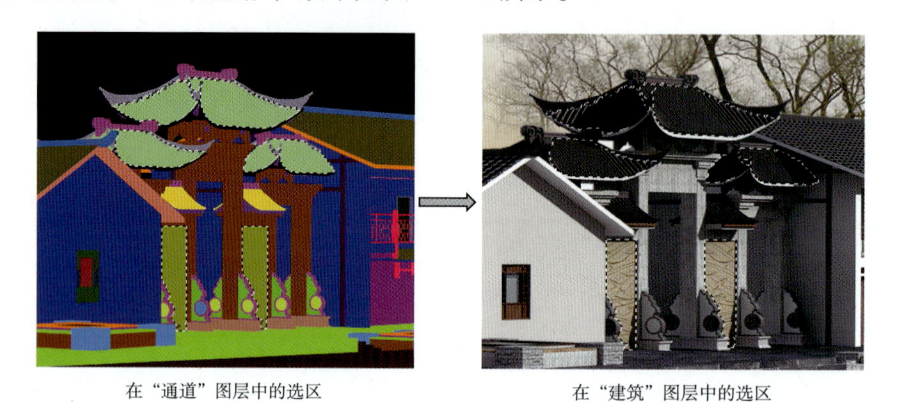

在“通道”图层中的选区　　在“建筑”图层中的选区

图 2-3-24　创建的选区

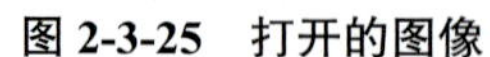

图 2-3-25　打开的图像

图 2-3-26　编辑图像效果

接下来调整下屋顶的色调。

（13）显示“通道”图层，运用“魔棒工具”选择军绿色部分，得到如图 2-3-27 所示的选区。

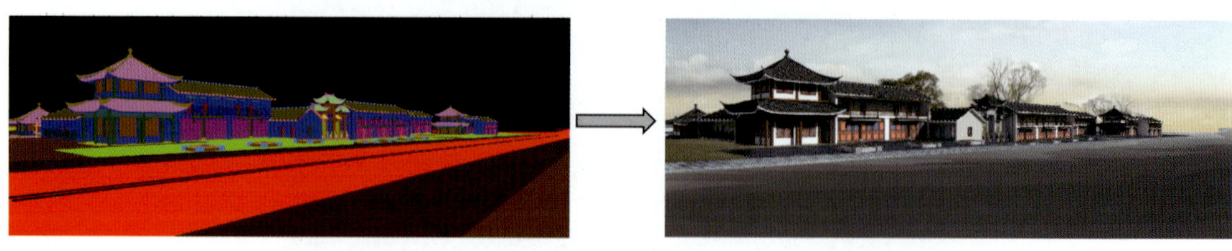

在“通道”图层中选中选区　　在“建筑”图层中选中选区

图 2-3-27　创建的选区

（14）打开素材文件中的“屋顶 .psd”文件，如图 2-3-28 所示。

（15）调出配景的选区，再按 Ctrl+C 键将选区内容复制，回到仿古建筑场景中，单击菜单栏“编辑”/“选择性粘贴”/“贴入”命令，将复制的配景贴入到选区中，并调整图片的位置，效果如图 2-3-29 所示。

（16）显示“通道”图层，运用“魔棒工具”选择粉绿色和粉色部分，得到如图 2-3-30 所示的选区。

图 2-3-28　打开的图像文件

图 2-3-29　编辑图像效果

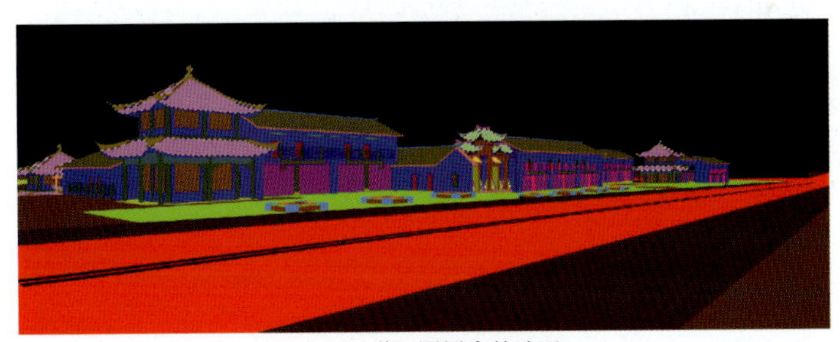

在“通道”图层中的选区

在“建筑”图层中的选区

图 2-3-30　创建的选区

（17）将“通道”图层隐藏，回到“建筑”图层，然后将选区内容复制为单独一个图层，将该图层命名为“屋顶 01”。

（18）单击“图像”/“调整”/“色阶”命令，在弹出的对话框中设置各项参数，如图 2-3-31 所示。

执行上述操作后，图像效果如图 2-3-32 所示。

（19）运用同样的方法，将建筑屋顶的其他部分也调整下，调整后的效果如图 2-3-33 所示。

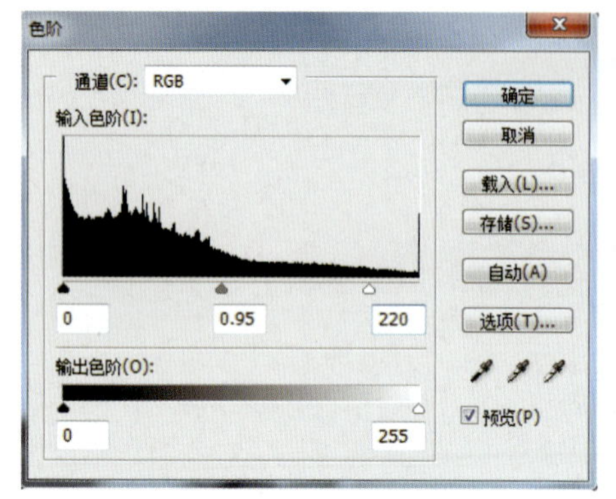

图 2-3-31　参数设置

图 2-3-32　图像编辑效果

图 2-3-33　编辑屋顶色调效果

调整建筑
操作视频

3. 添加中景植物及近景植物

中景配景因为处于场景的中间，根据近大远小的透视原理，该类配景应该比远景要稍微大一些，而且该类配景要处理得较远景精细些。另外，如果有配景，本身没有阴影，还要为其制作阴影效果。

（1）打开素材文件中的“屋内场景 .psd”文件，如图 2-3-34 所示。

图 2-3-34　打开的图像文件

添加中景及近景植物操作视频

（2）将左侧第一个场景调入到仿古场景中，将其移动到如图 2-3-35 所示的位置，将该图层命名为“内景 1”。

（3）显示“通道”图层，运用“魔棒工具”将如图 2-3-36 所示的区域选中。

（4）隐藏“通道”图层，回到“内景 1”图层，单击“添加图层蒙版”按钮，为该图层添加图层蒙版，图像效果如图 2-3-37 所示。

图 2-3-35　调入图像的位置

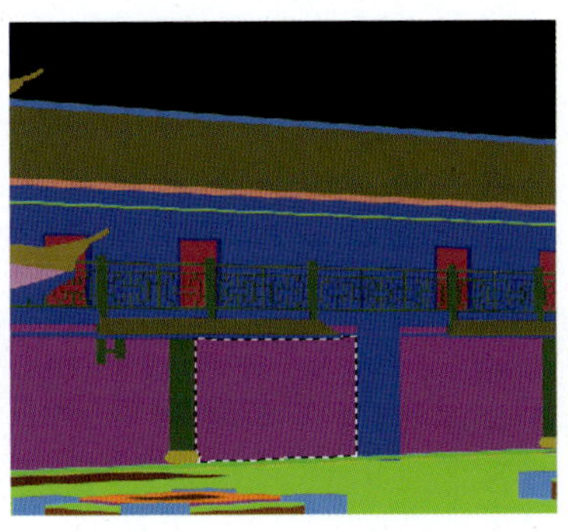

图 2-3-36　创建的选区

图 2-3-37　为图像添加蒙版效果

（5）运用同样的方法，将其他四个内景也一一调入到场景中，效果如图 2-3-38 所示。

（6）打开素材文件中的“近景树 .psd”和“中景树 .psd”文件，如图 2-3-39 所示。

（7）选择“移动工具”，将它们调入到场景中，并将近景树所在层的“不透明度”设置为 75%，再将中景树移动复制，然后调整它的位置。

（8）打开素材文件中的“中景 . psd”文件，如图 2-3-40 所示。

（9）选择“移动工具”，将它们调入到场景中，并分别调整它们的位置（图 2-3-41）。

图 2-3-38　调入其他内景效果

图 2-3-39　打开的图像文件

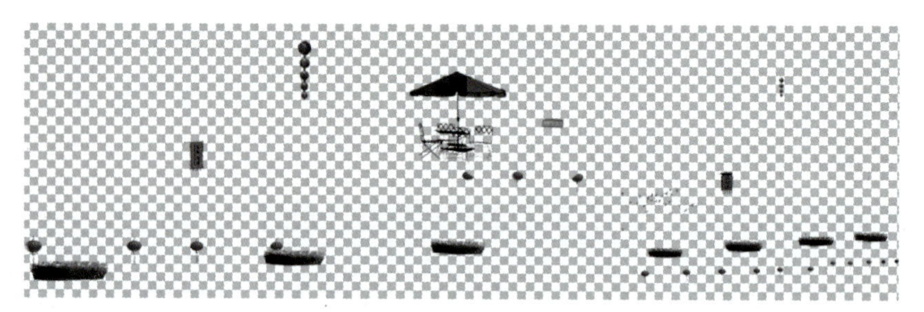

图 2-3-40　打开的图像文件

图 2-3-41　调入配景的位置

4. 添加人物

在进行效果图后期处理时，适当地为场景添加人物是必不可少的。因为人物配景的大小为建筑尺寸的体现提供了参照。添加人物不仅可以很好地烘托主体建筑、丰富画面气氛，还可使画面显得更加贴近生活。

接着上一节的操作。

（1）打开素材文件中的“人物 1.psd”，如图 2-3-42 所示。

（2）选择“移动工具”，将其拖入到场景中，并调整其大小和位置（图 2-3-43）。

接下来为人物制作上投影和倒影效果。

（3）将人物所在图层命名为“人 1”，将该图层复制一层，生成“人 1 副本”图层，使其位于“人 1”图层的下方。

（4）按 Ctrl+T 键，弹出自由变换框，按住 Ctrl 键的同时，用鼠标拖拽变换框四角上的控制点，将图像调整成如图 2-3-44 所示的形态。

图 2-3-42　打开的图像文件

图 2-3-43　调入图像的位置

图 2-3-44　自由变换效果

（5）调整合适后，按 Enter 键确认变换操作，然后调出其选区。

（6）设置前景色为黑色，然后将选区以黑色填充。

（7）按 Ctrl+D 键取消选取。

（8）单击“滤镜”/“模糊”/“高斯模糊”命令，在弹出的“高斯模糊”对话框中设置参数（图 2-3-45）。

（9）将“人 1 副本”图层的“不透明度”调整为 65%，效果如图 2-3-46 所示。

（10）将“人 1”图层再复制一层，生成“人 1 副本 1”图层，并使其位于“人 1”图层的下方。

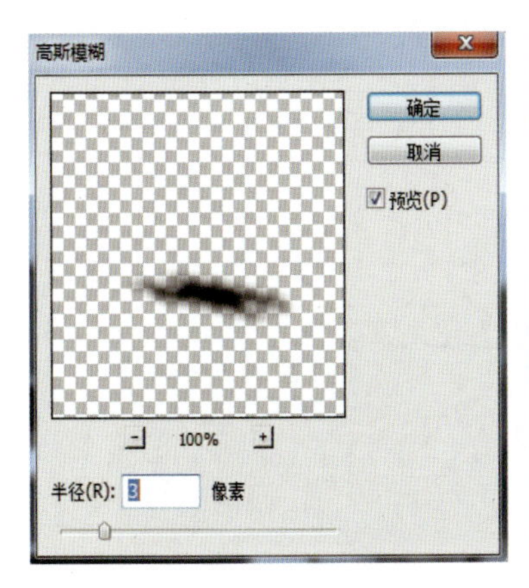

图 2-3-45　参数设置

图 2-3-46　编辑人物投影效果

添加人物操作视频

（11）将“人 1 副本 1”图层中的图像垂直翻转，然后将其以深色（RGB=60）填充。

（12）按 Ctrl+D 键取消选取。

（13）单击“滤镜”/“模糊”/“动感模糊”命令，在弹出的“动感模糊”对话框中设置参数（图 2-3-47）。

（14）选择“橡皮擦工具”，将倒影的底部擦除一部分，效果如图 2-3-48 所示。

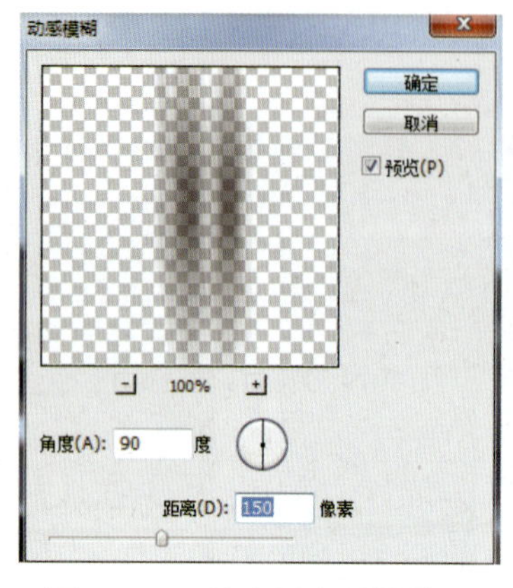

图 2-3-47　填充黑色后的效果

图 2-3-48　编辑人物投影效果

（15）打开素材文件中的“人物 .psd”文件，如图 2-3-49 所示。

（16）选择“移动工具”将人物配景素材一一拖入到场景中，并分别调整它们的位置如图 2-3-50 所示。

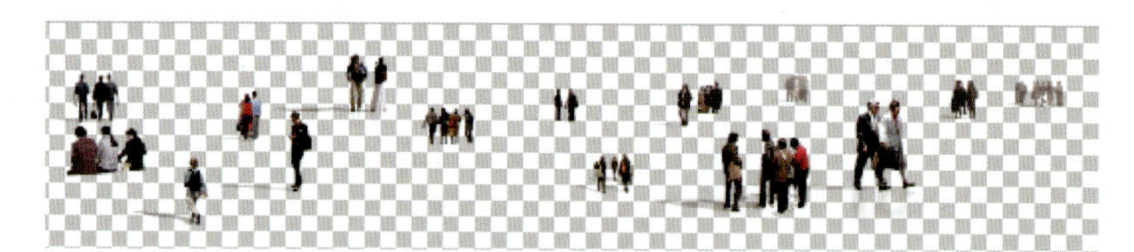

图 2-3-49　打开的图像文件

图 2-3-50　添加人物配景后的整体效果

5. 添加车辆

车辆在小区建设中也是比较常见的一种配景。有了车辆，场景就充满动感。

接着上一节的操作。

（1）打开素材文件中的“汽车 . psd”，如图 2-3-51 所示。

（2）选择“移动工具”，将汽车配景素材拖入到场景中，调整它的位置，如图 2-3-52 所示。

（3）在“图层”面板中，将汽车所在图层的“不透明度”数值调整为 75%。

至此，公园场景中的车辆配景添加完毕，效果如图 2-3-53 所示。

图 2-3-51 打开的图像文件

图 2-3-52 调入汽车配景的位置

图 2-3-53 添加车辆配景后的整体效果

6. 综合调整

在前期将效果图的大量工作完成后，最后一步综合调整是必不可少的，这样可以纵观全图，对图像有一个整体的把握，同时也可以起到画龙点睛的作用。

（1）选择图层面板的最顶层，按 Ctrl+Alt+Shift+E 键盖印图层，然后将该图层的混合模式更改为“柔光”，并调整其“不透明度”数值为 65%，效果如图 2-3-54 所示。

（2）选择“矩形选框工具”，在场景中创建如图 2-3-55 所示的选区。

（3）新建一个名为“压边”的图层，设置前景色为灰色 (RGB=192)，然后按 Alt+Delete 键将选区以前景色进行填充，最后按 Ctrl+D 键取消选区，图像效果如图 2-3-56 所示。

（4）选择“矩形选框工具”，在场景中创建如图 2-3-57 所示的选区。

（5）新建一个名为“边框”的图层，选择“编辑”/“描边”命令，在弹出的对话框中设置参数如图 2-3-58 所示。

图 2-3-54　编辑图像效果

图 2-3-55　创建的选区

图 2-3-56　编辑图像效果

综合调整
操作视频

图 2-3-57　创建的选区

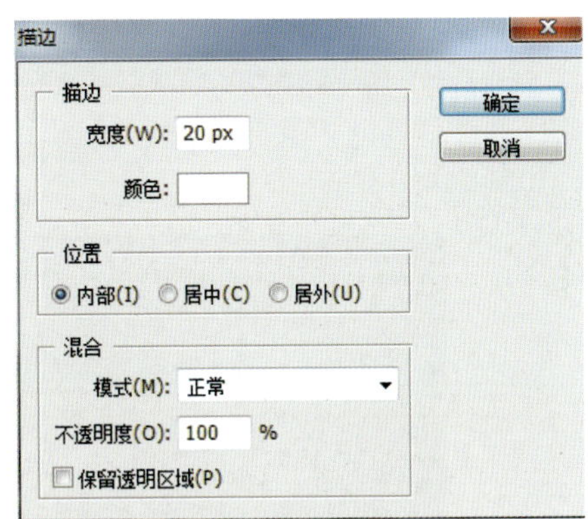

图 2-3-58　参数设置

（6）取消选区，得到图像的最终效果如图 2-3-59 所示。

（7）选择“文件”/“存储为”命令，将图像另存为“公园效果图 .psd”。

图 2-3-59　图像最终效果

◇巩固训练

某公园效果图后期处理

甲方提供了原图，要求进行某公园效果图后期处理，如图 2-3-60 所示，公园效果图后期处理有很大的发挥空间，对于环境配景的处理非常灵活，处理之前的原图只有建筑、亭台、小桥等，场景内容较为单一。

通过效果图后期处理，适当添加各种配景，包括天空、水面、草地、建筑、树木、花草等，在配景选择和色彩处理上，要符合原图的意境和建筑风格，最后通过调整画面的光线、色彩、色调等，使得效果图更具美观性和真实性，处理后的效果如图 2-3-61 所示。

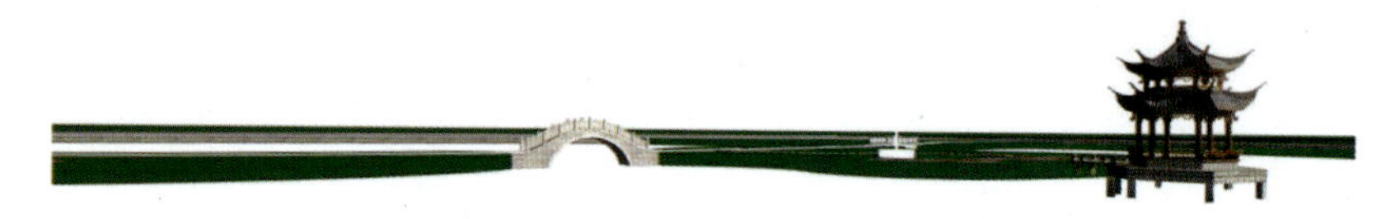

图 2-3-60　公园效果图处理前原图

图 2-3-61　公园效果图处理后效果

任务3.2　道路景观效果图后期处理

◇任务目标

通过本任务的学习，使学生熟悉效果图后期处理的基本流程和方法，学习如何表现道路景观及周边环境。

◇任务描述

本任务选用的素材是一幅道路景观鸟瞰效果图。鸟瞰效果图能较清楚地体现景观间的

形体、颜色和光照等关系，直观、形象地反映景观群体的规划全貌，是表现园林景观设计比较理想的方式。

◇任务分析

针对本任务，首先，要为效果图铺设水面和地面效果，水面要有波光及投影，地面铺设需要有层次和变化；其次，要铺设草地，要注意草地的类型和光线效果，近景和远景的草地形态，并在道路两旁添加行植树；接着为效果图中的道路添加斑马线，真实还原效果图场景；最后综合调整效果图，得到完整道路景观效果图作品。

◇任务实施

1. 处理水面

水和地面的关系在图面上可以理解为开发建设和生态环境的两极。现代的规划设计不仅仅关注开发的板块结构，更加注重这些开发板块之间的衔接关系，以及建设开发和生态环境的关系。具体表现在道路、地块与水的交叉交错、交叠。它们之间的关系是立体和多样的，水的流动源自于地形的起伏变化。

（1）制作流动的水面

①选择“文件”/“打开”命令，打开素材文件中的“鸟瞰图 .jpg”文件，如图 2-3-62 所示。

②使用快捷键 Ctrl+J 复制背景图层，并参照图 2-3-63 所示，调整图层“混合模式”和“不透明度”。

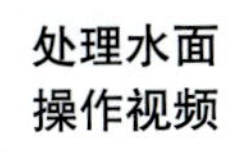

处理水面
操作视频

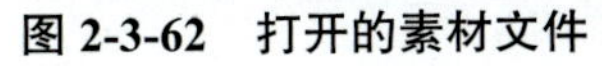

图 2-3-62 打开的素材文件

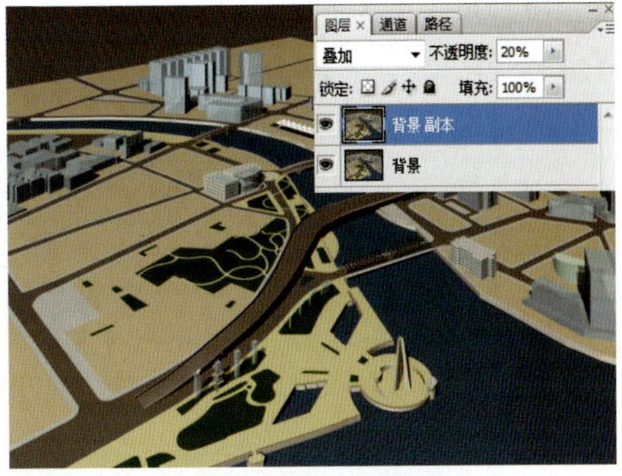

图 2-3-63 复制和调整图层

③新建“制作水面”图层组，使用快捷键 D 恢复默认的前景色和背景色，打开素材文件中的“水面贴图 . jpg”图像，如图 2-3-64 所示，将其拖至当前正在编辑的文档中调整图像的大小及位置，选择“魔棒工具”，将鸟瞰图中的水面区域载入选区，如图 2-3-65 所示。

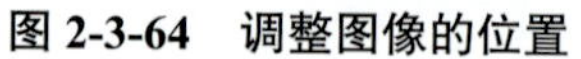

图 2-3-64　调整图像的位置

图 2-3-65　创建选区

④选中水面贴图所在图层，然后单击“图层”调板底部的“添加图层蒙版”按钮，创建图层蒙版，隐藏部分图像，效果如图 2-3-66 所示。

⑤取消图层与蒙版的链接，复制并移动水面贴图图像，效果如图 2-3-67 所示。

图 2-3-66　添加图层蒙版

图 2-3-67　复制带有蒙版的图像

⑥新建图层，在鸟瞰图上将水面区域载入选区，设置前景色为深蓝色（R=81，G=127，B=139），如图 2-3-68 所示，使用柔边缘“画笔工具”在选区中进行绘制。然后调整图层混合模式为“叠加”，调整图层“不透明度”为 50%，提高水面亮度，效果如图 2-3-69 所示。

⑦打开素材文件中的“船 .psd”文件，将其拖至正在编辑的文档中，并如图 2-3-70 所

图 2-3-68　在选区中绘制图像

图 2-3-69　提高水面的亮度

示缩小并调整船的位置。复制并翻转图像，调整“不透明度”为 50%，使用同样的方法创建远处的船只，效果如图 2-3-71 所示。

图 2-3-70　添加素材图像

图 2-3-71　制作倒影和远处船只

（2）制作地面

制作地面操作视频

①新建“制作地面”图层组，打开素材文件中的“木质地板 .jpg”文件，将其拖至当前正在编辑的文档中，如图 2-3-72 所示，使用快捷键 Ctrl+T 展开图像变换框，并配合键盘上的 Ctrl 键调整图像的形状。

②使用“魔棒工具”将鸟瞰图中的地面区域载入选区，然后反转选区删除木质地板部分图像，效果如图 2-3-73 所示。

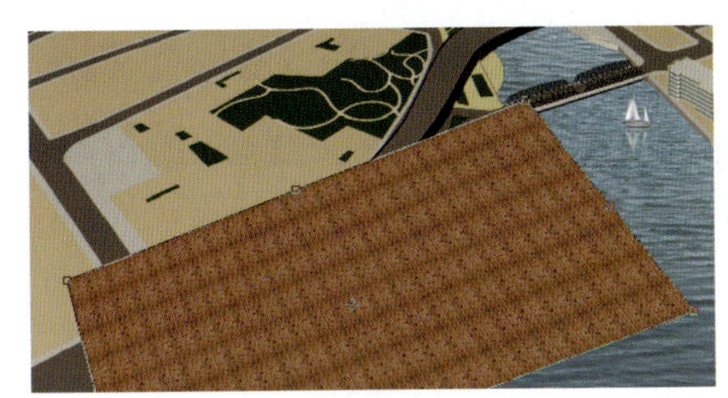

图 2-3-72　铺设地面

图 2-3-73　编辑图像效果

③继续反转上一步创建的选区，然后单击“图层”调板底部的“创建新的填充或调整图层”按钮，在弹出的菜单中选择“亮度 / 对比度”命令（图 2-3-74），调整图像的亮度和对比度。

④使用前面介绍的方法，打开素材文件中的“地砖贴图 .jpg”文件，使用“自由变换”

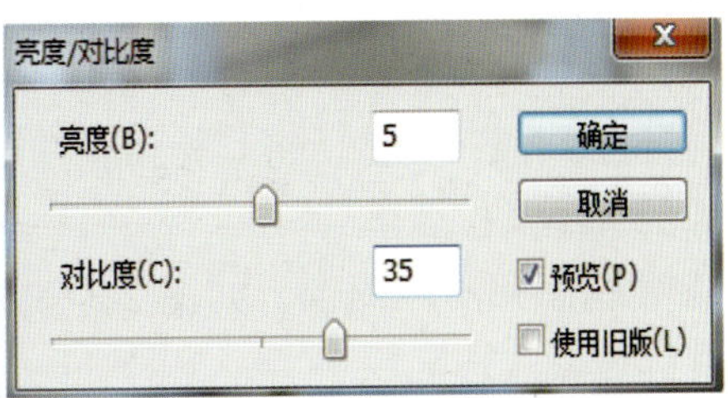

图 2-3-74　调整图像的亮度和对比度

命令，对图像进行变形，效果如图 2-3-75 所示。

⑤使用“魔棒工具”将鸟瞰图图像中的地面区域载入选区，然后反转选区并删除选区中的图像，效果如图 2-3-76 所示。

⑥复制上一步创建图像，并调整图层混合模式为“正片叠底”，效果如图 2-3-77 所示。

图 2-3-75　添加并调整素材图像

图 2-3-76　反转选区删除图像

图 2-3-77　制作地板效果

2. 处理生态环境

水文地理和植物的分布关系密切，不同的植物群落之间会有颜色、肌理上的差异，或明显或微弱，显示出基地原初的状态。而城市建设在大尺度的鸟瞰下不会呈现明显的单体特征，它们展现在观者面前的也是一种肌理和色块。远处天际线附近的建筑用垂直的短线条表达，而植物则极少会呈现出正交的肌理。

（1）铺设草坪

①新建“草坪”图层，选择“文件”/“打开”命令，打开素材文件中的“草坪贴图 .jpg”文件，将其拖至正在编辑的文档中，如图 2-3-78 所示，调整图像的大小及位置。

铺设草坪
操作视频

②隐藏地面和草坪图像，如图 2-3-79 所示，使用“魔棒工具”将鸟瞰图中草坪区域载入选区。

③为草坪所在图层添加图层蒙版，隐藏部分草坪图像，效果如图 2-3-80 所示。

④复制并移动草坪图像，删除图层蒙版，如图 2-3-81 所示。

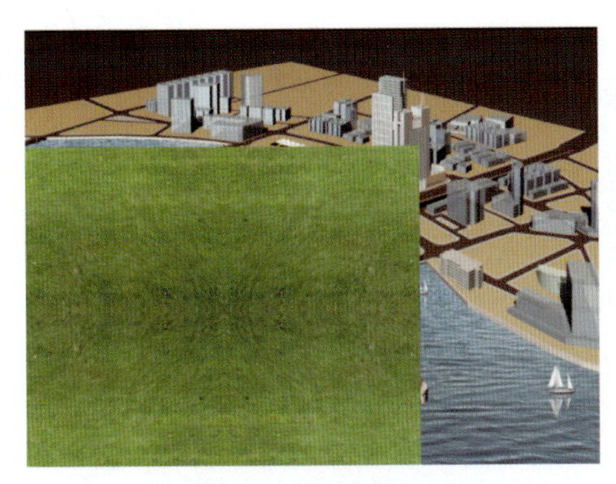

图 2-3-78　添加图片素材

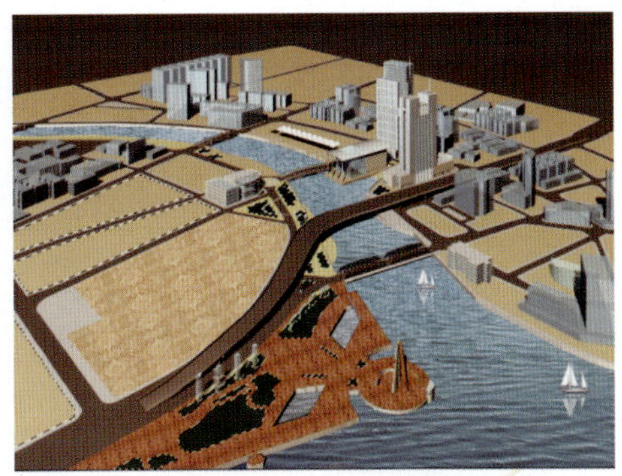

图 2-3-79　创建选区

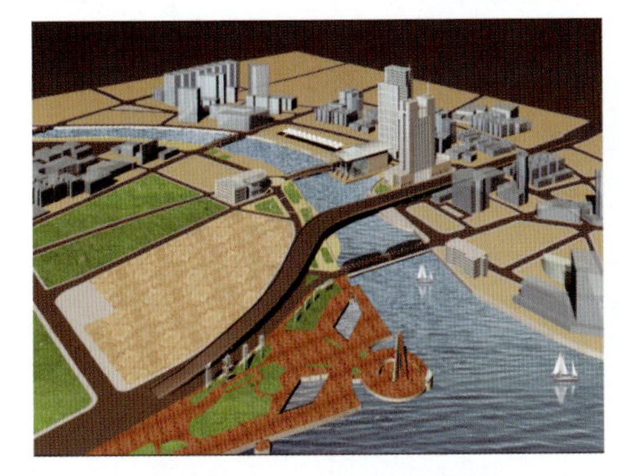

图 2-3-80　添加图层蒙版

图 2-3-81　复制并移动图像的位置

⑤如图 2-3-82 所示，选择“魔棒工具”创建选区，并为上一步复制的草坪图像所在图层添加图层蒙版。

图 2-3-82　添加图层蒙版

⑥选择“文件”/“打开”命令，打开素材文件中的“远景 . jpg”文件，将其拖至正在编辑的文档中，如图 2-3-83 所示，调整图像的大小及位置。

⑦如图 2-3-84 所示，隐藏远景图像，选择“魔棒工具”创建选区。

图 2-3-83　添加远景图像

图 2-3-84　创建选区

⑧为远景图像所在图层添加图层蒙版，隐藏部分图像，效果如图 2-3-85 所示。

⑨复制并移动远景图像的位置，删除图层蒙版，如图 2-3-86 所示，打开图像变换框，水平翻转图像。

⑩如图 2-3-87 所示，隐藏远景图像并使用“魔棒工具”创建选区，然后为远景图像所在图层添加图层蒙版，隐藏部分图像。

图 2-3-85　添加图层蒙版

图 2-3-86 水平翻转图像

图 2-3-87 添加图层蒙版效果

（2）润色建筑和种植植物

新建“种植树木”图层，将“树 .psd”文件拖入到正在编辑的文档中，如图 2-3-88 所示，复制并调整图像的大小及位置。

图 2-3-88 种植树木

3. 处理斑马线

在画面上显眼位置的多车道公路，必须要有斑马线或者绿化带等，而不光是混凝土纹理。下面讲述运用矩形选框绘制矩形，并复制出一排矩形作为斑马线，利用自有变换命令，对斑马线进行变形，复制并添加到视图中的适当位置的方法。

（1）新建“斑马线”图层，如图 2-3-89 所示，选择“矩形选框工具”绘制白色矩形，复制矩形并打开图像变换框，移动图像的位置，然后使用 Ctrl+Shift+T 快速复制并移动图像，创建斑马线图像。

（2）合并上一步创建的斑马线图层，然后如图 2-3-90 所示复制并调整图像的大小和位置。

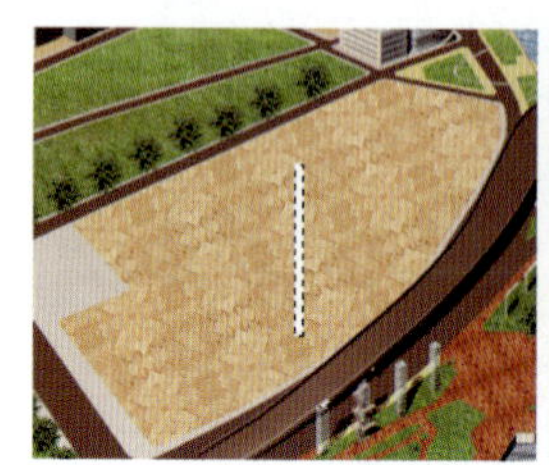  

图 2-3-89　绘制斑马线

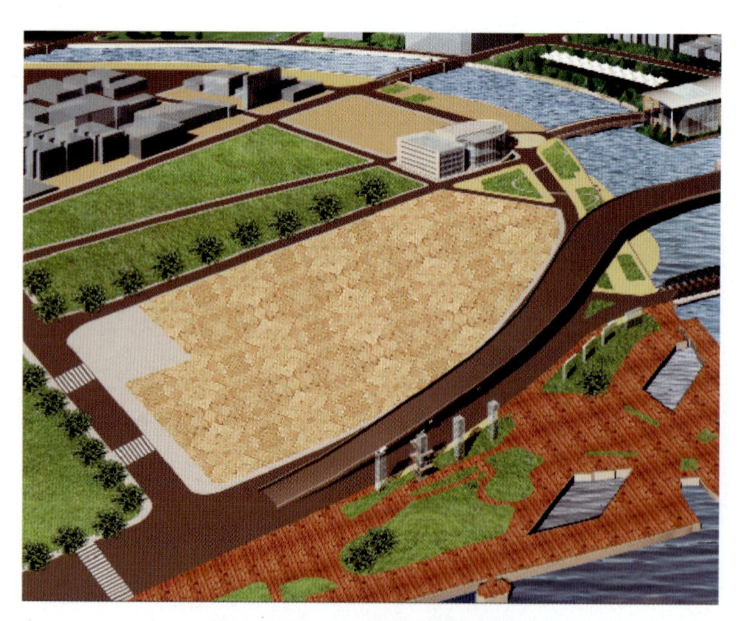

图 2-3-90　合并及复制斑马线

综合调整
操作视频

4. 综合调整

新建“云彩”图层，选择“画笔工具”，在属性栏中打开“画笔预设”选取器，然后选择“载入画笔”命令，载入素材文件中的“云彩 .abr”画笔（图 2-3-91），新建图层，加入云彩效果，完成本实例的制作。

用高视点透视法从高处某一点俯视地面起伏绘制成的立体图通常被称为鸟瞰图。它是一种常见的效果图类型，多用于表现园区环境、规划方案、建筑布局等内容，这与单体效果图是不同的。其特点为近大远小，近明远暗，如直角坐标网，东西向横线的平行间隔逐渐缩小，南北向的纵线交汇于地平面上一点，网格中的水系、地貌、地物也按上述规则变化。鸟瞰图可运用各种立体表示手段，表现地理景观等内容，可根据需要选择最理想的俯视角度和适宜的比例绘制。

图 2-3-91　完成效果图

◇**巩固训练**

某道路景观效果图后期处理

甲方提供了原图，要求进行某道路景观效果图处理。如图 2-3-92 所示是一张从 3ds Max 软件中输出的道路景观场景渲染图，要根据原图的风格和画面构图，进行道路和景观的后期处理。

道路的后期处理主要包括添加植物配景、斑马线、人物配景和路面本身处理等，景观的后期处理主要包括天空、绿地、水面、周边环境处理及景观本身处理，为景观添加光照和阴影效果等。最后对效果图进行光线、色彩、色调的处理，使其风格统一、画面逼真，如图 2-3-93 所示。

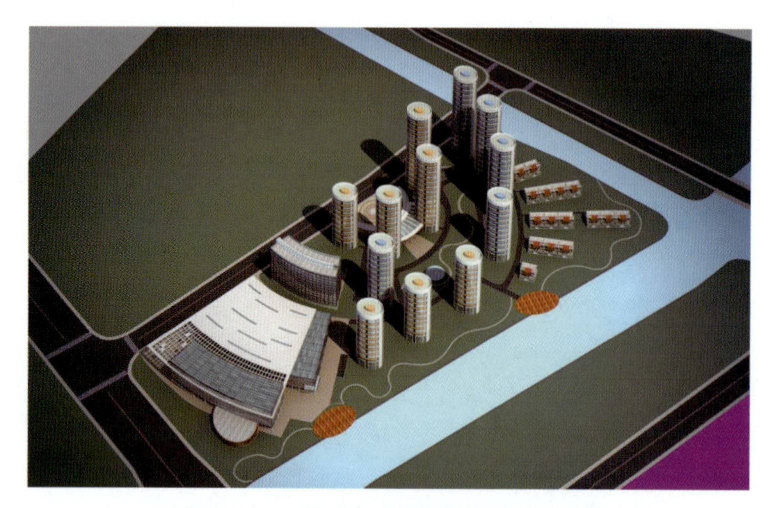

图 2-3-92　道路景观效果图处理前原图

图 2-3-93　道路景观效果图处理后效果

任务3.3　居住区效果图后期处理

◇任务目标

通过本任务的学习，使学生熟悉效果图后期处理的基本流程和方法，学习如何表现居住区景观及周边环境。

◇任务描述

本任务选取的素材是一幅住宅小区入口处的渲染图。住宅小区的入口是整个小区的“门脸”，是住宅小区环境中最出彩的部分。小区是一个建筑群，周边环境以灌木、花草为主，选择四季常青的树木种植在建筑的周边，除了美化环境，还能遮挡阳光、吸附灰尘、净化空气等。这样的小区通常环境优雅、四季如春，适合人们居住。

◇任务分析

本任务主要讲述的是高档住宅小区入口处周边环境的表现在后期处理中的技巧和方法。在制作时，首先调整渲染图中的建筑和地面部分，体现建筑和地面的明暗度和受光照影响的阴影效果；接着为小区效果图添加配景，如添加真实的天空、草地、绿化植物、建筑设施、人物等配景，增加场景的生活气息，体现场景的空间感和层次感；最后对整个效果图进行光线和色彩的调整，使得整个画面的色调与环境协调一致、相得益彰。

◇任务实施

1. 调整建筑及地面

在前期 3D 建模的时候，由于灯光布置不当，有时候会使渲染的图像色彩偏灰、亮度偏暗，影响后期建筑效果表现。遇到这种情况，一般会通过 Photoshop 的后期处理，调整建筑的颜色和亮度。

（1）选择“文件”/“打开”命令，打开素材文件中的“高档住宅入口渲染 .tif ”，如图 2-3-94 所示。

图 2-3-94　打开的图像文件

建筑处理操作视频

首先将图像与配景分离。

（2）将“背景”图层转换为普通图层，命名为“建筑”。

（3）在“通道”面板中按住 Ctrl 键的同时单击“Alpha1”通道，调出图像的选区，回到“图层”面板，按住 Ctrl+Shift+I 键将选区反选，选择黑色背景。

（4）按 Delete 键将黑色背景删除，再按 Ctrl+D 键将选区取消，此时图像效果如图 2-3-95 所示。

（5）选择“文件”/“打开”命令，打开“高档住宅入口选区 .tif”文件（图 2-3-96）。

（6）调出建筑的选区，然后按住 Shift 键的同时将选区的内容拖入“高档住宅入口渲染”场景中，效果如图 2-3-97 所示。

图 2-3-95　删除背景后的效果

图 2-3-96　打开的图像文件

图 2-3-97　调入选区的效果

（7）将刚调入的图像所在图层命名为“通道”，然后将该图层隐藏。注意：“通道”图层在不用时，要将其隐藏。

（8）新建一个图层，命名为“底色”，然后将该图层以白色填充，并将其调整到图层的最下方。

（9）选择“文件”/“打开”命令，打开素材文件中的“高档住宅入口选区 (2).tif”文件。

（10）调出图像的选区，然后按住 Shift 键的同时将选区内的内容拖入“高档住宅入口渲染”场景中，效果如图 2-3-98 所示。

图 2-3-98　调入选区 2 的效果

（11）将刚调入的图像所在图层命名为“通道 2”，然后将该图层隐藏。注意：“通道 2”图层在不用时，要将其隐藏。

（12）运用工具箱中的选择工具选择代表地面的颜色，如图 2-3-99 所示。

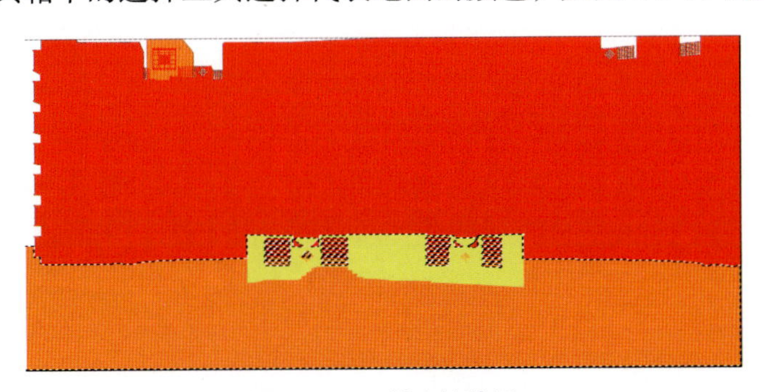

图 2-3-99　创建的选区

（13）隐藏“通道 2”图层，回到“建筑”图层。然后单击鼠标右键，在弹出的右键菜单中选择“通过剪切的图层”命令，将选区内容新建为一个单独的图层，命名为“地面”，并使其位于“建筑”图层的下方。

（14）将“建筑”图层复制图层，生成“建筑副本”图层。选择“滤镜”/“风格化”/“查找边缘”命令，图像效果如图 2-3-100 所示。

图 2-3-100　查找边缘效果

（15）选择“图像”/“调整”/“去色”命令，将图像去掉颜色，然后将该图层的“不透明度”数值调整为12%，图像效果如图2-3-101所示。

图2-3-101　调整图像效果

（16）新建一个图层，命名为“渐变色”，将其调整到“建筑副本”图层的下方。

（17）设置前景色为白色，然后在该图层上执行一个“前景色到透明渐变”的线性渐变，最后调整该图层的“不透明度”数值为80%，图像效果如图2-3-102所示。

图2-3-102　调整图像效果

至此，高档住宅场景的建筑部分就调整完毕。接下来处理地面部分。

（18）运用工具箱中的选择工具在“通道”图层中创建如图2-3-103所示的选区。

（19）回到“地面”图层，按Ctrl+J键将其复制为一个单独的图层，命名为“地面1”。

图2-3-103　创建的选区

地面处理
操作视频

（20）选择“套索工具”，在“地面 1”图层中创建如图 2-3-104 所示的选区。

（21）按 Shift+F6 键，弹出“羽化选区”对话框，设置“羽化半径”数值为 100 像素。

（22）选择“图像”/“调整”/“亮度/对比度”命令，在弹出的对话框中设置“亮度”值为 85，最后将选区取消，图像效果如图 2-3-105 所示。

图 2-3-104　创建的选区

图 2-3-105　调整图像效果

（23）选择“魔棒工具”，在“通道”图层中创建如图 2-3-106 所示的选区。

（24）回到“地面”图层，按 Ctrl+J 键将其复制为一个单独的图层，命名为“地面 2”。

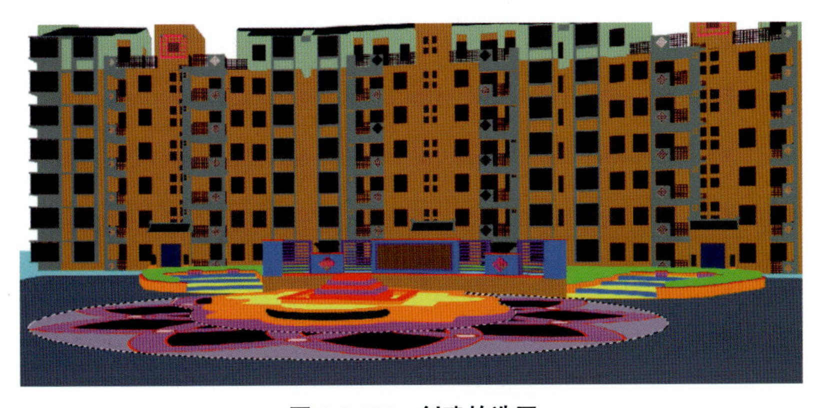

图 2-3-106　创建的选区

（25）选择“图像”/“调整”/“亮度/对比度”命令，在弹出的对话框中设置“亮度”为30，图像效果如图2-3-107所示。

接下来处理水面部分。

（26）运用工具箱中的选择工具在“通道”图层中创建如图2-3-108所示的选区（亮黄色部分）。

（27）新建一个图层，命名为“水面1”。设置前景色为淡蓝色（R=196，G=251，B=255），然后将选区以前景色填充，最后将选区取消，此时图像效果如图2-3-109所示。

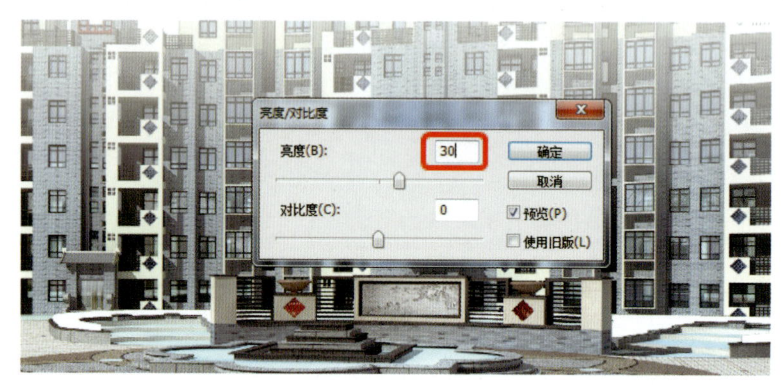

图 2-3-107　调整图像效果

图 2-3-108　创建的选区

图 2-3-109　编辑水面效果

（28）调出“水面 1”图层的选区，并将中间最上面喷水池部分水面减选掉。

（29）选择“文件”/“打开”命令，打开素材文件下的“水面 1.jpg”文件，如图 2-3-110 所示。

图 2-3-110　打开的图像文件

（30）按 Ctrl+A 键将“水面 1”文件全选，再按 Ctrl+C 键将选区内容复制到系统剪贴板中。

（31）回到处理的高档住宅场景中，选择“编辑”/“选择性粘贴”/“贴入”命令，将复制的图像粘贴到选区中，然后将其复制移动，图像效果如图 2-3-111 所示。

（32）运用工具箱中的选择工具在“通道”图层中创建如图 2-3-112 所示的选区（紫色部分）。

图 2-3-111　贴入水面效果

图 2-3-112　创建的选区

（33）回到“地面”图层，按 Ctrl+J 键将其复制为一个单独的图层，命名为“栏杆”。

（34）选择“图像”/“调整”/“亮度 / 对比度”命令，在弹出的对话框中设置“亮度”

为 50，图像效果如图 2-3-113 所示。

（35）运用同样的方法，将两个花坛底座提高亮度，编辑后的效果如图 2-3-114 所示。

图 2-3-113 调整图像的效果

图 2-3-114 调整图像效果

2. 添加配景

在室外效果图后期处理中，适当地为场景添加一些配景是非常关键的一个步骤。在添加配景时，一般顺序是根据树木的层次决定的，一般先添加较远处的配景，也就是远景配景，这类配景都是取材于现成的素材，是一些茂盛的树群；其次是添加中间的配景，即中景配景，这类配景处理得要较远景配景精细些；最后添加的是近景配景，这类配景色彩要鲜艳、纹理要清晰。

先来添加地面部分的配景。

（1）打开素材文件中的“灌木 1.psd”文件，如图 2-3-115 所示。

图 2-3-115 打开的图像文件

添加配景
操作视频

（2）选择“移动工具”，将“灌木 1”配景拖入场景，然后调整其位置（图 2-3-116）。

（3）打开素材文件中的“灌木 2.psd”文件，如图 2-3-117 所示。

（4）选择“移动工具”，将“灌木 2”配景拖入场景，然后如图 2-3-118 所示调整其位置。

（5）打开素材文件中的“灌木 3.psd”，如图 2-3-119 所示。

（6）选择“移动工具”，将“灌木 3”配景拖入场景，然后如图 2-3-120 所示调整其位置。

图 2-3-116　添加灌木 1 的效果

图 2-3-117　打开的图像文件

图 2-3-118　添加灌木 2 配景的效果

图 2-3-119　打开的图像文件

图 2-3-120　添加灌木 3 配景的效果

接下来再为场景添加一些高大的乔木配景。

（7）打开素材文件中的“乔木 1.psd”文件，如图 2-3-121 所示。

（8）选择“移动工具”，将“乔木 1”配景拖入场景，然后调整其位置如图 2-3-122 所示。

图 2-3-121　打开的图像文件

图 2-3-122　添加乔木 1 配景的效果

由图可以看出，添加进的远景配景色调有点偏暗，接下来将它稍微提亮下。

（9）选择“图像”/“调整”/“亮度 / 对比度”命令，在弹出的对话框中设置各项参数如图 2-3-123 所示。执行上述操作后，图像效果如图 2-3-124 所示。

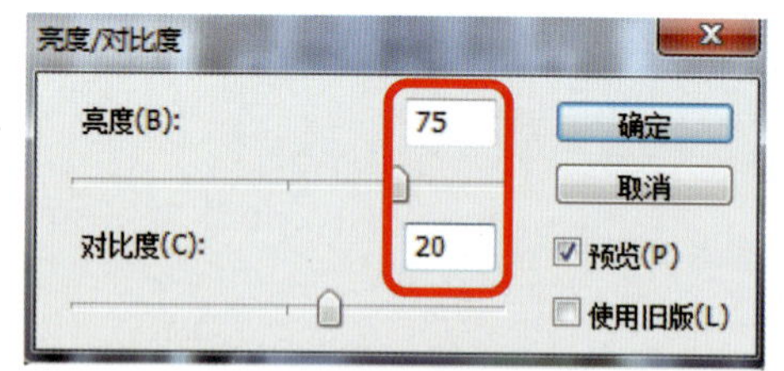

图 2-3-123　参数设置

图 2-3-124　图像编辑效果

（10）打开素材文件中的“乔木 2.psd”“乔木 3.psd”“乔木 4.psd”“乔木 5.psd”文件，如图 2-3-125 所示。

图 2-3-125　打开的图像文件

图 2-3-126 添加乔木配景的效果

（11）选择“移动工具”，将它们一一拖入场景，然后调整其位置，如图 2-3-126 所示。

（12）在“图层”面板中将这四个图层链接合并为一个图层，命名为“乔木”。

（13）调出“地面”图层的选区，再按 Ctrl+Shift+I 键将选区反选。

（14）确认当前图层为“乔木”图层，单击图层面板下的“添加图层蒙版”按钮，为该图层添加图层蒙版。图像效果如图 2-3-127 所示。

（15）打开素材文件中的“乔木 6.psd”“乔木 7.psd”文件，如图 2-3-128 所示。

图 2-3-127 编辑乔木配景效果

图 2-3-128 打开的图像文件

（16）选择“移动工具”，将它们一一拖入到场景中，然后调整其位置，如图 2-3-129 所示。

图 2-3-129　添加配景的效果

接下来为画面右侧添加一个渐变色，丰富一下画面的变换。

（17）新建一个名为“压色”的图层。

（18）设置前景色为（R=50，G=95，B=195），然后运用“渐变工具”在场景中执行“前景色到透明渐变”的线性渐变，如图 2-3-130 所示。

（19）将“压色”图层的混合模式调整为“柔光”，并设置其“不透明度”为 55%，图像效果如图 2-3-131 所示。

图 2-3-130　执行渐变效果

图 2-3-131　编辑图像效果

（20）运用同样的方法，将素材文件中的“灌木 4.psd”文件调入到场景中，如图 2-3-132，效果如图 2-3-133 所示。

图 2-3-132　打开的图像文件

图 2-3-133　调入图像后的效果

下面再来制作中央的叠水和喷泉效果。

（21）打开素材文件中的“叠水 1.psd”文件，如图 2-3-134 所示。

（22）选择“移动工具”，将其拖入到场景中，然后调整其位置。

（23）运用工具箱中的选择工具选择下方的一块叠水，然后将其复制移动到如图 2-3-135 所示的位置。

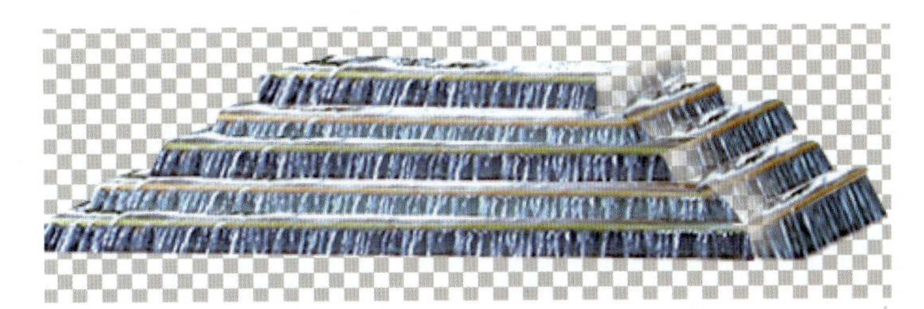

图 2-3-134　打开的图像文件

图 2-3-135　移动复制叠水效果

（24）打开素材文件中的“叠水 2.psd”文件，如图 2-3-136 所示。

（25）选择“移动工具”，将它拖入到场景中，然后调整其位置，如图 2-3-137 所示。

（26）打开素材文件中的“喷泉 .psd”文件，如图 2-3-138 所示。

图 2-3-136　打开的图像文件

图 2-3-137　添加叠水 2 配景的效果

图 2-3-138　打开的图像文件

（27）选择“移动工具”，将其拖入场景，调整其位置，并将其再复制移动一个，放置在场景的另一侧，如图 2-3-139 所示。

（28）打开素材文件中的“喷泉 1.psd”文件，如图 2-3-140 所示。

图 2-3-139　添加喷泉配景的效果

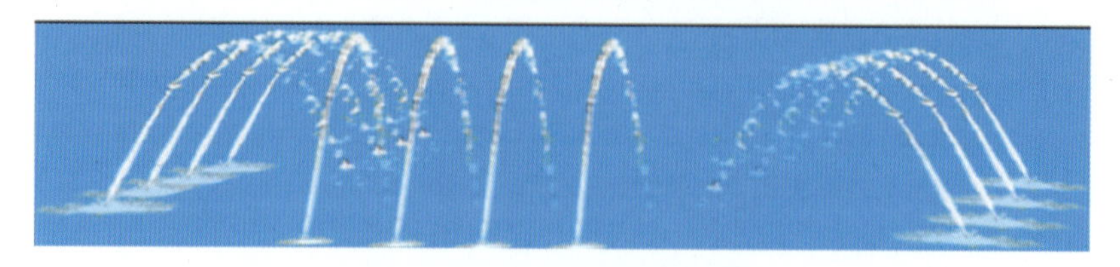

图 2-3-140　打开的图像文件

（29）选择“移动工具”，将它们一一拖入场景，并分别调整其位置，编辑后的图像效果如图 2-3-141 所示。

（30）打开素材文件中的“喷水蛙 .psd”文件，如图 2-3-142 所示。

图 2-3-141　添加喷泉 1 配景的效果

图 2-3-142　打开的图像文件

（31）选择“移动工具”，将其拖入到场景中，然后再复制移动 3 个，分别放置在场景中合适的位置，编辑后的图像效果如图 2-3-143 所示。

图 2-3-143　添加喷水蛙配景的效果

（32）打开素材文件中的“雕塑 .psd”和“盆花 .psd”文件，如图 2-3-144 所示。

（33）选择“移动工具”，将它们拖入场景，分别放置在场景中合适的位置，编辑后的图像效果如图 2-3-145 所示。

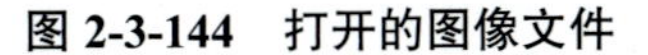

图 2-3-144　打开的图像文件

图 2-3-145　添加配景的效果

最后再调整下画面的整体构图。

（34）选择“矩形选框工具”，在场景中创建如图 2-3-146 所示的选区。

（35）设置前景色为灰色（RGB=192），然后将选区以前景色进行填充，最后将选区取消，图像效果如图 2-3-147 所示。

（36）在画面的内部描宽度为 20 像素的白边，效果如图 2-3-148 所示。

图 2-3-146　创建的选区效果

图 2-3-147　填充效果

图 2-3-148　描边效果

（37）打开素材文件中的“近景树 .psd”文件，如图 2-3-149 所示。

（38）选择“移动工具”，将“近景树”拖入场景，放置在场景中合适的位置，编辑后的图像效果如图 2-3-150 所示。

图 2-3-149 打开的图像文件

图 2-3-150 调入配景的位置

接下来为场景中添加一些人物和鸽子配景。

（39）打开素材文件中的“人物 .psd”文件，如图 2-3-151 所示。

（40）选择“移动工具”将它们一一拖入到场景中，并分别放置在场景中合适的位置，编辑后的图像效果如图 2-3-152 所示。

图 2-3-151 打开的图像文件

图 2-3-152 调入人物配景的位置

（41）打开素材文件中的“鸽子 .psd”文件，如图 2-3-153 所示。

（42）选择“移动工具”将“鸽子”配景拖入到场景中，并放置在场景中合适的位置，编辑后的图像效果如图 2-3-154 所示。

图 2-3-153　打开的图像文件

图 2-3-154　调入鸽子配景的位置

3. 综合调整

在最后阶段，光线和色彩的调整起到画龙点睛的作用，对于色彩以及效果图的亮点有明确的目标性，经过调整之后，色彩之间的过渡会更柔和，亮点会更突出。

（1）为前近景树配景添加阴影效果。复制近景树所在图层，然后按 Ctrl+T 键弹出自由变换框，调整变换框的形态如图 2-3-155 所示。

图 2-3-155　变换框的形态

（2）调整合适后点击回车键确认变换操作。然后调出图像的选区，并将选区以黑色填充，最后将选区取消，如图 2-3-156 所示。

图 2-3-156　填充效果

（3）选择“滤镜”/“模糊”/“动感模糊”命令，在弹出的对话框中设置各项参数，如图 2-3-157 所示。

（4）将其所在图层的“不透明度”数值调整为 55%，图像效果如图 2-3-158 所示。

最后再综合调整下场景的整体色调。

（5）选择“图层”/“新建调整图层”/“色彩平衡”命令，在弹出的对话框中单击“确定”按钮，设置各项参数值如图 2-3-159 所示。图像效果如图 2-3-160 所示。

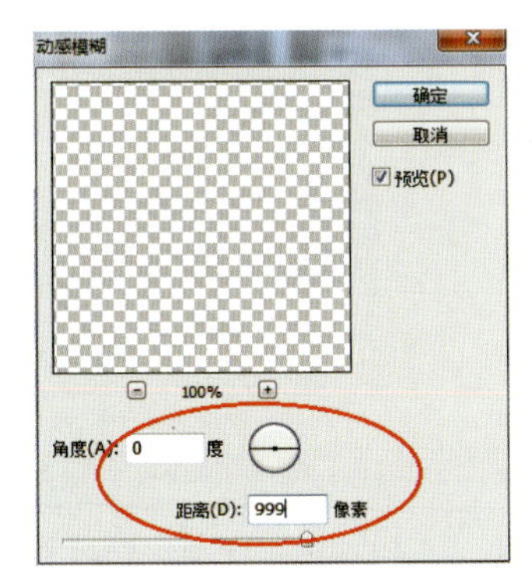

图 2-3-157　参数设置

图 2-3-158　制作的阴影效果

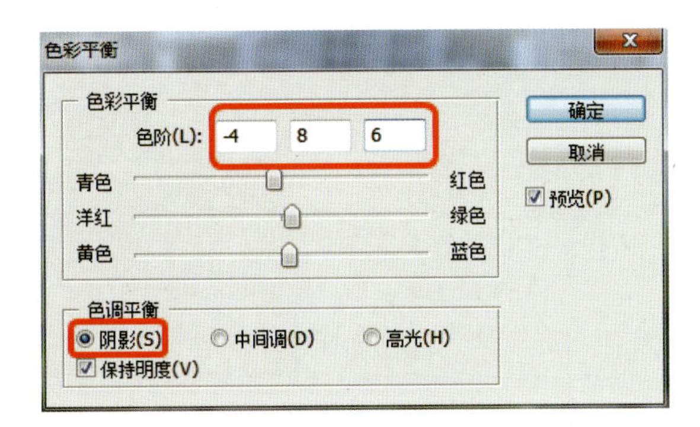

图 2-3-159　参数设置

图 2-3-160　编辑色彩平衡效果

（6）选择“图层”/“新建调整图层”/“曲线”命令，在弹出的对话框中点击“确定”按钮，设置各项参数值如图 2-3-161 所示。得到的图像最终效果如图 2-3-162 所示。

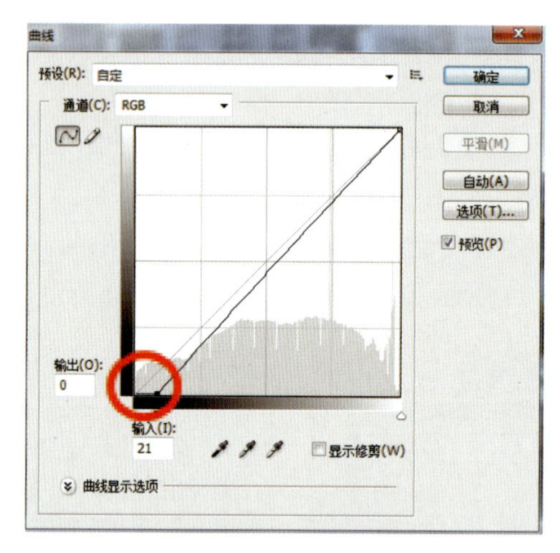

图 2-3-161　参数设置

综合调整
操作视频

图 2-3-162　图像最终效果

（7）选择“文件”/“存储为”命令，将图像另存为“高档住宅小区效果图 .psd”。

◇巩固训练

某居住区效果图后期处理

甲方提供了原图，要求进行某居住区效果图后期处理，如图 2-3-163 所示。原图为从 3ds Max 软件中输出的小区渲染图。

根据原图的构图，可以添加天空、水面、植物配景，并对建筑景观的阴影效果进行处理，对小区路面进行处理，通过调整原图的光线和色彩，呈现出黄昏时分小区的景观效果，使得整个小区笼罩在一种温暖的色彩氛围中，如图 2-3-164 所示。

图 2-3-163　居住区景观效果图处理前原图

图 2-3-164　居住区景观效果图处理后效果

任务3.4　水彩马克笔手绘风格效果图后期处理

◇任务目标

通过本任务的学习，使学生熟悉水彩马克笔手绘风格园林效果图绘制的基本流程和方法，学习“笔刷”工具的应用。

◇任务描述

本任务甲方要求该效果图为水彩手绘风格，要制作出各景观元素，能分清楚道路、水体、绿地，有一定的水彩画韵味。

◇任务分析

针对本次任务，要模仿水彩或马克笔的笔触来绘制完成效果图。为了降低难度，让更多的人能完成这种风格的效果图，将借助 AutoCAD 绘制完成的线稿图导入 Photoshop 中，运用 Photoshop 软件完成水彩马克笔手绘风格园林效果图的绘制任务。

◇任务实施

1. AutoCAD 线稿导入 Photoshop 中

此操作与项目 2 任务 2.2 广场彩色平面效果图绘制“任务实施”中的“1.AutoCAD 图纸分层导入 Photoshop 中”一样，这里不再赘述。

2. 绘制各景观元素

（1）绘制建筑

根据本次任务确定的绘制风格，采用手绘建筑材质贴入建筑区域。

①选择填充区域　单击“设计线稿”图层，使用“魔棒”工具（快捷键 W）将原图形中建筑外立面区域选中，建立一个新的图层“建筑外立面填充”。

②填充颜色　单击“编辑”/“填充”命令（快捷键 Shift+F5），将所选区域填充为灰色。

③制作材质　单击“滤镜”/“杂色”里的“添加杂色”命令，制作材质纹理，如图 2-3-165 所示。

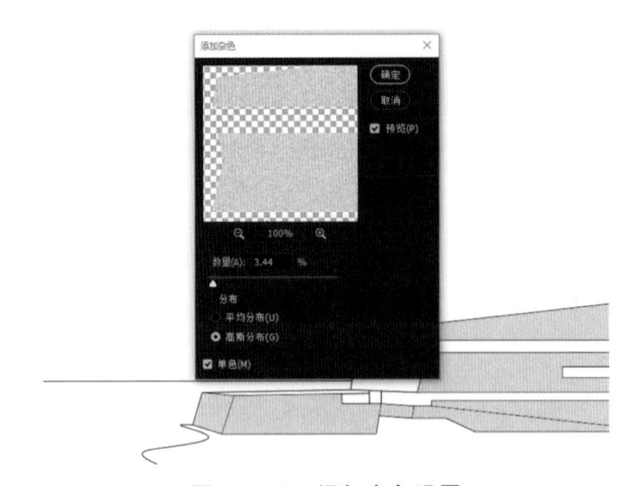

图 2-3-165　添加杂色设置

④制作阴暗面 选择建筑立面暗面区域，单击“图像”/“调整”里面的“曲线”命令（快捷键 Ctrl+M），将所选区域颜色加深，如图 2-3-166 所示。

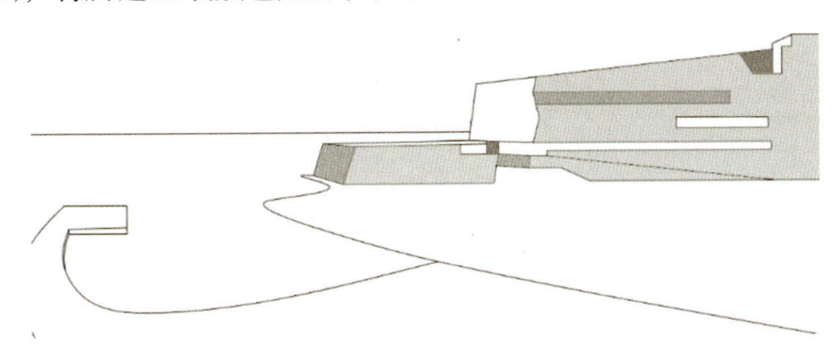

图 2-3-166 加深后效果

⑤制作玻璃

复制素材 单击“文件”/“打开”命令（快捷键 Ctrl+O），打开素材库中的“玻璃 1.jpg”图像文件。单击“多边形套索”工具将素材所需部分选中，单击“编辑”/“拷贝”命令（快捷键 Ctrl+C）进行复制。

选择玻璃区域 单击“设计线稿”图层，使用“魔棒”工具（快捷键 W）将原图形中所有铺装区域选中，建立一个新的图层“玻璃 1”。

贴入素材 单击“编辑”/“选择性粘贴”里面的“贴入”命令（快捷键 Alt+Shift+Ctrl+V），在铺装区域生成蒙版，贴入玻璃素材，单击“编辑”/“自由变换”命令（快捷键 Ctrl+T），旋转至合适角度。

用同样的方法将所有玻璃绘制完成，如图 2-3-167 所示。

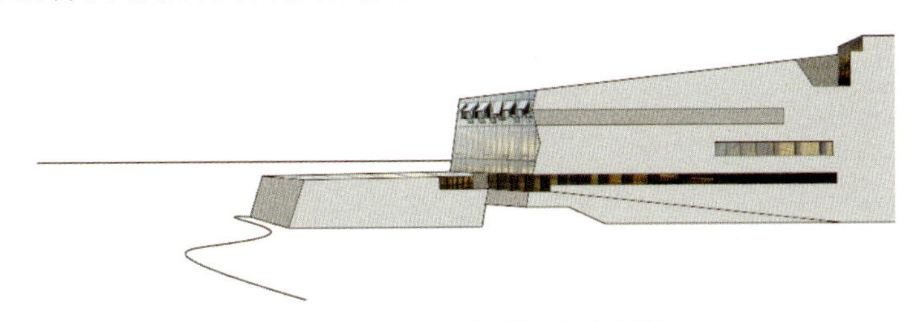

图 2-3-167 玻璃制作完成效果

（2）绘制草地

①复制素材 单击“文件”/“打开”命令（快捷键 Ctrl+O），打开素材库中“草地 1.jpg”的图像文件。单击“多边形套索”工具将素材所需部分选中，单击“编辑”/“拷贝”命令（快捷键 Ctrl+C）进行复制。

②选择草地区域 单击“设计线稿”图层，使用“魔棒”工具（快捷键 W）将原图形中所有草地区域选中。

③贴入素材 单击“编辑”/“选择性粘贴”里面的“贴入”命令（快捷键 Alt+Shift+Ctrl+V），在所选区域生成蒙版，贴入草地素材，单击“编辑”/“自由变换”命令（快捷键 Ctrl+T），旋转至合适角度，如图 2-3-168 所示。

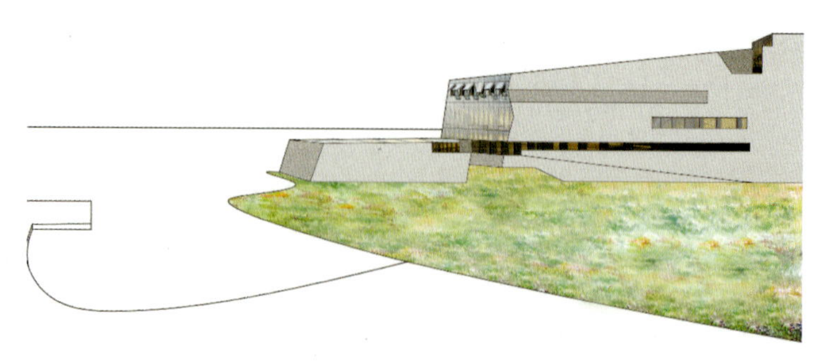

图 2-3-168　草地制作完成效果

（3）绘制道路铺装

①复制素材　单击“文件”/“打开”命令（快捷键 Ctrl+O），打开素材库中的“木栈道 1.jpg”的图像文件。单击“多边形套索”工具将素材所需部分选中，单击“编辑”/“拷贝”命令（快捷键 Ctrl+C）进行复制。

②选择铺装道路区域　单击“设计线稿”图层，使用“魔棒”工具（快捷键 W）将原图形中所有铺装道路区域选中。

③贴入素材　单击“编辑”/“选择性粘贴”里面的“贴入”命令（快捷键 Alt+Shift+Ctrl+V），在铺装区域生成蒙版，贴入素材，单击“编辑”/“自由变换”命令（快捷键 Ctrl+T），旋转至合适角度。

④调整色彩　单击“图像”/“调整”里面的“色相/饱和度”命令（快捷键 Ctrl+U），调整色彩，如图 2-3-169 所示。

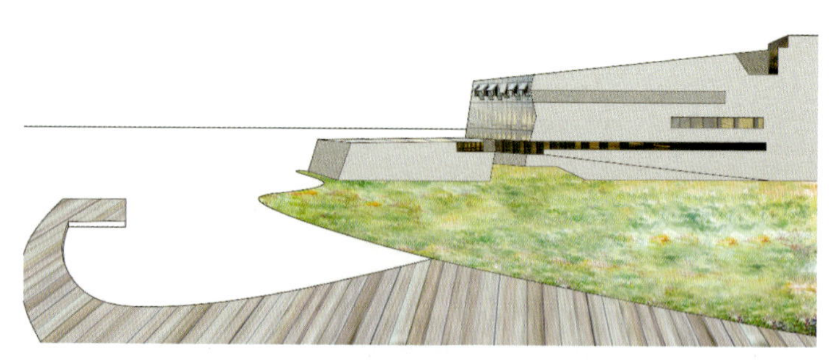

图 2-3-169　道路铺装制作完成效果

（4）绘制水体

①复制素材　单击“文件”/“打开”命令（快捷键 Ctrl+O），打开素材库中的“水体.jpg”的图像文件。单击“多边形套索”工具将素材所需部分选中，单击“编辑”/“拷贝”命令（快捷键 Ctrl+C）进行复制。

②选择水体区域　单击“设计线稿”图层，使用“魔棒”工具（快捷键 W）将原图形中所有水体区域选中。

③贴入素材　单击“编辑”/“选择性粘贴”里面的“贴入”命令（快捷键 Alt+Shift+Ctrl+V），在水体区域生成蒙版，贴入素材，单击“编辑”/“自由变换”命令（快捷键 Ctrl+T），旋转至合适角度。

④调整色彩　单击“图像”/“调整”里面的“色相/饱和度”命令（快捷键Ctrl+U），调整色彩。

⑤加深减淡　单击“加深/减淡”工具，调整水面深浅度（图2-3-170）。

图2-3-170　水体制作完成效果

（5）绘制植物

①绘制近景植物　单击“文件”/“打开”命令（快捷键Ctrl+O），打开素材库中的“手绘植物.psd”文件。选择合适素材复制到图中适宜位置。

②绘制远景植物　单击“文件”/“打开”命令（快捷键Ctrl+O），打开素材库中的“手绘植物.psd”文件。选择合适素材复制到图中适宜位置。

用同样的方法将所有植物绘制完成（图2-3-171）。

图2-3-171　植物制作完成效果

3. 绘制配景及细部

主体效果制作完成后，着手细部及整体效果的调整绘制工作。

（1）绘制配景

①绘制天空

复制素材　单击“文件”/“打开”命令（快捷键Ctrl+O），打开素材库中的“天空.jpg”图像文件。单击“多边形套索”工具将素材所需部分选中，单击“编辑”/“拷贝”命令（快捷键Ctrl+C）进行复制。

贴入素材　单击“粘贴”命令（快捷键Ctrl+V），贴入素材，单击“编辑”/“自由变换”命令（快捷键Ctrl+T），旋转至合适角度。

调整色彩　单击“图像”/“调整”里面的“色相/饱和度”命令（快捷键 Ctrl+U），调整色彩，如图 2-3-172 所示。

图 2-3-172　天空制作完成效果

②绘制背景建筑

复制素材　单击“文件”/“打开”命令（快捷键 Ctrl+O），打开素材库中的“建筑.jpg”的图像文件。单击“多边形套索”工具将素材所需部分选中，单击“编辑”/“拷贝”命令（快捷键 Ctrl+C）进行复制。

贴入素材　单击“粘贴”命令（快捷键 Ctrl+V），贴入素材，单击“编辑”/“自由变换”命令（快捷键 Ctrl+T），旋转至合适角度调整大小。

复制　单击“编辑”/“拷贝”命令（快捷键 Ctrl+C）进行复制，单击“编辑”/“自由变换”命令（快捷键 Ctrl+T），旋转至合适角度调整大小。

减淡　单击“减淡”工具，减淡建筑顶部的颜色，如图 2-3-173 所示。

图 2-3-173　背景建筑制作完成效果

③绘制鸟

复制素材　单击“文件”/“打开”命令（快捷键 Ctrl+O），打开素材库中的“鸟.jpg”的图像文件。单击“多边形套索”工具将素材所需部分选中，单击“编辑”/“拷贝”命令（快捷键 Ctrl+C）进行复制。

贴入素材　单击“粘贴”命令（快捷键 Ctrl+V），贴入素材，单击“编辑”/“自由变换”命令（快捷键 Ctrl+T），旋转至合适角度调整大小，如图 2-3-174 所示。

图 2-3-174　背景鸟制作完成效果

（2）绘制细部

一般绘制细节主要包括完善细部和纠正存在的问题。本次任务主要围绕着远近景的关系处理以及水彩笔触效果展开，借助于“加深/减淡”工具来完成绘制任务。

①“加深/减淡”绘制处理远近景关系。

②绘制人物

复制素材　单击“文件”/“打开”命令（快捷键 Ctrl+O），打开素材库中的“手绘植物.psd”文件。选中人物素材，单击“编辑”/“拷贝”命令（快捷键 Ctrl+C）进行复制。

贴入素材　单击“粘贴”命令（快捷键 Ctrl+V），贴入素材，单击“编辑”/“自由变换”命令（快捷键 Ctrl+T），旋转至合适角度调整大小，如图 2-3-175 所示。

图 2-3-175　细部制作完成效果

③绘制阴影　复制素材图层，单击“编辑”/“自由变换”命令（快捷键 Ctrl+T），旋转至合适角度调整大小，填充灰色，改变不透明度，制作阴影。

用同样的方法制作几个典型阴影。

4. 调整整体效果

（1）盖印

①盖印所有可见图层　按快捷键 Ctrl+Alt+Shift+E 盖印所有可见图层，生成新图层。

图 2-3-176　盖印图层设置

②模糊处理　对新生成的盖印图层执行“滤镜”/“模糊”里面的“动感模糊”命令，增加原图的模糊程度。

③设置图层　设置图层模式为柔光模式，调整图层不透明度，增加画面的朦胧感（图 2-3-176）。

（2）图面最终处理

①保存 jpg 格式图片　单击“文件”/“储存为”命令（快捷键 Shift+Ctrl+S），另存为“水彩手绘风格效果图.jpg”文件。

②调整色彩　打开“水彩手绘风格效果图.jpg”文件，双击图层解锁，单击“图像”/“调整”里面的“色相/饱和度”命令（快捷键 Ctrl+U），调整色彩。

③设置边缘　新建背景层，填充白色，调整图层置最下方。选择“矩形选框工具”，设置羽化值为 200，在图中画边框，如图 2-3-177 所示。再反选，确定边缘区域，点击删除键，可以多删除几次，提高边缘的虚化效果，如图 2-3-178 所示。

图 2-3-177　矩形选框工具设置

图 2-3-178 水彩马克笔手绘风格园林效果图最终效果

◇巩固训练

使用马克笔绘制园林景观局部效果图

甲方提供了原图，如图 2-3-179 所示，要求绘制马克笔手绘风格园林景观局部效果图，配色明快，能很好地区分出各景观元素。

对图纸初步分析，发现图纸内容相对简单，主要由绿地、建筑以及道路铺装广场几个基本元素组成。铺装图案单一，在后期处理时需要花费一些功夫。植物图样丰富，不需要做太多烦琐的处理。

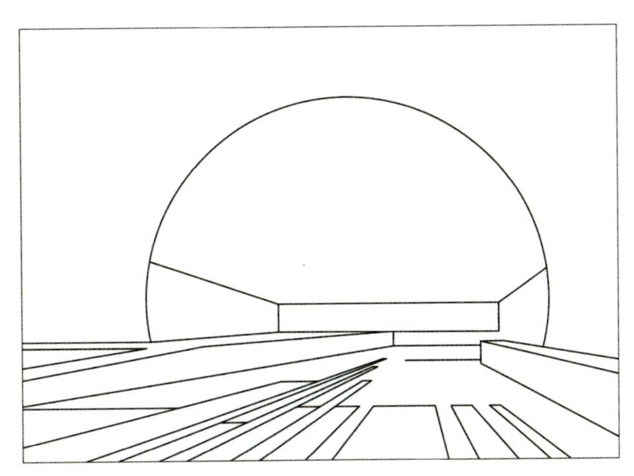

图 2-3-179 马克笔风格效果图后期处理绘制 CAD 原稿

◇知识拓展

1. 效果图后期处理流程

效果图后期处理，是指在 3ds Max 中输出建筑模型图纸或园林景观图纸以后，在 Photoshop 中添加其他景物的过程，这个过程对效果图来说既是一个美化的过程，也是一个富有创意的过程。它具有很强的主观性，设计者可以通过对用户需求的理解，对效果图进行调整，这也意味着效果图在制作过程中需要遵循一定的原则。

效果图制作的流程通常是从 3ds Max 中输出 TGA 图像开始，由于园林建筑及场景中的一些材质、透视变化，很难在 Photoshop 中实现，因此，在一般情况下，效果图中的园林景观及建筑都是在 3ds Max 中完成的，剩下的工作在 Photoshop 中完成。

（1）在 3ds Max 中渲染出图

3ds Max 中渲染输出的图像包括一张 TGA 图像和一张或数张 TGA 图像通道，由于 TGA 图像通道是由纯色色块构成的，因此，在导入 Photoshop 后，可以使用“通道”面板或“魔棒”工具对选区进行选择。

在具体制作时，需要将 TGA 图像和 TGA 色块图像一起导入 Photoshop，并且保证两个图层位置完全重合，不能进行任何的位置移动。利用“通道”面板或者“魔棒”工具选择 TGA 色块图像中的特定纯色区域，再将选区切换到 TGA 图像中，就可以选中渲染图中的特定区域，如地面、水面、道路、建筑等，为效果图后期处理打下基础。

（2）在 Photoshop 中对效果图进行后期处理

导入 Photoshop 中的渲染图往往只包含建筑及园林景观效果，画面显色单一，更没有色调和明暗度效果，因此，首先要为效果图添加一些必要的配景，如天空、地面、建筑、植物、水面、人物、车辆等，这些配景素材需要根据效果图的整体基调进行收集和制作，而且这些素材往往是一些真实场景的图片表达，如天空、水面、植物等都是真实场景的还原，在添加这些配景时，除了要注意把它们添加到效果图合适的位置，还要注意配景的远近、大小、明暗度、阴影、透视、层次等效果，力求在视觉上进一步丰富画面，让效果图具有空间感和真实感。

（3）综合调整阶段

将配景全部添加完毕后，要对图像的效果进行综合调整，如在制作“道路景观效果图后期处理”这个任务时，为效果图添加了云彩效果，这是通过加载云彩笔刷效果实现的，通过云彩的添加，可以增加画面空间感。在制作“居住区效果图后期处理”这个任务时，对效果图进行色彩和色调的综合调整，通过混合渐变色图层和添加色阶命令、色彩平衡命令，调整效果图的亮度、色彩、色调效果，使画面更加自然、统一。

2. 了解配景及配景的添加原则

所谓配景，指的是在效果图中用于烘托主体建筑的其他元素，随着效果图技术的不断发展，建筑配景也日益丰富和全面，内容可谓是包罗万象，常见的室外效果图配景有：天空、云彩、人、车、树木、路面、灌木、花丛、草地、鸟、水面、石头等。除了烘托主体建筑外，配景常常还能够起到提供尺度、活跃画面、均衡构图，以及增加画面真实度等作用。

配景固然有用，但使用时要遵循一定的原则。首先，不能喧宾夺主，配景的主要作用是烘托主体、丰富画面、均衡构图，在添加配景时，要注意整个画面的搭配与协调，和谐与统一；其次，选择适当配景，切合整体构图需要，根据建筑和环境本身特点来选材；再次，配景选择尽量贴近现实，素材的选择在于平时的发现和积累，选材源于生活，贴近自然，使画面更加真实灵动。

3. 了解如何调整渲染图的缺陷

在对效果图进行后期处理时，往往还需要对 3ds Max 中输出的渲染图进行处理，渲染出的图像虽然逼真，但有时过于生硬。往往在 3ds Max 中觉得效果图场景的造型、材质、灯光等都已经非常完美了，但在渲染输出后还会发现很多不满意的地方，如图像的整体色调不明确、明暗度及阴影效果还需进一步处理等。

比如在一些效果图场景中，有玻璃或水面的配景部分，渲染图中往往显得颜色过于暗淡。可以通过“通道”面板将玻璃或水面的色块作为选区单独选择出来，使用颜色减淡工具，将其刷亮，或者给选区配上真实的玻璃或水面效果，使场景更加真实、自然。

再如一些效果图中的地面铺设效果，在渲染图中往往没有层次感和明暗区别。可以通过“通道”面板选择一定的色块，将其作为选区载入，对需要加深颜色的部分进行加深，需要减淡颜色的部分进行减淡，以达到丰富画面的要求。

附录　Photoshop 常用快捷键

1. 工具箱工具快捷键

快捷键	功　能
V	移动工具
M	矩形、椭圆选框工具
L	套索、多边形套索、磁性套索工具
W	魔棒工具
C	裁剪工具
B	画笔、铅笔工具
I	吸管、颜色取样器
J	修复画笔、污点修复画笔工具
S	仿制图章、图案图章工具
Y	历史记录画笔工具
E	橡皮擦工具
G	渐变、油漆桶工具
R	模糊、锐化、涂抹工具
O	减淡、加深、海绵工具
P	钢笔、自由钢笔、磁性钢笔
A	路径选择、直接选取工具
T	文字、文字蒙版工具
U	矩形、圆边矩形、椭圆、多边形、直线工具
H	抓手工具
Z	缩放工具
D	默认前景色和背景
X	切换前景色和背景
Q	切换标准模式和快速蒙版模式
F	标准屏幕模式、带有菜单栏的全屏模式、全屏模式
Ctrl	临时使用移动工具
Alt	临时使用吸色工具
空格	临时使用抓手工具
0 至 9	快速输入工具选项（当前工具选项面板中至少有一个可调节数字）
[或]	循环选择画笔
Shift+[	选择第一个画笔
Shift+]	选择最后一个画笔
Ctrl+N	建立新渐变（在“渐变编辑器”中）

2. 文件操作快捷键

快捷键	功　能
Ctrl+N	新建图形文件
Ctrl+Alt+N	用默认设置创建新文件
Ctrl+O	打开已有的图像
Ctrl+Alt+O	打开为
Ctrl+W	关闭当前图像
Ctrl+S	保存当前图像
Ctrl+Shift+S	另存为
Ctrl+Alt+Shift+S	存储为网页用图形
Ctrl+P	打印
Ctrl+Shift+P	页面设置
Ctrl+Alt+P	打印预览
Ctrl+Q	退出 Photoshop

3. 视图操作快捷键

快捷键	功　能
Ctrl+~	显示彩色通道
Ctrl+ 数字	显示单色通道
~	显示复合通道
Ctrl+Y	以 CMYK 方式预览 (开)
Ctrl+Shift+Y	打开 / 关闭色域警告
Ctrl+ “+”	放大视图
Ctrl+ “–”	缩小视图
Ctrl+0	满画布显示
Ctrl+Alt+0	实际象素显示
PageUp	向上卷动一屏
PageDown	向下卷动一屏
Ctrl+PageUp	向左卷动一屏
Ctrl+PageDown	向右卷动一屏
Shift+PageUp	向上卷动 10 个单位
Shift+PageDown	向下卷动 10 个单位
Shift+Ctrl+PageUp	向左卷动 10 个单位
Shift+Ctrl+PageDown	向右卷动 10 个单位
Home	将视图移到左上角
End	将视图移到右下角

（续）

快捷键	功　能
Ctrl+H	显示 / 隐藏选择区域
Ctrl+Shift+H	显示 / 隐藏路径
Ctrl+R	显示 / 隐藏标尺
Ctrl+；	显示 / 隐藏参考线
Ctrl+”	显示 / 隐藏网格
Ctrl+Shift+；	贴紧参考线
Ctrl+Alt+；	锁定参考线
Ctrl+Shift+”	贴紧网格
F5	显示 / 隐藏“画笔”面板
F6	显示 / 隐藏“颜色”面板
F7	显示 / 隐藏“图层”面板
F8	显示 / 隐藏“信息”面板
F9	显示 / 隐藏“动作”面板
Tab	显示 / 隐藏所有命令面板
Shift+Tab	显示或隐藏工具箱以外的所有调板

4. 编辑图像操作快捷键

快捷键	功　能
Ctrl+Z	还原 / 重做前一步操作
Ctrl+Alt+Z	还原两步以上操作
Ctrl+Shift+Z	重做两步以上操作
Ctrl+X 或 F2	剪切选取的图像或路径
Ctrl+C	拷贝选取的图像或路径
Ctrl+Shift+C	合并拷贝
Ctrl+V 或 F4	将剪贴板的内容粘贴到当前图形中
Ctrl+Shift+V	将剪贴板的内容粘贴到选框中
Ctrl+T	自由变换
Enter	应用自由变换（在自由变换模式下）
Alt	从中心或对称点开始变换（在自由变换模式下）
Shift	限制（在自由变换模式下）
Ctrl	扭曲（在自由变换模式下）
Esc	取消变形（在自由变换模式下）
Ctrl+Shift+T	自由变换复制的像素数据
Ctrl+Shift+Alt+T	再次变换复制的像素数据并建立一个副本
Del	删除选框中的图案或选取的路径

（续）

快捷键	功　能
Ctrl+BackSpace	用背景色填充所选区域或整个图层
Ctrl+Del	用背景色填充所选区域或整个图层
Alt+BackSpace	用前景色填充所选区域或整个图层
Alt+Del	用前景色填充所选区域或整个图层
Shift+BackSpace	弹出“填充”对话框
Shift+F5	弹出“填充”对话框
Ctrl+A	全部选取
Ctrl+D	取消选择
Ctrl+Shift+D	重新选择
Ctrl+Alt+D	羽化选择
Ctrl+Shift+I	反向选择
Ctrl+ 点按图层、路径、通道面板中的缩略图	载入选区

参考文献

陈瑜，2012. 园林计算机辅助制图［M］. 北京：高等教育出版社 .
孔令瑜，2014. 多媒体技术及其应用［M］. 北京：机械工业出版社 .
龙马工作室，2011. 新编 Photoshop CS4 中文版［M］. 北京：人民邮电出版社 .
夏蕾，2014. 多媒体信息技术与应用［M］. 成都：四川大学出版社 .
张朝阳，等，2009. 3D+PS 园林景观效果图表现［M］. 北京：中国农业出版社 .